高职高专“工学结合”特色教材

主　编　殷晓中　戴金跃

机械零件加工与设备选用

江苏大学出版社
JIANGSU UNIVERSITY PRESS
镇　江

图书在版编目(CIP)数据

机械零件加工与设备选用 / 殷晓中，戴金跃主编
. — 镇江 ：江苏大学出版社，2016.8(2019.3 重印)
ISBN 978-7-5684-0226-2

Ⅰ. ①机… Ⅱ. ①殷… ②戴… Ⅲ. ①机械元件－机械加工②机械元件－机械设备 Ⅳ. ①TH13

中国版本图书馆 CIP 数据核字(2016)第 197017 号

机械零件加工与设备选用
Jixie Lingjian Jiagong Yu Shebei Xuanyong

主　　编/殷晓中　戴金跃
责任编辑/常　钰　孙文婷
出版发行/江苏大学出版社
地　　址/江苏省镇江市梦溪园巷 30 号(邮编：212003)
电　　话/0511-84446464(传真)
网　　址/http://press.ujs.edu.cn
印　　刷/虎彩印艺股份有限公司
开　　本/787 mm×1 092 mm　1/16
印　　张/14.75
字　　数/362 千字
版　　次/2016 年 8 月第 1 版　2019 年 3 月第 3 次印刷
书　　号/ISBN 978-7-5684-0226-2
定　　价/49.00 元

前言

Preface

“工学结合”是以工作任务为导向，强调在教学中体现职业岗位与典型工作任务，将工作和学习这两个不同的过程有机融合形成整体，真正实现以培养高素质、强技能高职人才为目标的教学模式。近年来，国内部分高职院校开始对课程实行“工学结合”教学模式改革，取得了显著效果。

“机械零件加工与设备选用”是高职教育机制类和近机类专业的主干课程，是培养学生职业核心能力的重要课程。为了配合本课程开展“工学结合”课程改革，我们专门编写了《机械零件加工与设备选用》一书。本教材定位准确、突出应用性；内容浅显、条理清晰；理论适度、体现先进性。可供高职院校机制类和近机类有关专业教学使用，也可供相关专业的工程技术人员参考。

本书由殷晓中、戴金跃主编。项目一、三由殷晓中编写；项目二、四由戴金跃编写；项目五、六由李玉弟编写。全书由殷晓中、戴金跃统稿。在本书编写过程中，镇江液压股份有限公司刘金龙研究员仔细审阅全书并提出了许多宝贵的意见和建议，同时镇江高等专科学校徐德爱、易向阳、陈兴和、易小勇、马贵飞及相关专家、领导等提供了大力支持和帮助，在此一并表示衷心的感谢！

由于编者水平有限，书中难免存有一些疏漏和不足，恳请广大读者和同仁提出宝贵意见。

编　者

2016 年 6 月

目 录

项目一 车削加工

1

任务一 车削外圆和平面

一、任务书

在车床上加工出如图 1-1 所示的阶梯轴,材料为 45 钢。

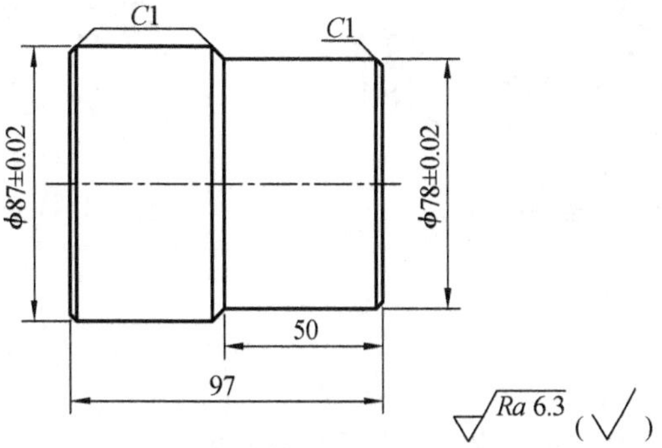

图 1-1 阶梯轴

二、任务说明

图 1-1 所示零件的主要特征为阶梯轴,需加工外圆柱面和端面,外圆柱面的尺寸分别是ϕ 87 ±0.02 mm 和ϕ 78 ±0.02 mm。

工艺过程:粗、精加工在一次装夹中完成。

该零件加工的基本步骤:选择机床→选择刀具→装夹工件及刀具→选择切削用量→调整机床→确定车削工艺→粗加工→精加工。

1. 外圆车刀的装夹方法

① 刀尖伸出长度约等于刀柄厚度的 1.5 倍，垫刀片的片数要尽量少，且要与刀台前边、左边对齐，如图 1-2 所示。

② 车刀刀尖必须对准车床主轴回转中心，外圆车刀左侧刀尖要对准车床主轴回转中心。

a. 根据车床主轴中心高，用钢直尺测量装刀，如图 1-3 所示测量方法可供参考。

b. 用尾座顶尖校正车刀刀尖高低，如图 1-4 所示。

c. 将车刀靠近工件平面，用目测估计车刀的高低。

d. 如果采用以上 3 种方法对准车床主轴回转中心还存在误差，可在车削平面刀尖接近工件中心时加以纠正。

图 1-2 车刀的装夹

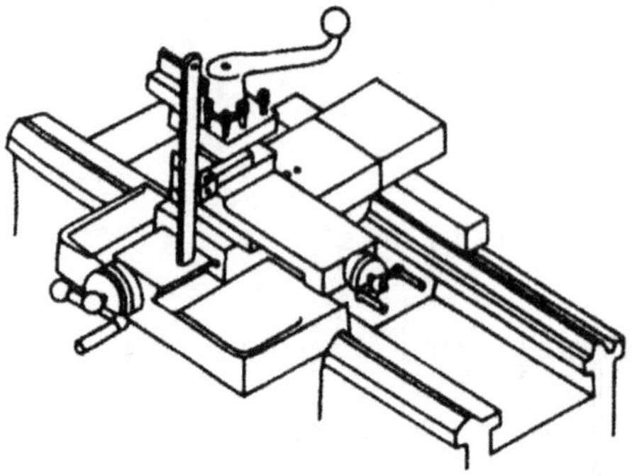

图 1-3 用钢直尺量中心高

图 1-4 用尾座顶尖对准中心

2. 工件的加工方法

（1）毛坯的装夹和找正

① 选择毛坯平直的表面进行装夹，确保装夹牢靠。

② 找正外圆时，一般要求不高，只要能保证车至图样要求的尺寸及未加工面余量均匀即可。

（2）车削的分类

① 粗车。在车床动力条件许可时，在切削余量允许情况下，通常采用较大的背吃刀量 a_p 和进给量 f，转速不应过高，以合理的时间尽快把工件余量车掉。粗车的另一作用是及时发现毛坯材料内部的缺陷，如裂纹等。粗车的切削用量一般选 $a_p = 2 \sim 5$ mm，$f = 0.3 \sim 0.7$ mm/r。

② 精车。精车是为了使工件获得准确的尺寸和规定的表面粗糙度轮廓值。精车时，车刀应锋利，切削用量一般选 $a_p = 0.2 \sim 1$ mm，$f = 0.1 \sim 0.3$ mm/r。切削速度，高速钢车刀选 $v_c = 3 \sim 5$ m/min 并加切削液，硬质合金车刀选 $v_c = 100 \sim 120$ m/min。

(3) 车外圆、端面和倒角

① 车端面。开动车床使工件旋转,移动床鞍使车刀刀尖轻轻接触工件平面,用小滑板控制背吃刀量,移动中滑板做横向进刀,由工件外向中心或由工件中心向外车削,如图1-5 所示。背吃刀量较大时,应锁紧床鞍。

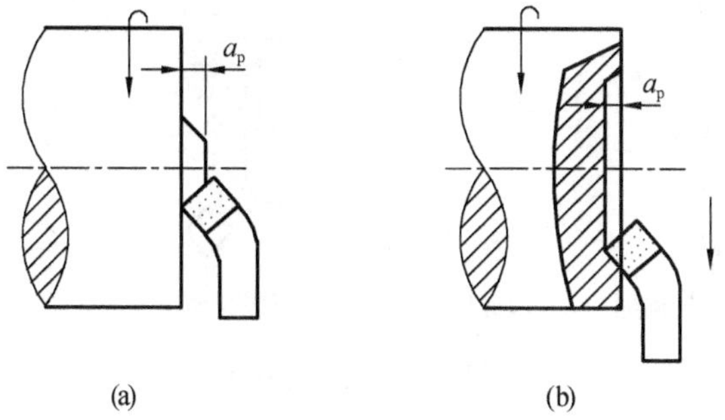

图 1-5 车平面的方法

② 车外圆。

a. 移动床鞍。利用钢直尺、样板使车刀刀尖移至工件所需车削长度处,启动主轴,使工件旋转,如图 1-6 所示。中滑板做横向进刀使刀尖轻轻接触工件外圆刻一条线痕,以控制车削长度。中滑板退刀,将床鞍移出工件外,如图 1-7 a 所示。

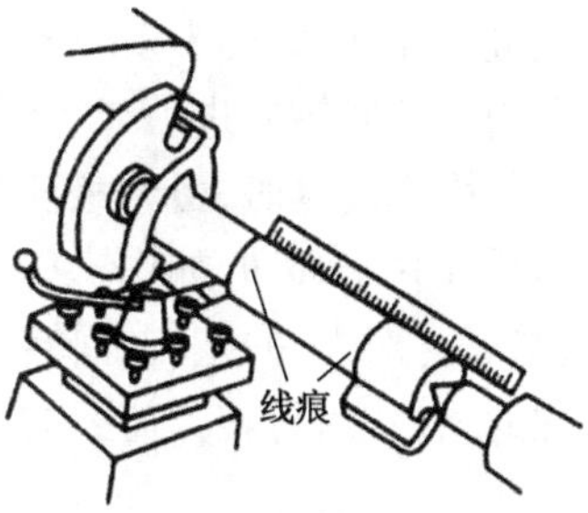

图 1-6 用钢直尺、样板确定车削长度

b. 试车削。移动床鞍、中滑板使车刀刀尖与工件右端外圆处待加工表面轻轻接触,以此作为确定背吃刀量的零点位置,移动床鞍使车刀移出工件,如图 1-7 b 所示。中滑板根据工件直径加工余量做横向进刀。然后均匀移动床鞍做纵向进给,车至 2 mm 左右时,床鞍纵向退刀,如图 1-7 c 所示。停车测量工件,如尺寸达到规定的加工要求,就可以切削;否则继续进行试切试量。

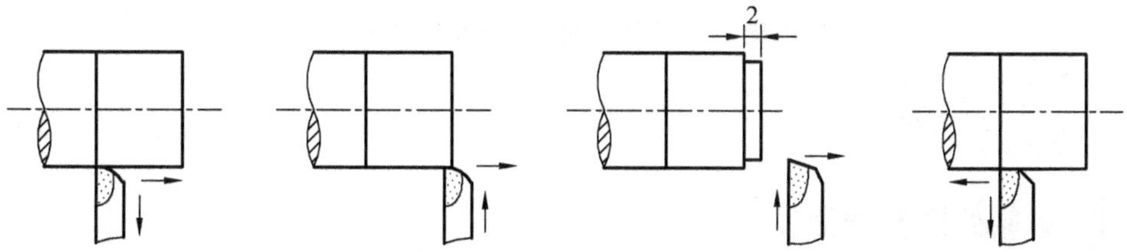

(a) 刻度线 (b) 定位圆车削基准 (c) 试切削外圆 (d) 车削外圆、台阶

图 1-7 车外圆的方法

c. 当车刀刀尖将车至刻痕处时,停车测量长度尺寸。剩余长度余量,可根据小滑板刻度盘的刻度,纵向移动小滑板把余量车掉(需精车时留精车余量)。然后横向移动中滑板慢慢退刀,如图 1-7 d 所示,以保证台阶平面垂直于轴心线。

d. 外圆直径余量较大时,可分次进行车削,方法同上。

e. 按以上方法精车外圆至要求尺寸。

③ 倒角。若用的是90°外圆车刀，则转动刀架使车刀的切削刃与工件外圆成45°夹角(45°外圆车刀已与外圆成45°夹角)，如图1-8所示。再移动床鞍或中滑板使车刀至工件外圆和平面相交处进行倒角。

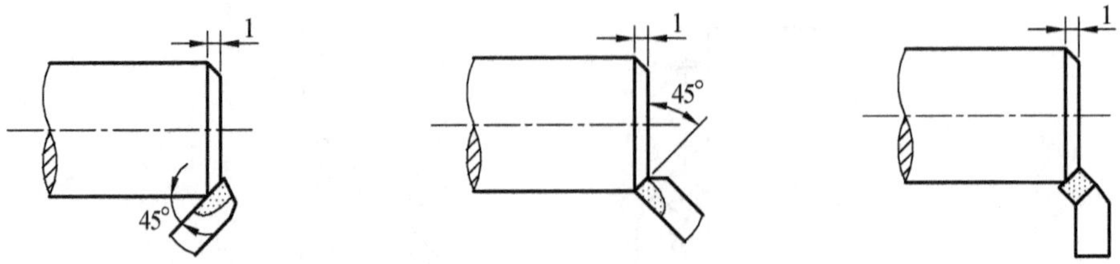

(a) 用90°外圆车刀主切削刃倒角 (b) 用90°外圆车刀副切削刃倒角 (c) 用45°外圆车刀倒角

图1-8 倒角的方法

3. 刻度盘的应用

在车削工件时，为了正确和迅速地掌握背吃刀量，通常利用中滑板或小滑板上的刻度盘进行操作，如图1-9 a所示。中滑板的刻度盘用来控制横向进刀或进给，小滑板的刻度盘用来控制纵向进刀或短距离的纵向进给。

使用刻度盘时，由于螺杆与螺母之间配合往往存在间隙而产生空行程，即刻度盘转动而滑板并未移动，如图1-9 b所示。所以，使用时要先行反转一转或数转以消除空行程，然后再对刀，并把刻线转到所需要的格数。当背吃刀量过大时，向反方向退出大于空行程的量，然后再转到需要的格数，如图1-9 c所示。

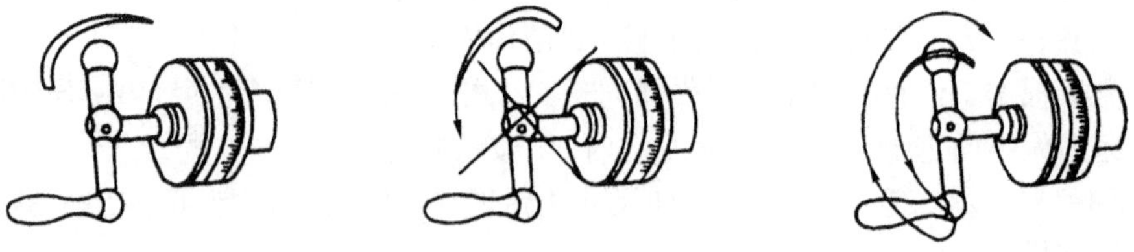

(a) (b) (c)

图1-9 消除刻度盘空行程的方法

三、任务实施

1. 车轴外圆及端面

① 用三爪自定心卡盘夹住毛坯外圆长20 mm左右，并找正夹紧。

② 粗、精车端面(车平即可)。

③ 粗、精车外圆ϕ87 ±0.02 mm×60 mm，并倒角1×45°。

④ 调头夹住ϕ87外圆，长20 mm左右，并找正夹紧。

⑤ 粗、精车端面至总长97 mm及外圆ϕ78 ±0.02 mm×50 mm至尺寸要求。

⑥ 倒角1×45°。

2. 评分标准

评分标准见表1-1。

表1-1 评分标准

序号	操作内容与要求	分值	评分细则	实测记录	得分
1	刀具安装	15	刀尖高度、角度和刀杆长度调整不当各扣5分,刀具装夹不牢固扣5分		
2	工件装夹	10	未找正、装夹不牢固不得分		
3	切削用量选择	10	切削用量选择不当扣3分		
4	机床调整	10	调整操作不正确扣5分		
5	对刀方法	10	试切试量不正确扣5分		
6	车端面	5	操作不正确扣2分		
7	车外圆	10	操作不正确扣5分		
8	工件质量检测	25	尺寸一处不符合要求扣5分		
9	安全文明操作	5	违反一次否决		

3. 容易产生的问题和注意事项

(1) 容易产生的问题

① 工件端面中心留有凸台,原因是车刀刀尖没有对准主轴回转中心。

② 端面不平,有凹凸,可能的原因是背吃刀量过大,车刀磨损,床鞍没锁紧,刀架和车刀紧固不足而产生位移。

③ 车外圆时,两端直径不一样大。可能的原因有:

a. 用小滑板车外圆时,小滑板导轨与主轴中心线不平行。

b. 工件转速过高,在切削过程中车刀磨损。

c. 移动中滑板切削时,没有消除空行程。

d. 车削表面痕迹粗细不一,手动进给不均匀。

e. 主轴中心线与床身导轨不平行。

(2) 注意事项

① 变换转速时,应先停机后变速,否则容易打坏齿轮。

② 切削时,应先开机后进刀;切削完毕时,应先退刀后停机,否则车刀容易损坏。

③ 车削铸铁毛坯时,由于表面氧化皮较硬且含有砂粒,应尽可能进刀大些,一次将其车掉,否则车刀容易磨损。

④ 用手动进给练习时,应把自动进给手柄放置在规定位置。

⑤ 加工后的外圆最好垫铜皮装夹、找正,以防夹坏工件。

⑥ 车削前,应检查滑板位置是否正确,工件装夹是否牢靠,卡盘扳手是否取下。

⑦ 检查车刀是否装夹正确,紧固螺钉是否拧紧,刀架压紧手柄是否锁紧。

知识链接一 基本术语及定义

1. 切削运动

切削运动可分为主运动和进给运动。

主运动是使工件与刀具产生相对运动以进行切削的最基本运动。主运动的速度最高,所消耗的功率最大。在切削运动中,主运动只有一个,它可以由工件完成,也可以由刀具完成;可以是旋转运动,也可以是直线运动。例如,车床上工件的旋转运动;龙门刨床刨削时,工件的直线往复运动;牛头刨床刨刀的直线往复运动;铣床上的铣刀、钻床上的钻头和磨床上的砂轮的旋转等都是切削加工时的主运动。

进给运动是不断地把被切削层投入切削,以逐渐切削出整个表面的运动。也就是说,没有这个运动,就不能连续切削。进给运动一般速度较低,消耗的功率较少,可由一个或多个运动组成;可以是连续的,也可以是间断的。车削外圆、铣削平面、刨削平面、钻孔、磨削外圆的切削运动如图 1-10 所示。

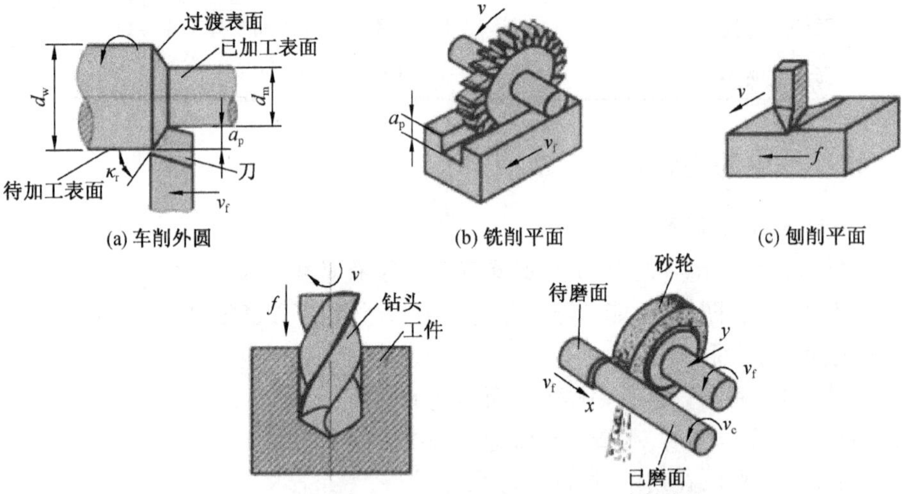

(a) 车削外圆 (b) 铣削平面 (c) 刨削平面

(d) 钻孔 (e) 磨削外圆

图 1-10 切削加工运动

在切削加工过程中,工件上形成 3 种表面,如图 1-11 所示,以车削加工为例。

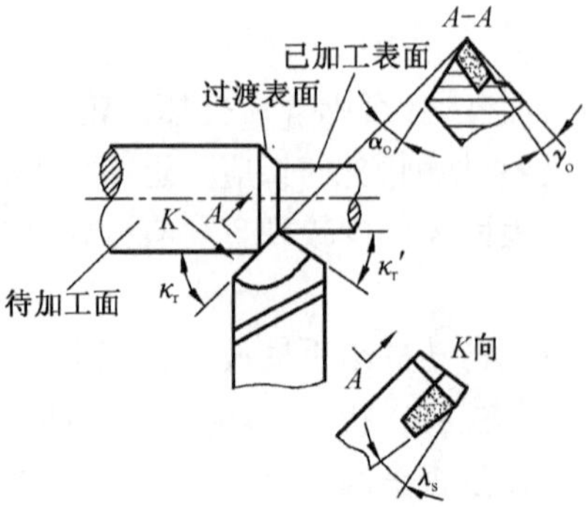

图 1-11 切削加工过程中工件上形成的 3 种表面

① 已加工表面:切削后得到的表面。

② 待加工表面:即将被切去金属层的表面。

③ 过渡表面:正在被切削的金属表面。

2. 切削用量

切削用量是指切削速度 v_c、进给量 f(或进给速度 v_f)和背吃刀量 a_p 三者的总称,可称为切削用量三要素,如图 1-12 所示。

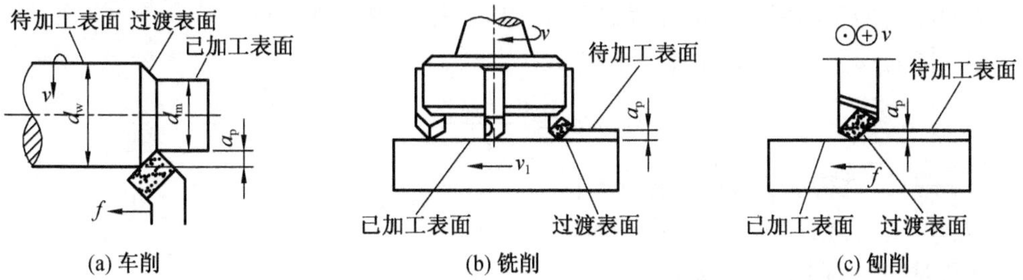

图 1-12　切削用量三要素

(1) 切削速度 v_c

切削刃上选定点相对于工件沿主运动方向的瞬时速度称为切削速度,以 v_c 表示,单位为 m/min 或 m/s。

若主运动为旋转运动(如车削、铣削等),切削速度一般为其最大线速度,计算公式为

$$v_c = \frac{\pi d n}{1\,000 \times 60}$$

式中,d——工件或刀具直径,mm;

n——工件或刀具转速,r/min。

(2) 进给量 f

主运动的一循环或单位时间内刀具和工件沿进给运动方向的相对位移量称为进给量。如图 1-13 所示,用单齿刀具(如车刀、刨刀)进行加工时,常用刀具或工件每转或每行程刀具在进给运动方向上相对工件的位移量来度量,称为每转进给量(mm/r)或每行程进给量(mm/str);用多齿刀具(如铣刀)加工时,也可用进给运动的瞬时速度即进给速度来表述,以 v_f 表示,单位为 mm/s 或 mm/min。

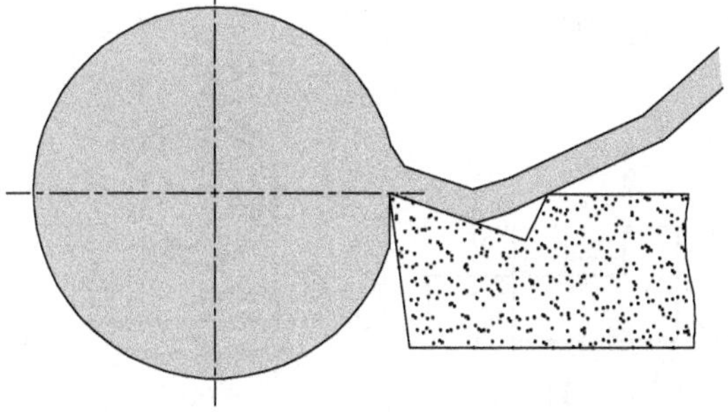

图 1-13　单齿刀具加工

当主运动是直线往复运动时，进给量是每一往复行程中每个刀齿相对工件在进给方向上的位移量，称为每齿进给量 f_z，即后一个刀齿相对于前一个刀齿的进给量（mm/z）。各进给量有如下关系：

$$v_f = fn = nzf_z$$

式中，z——刀具齿数。

（3）背吃刀量 a_p

在通过切削刃上选定点并垂直于该点主运动方向的切削层尺寸平面中，垂直于进给运动方向测量的切削层尺寸称为背吃刀量，以 a_p 表示，单位为 mm。

车外圆时，a_p 可用下式计算：

$$a_p = \frac{d_w - d_m}{2}$$

式中，d_w——工件待加工表面直径，mm；

d_m——工件已加工表面直径，mm。

钻孔时，a_p 可用下式计算：

$$a_p = \frac{d_m}{2}$$

式中，d_m——工件已加工表面直径，即钻孔直径，mm。

3. 加工余量

零件从毛坯成为成品的整个加工过程中某表面所切除的材料层厚度称为该表面的加工余量。加工余量有工序余量和加工总余量之分。

（1）工序余量

某一表面在一道工序中所切除的材料层厚度称为该表面的工序余量，或者说是同一表面相邻的前后工序尺寸之差，用 Z_b 表示。

对于外表面（被包容面）（见图 1-14 a），有

$$Z_b = a - b$$

对于内表面（包容面）（见图 1-14 b），有

$$Z_b = b - a$$

式中，Z_b——本工序（工步）的工序加工余量；

a——前工序（工步）的工序尺寸；

b——本工序（工步）的工序尺寸。

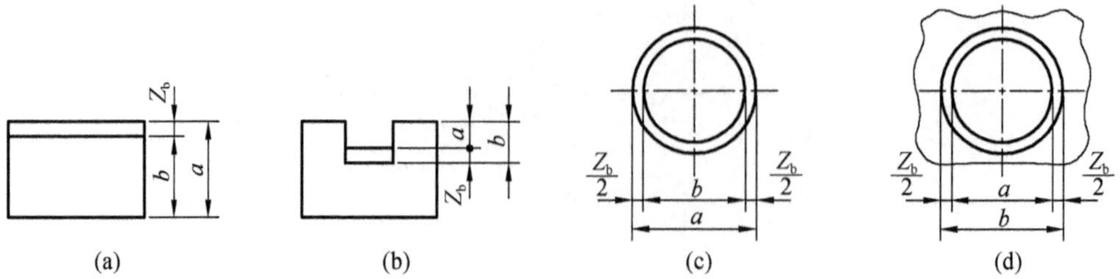

图 1-14 工序加工余量

上述公式为计算非对称表面的单边加工余量的公式。对于外圆和孔等回转体表面，其加工余量是对称加工余量，也称双边加工余量。

对于轴(见图 1-14 c)，有

$$Z_b = a - b$$

对于孔(见图 1-14 d)，有

$$Z_b = b - a$$

式中，Z_b——直径上的加工余量；

a——前道工序(工步)的加工表面直径；

b——本道工序(工步)的加工表面直径。

(2) 加工总余量

毛坯尺寸与零件图样的设计尺寸之差称为加工总余量，即

$$Z_0 = Z_1 + Z_2 + \cdots + Z_n = \sum_{i=1}^{n} Z_i$$

式中，Z_0——加工总余量(毛坯余量)；

Z_i——各工序余量；

n——工序数。

4. 基准

基准是用来确定生产对象上几何要素间的几何关系所依据的那些点、线、面。根据作用的不同，基准分为设计基准和工艺基准两大类。

设计基准是指在零件图上用以确定某一点、线或面所依据的基准，即标注设计尺寸的起点。

工艺基准是指在加工、检验测量和装配等工艺过程中所采用的基准。因此根据用途的不同，工艺基准又可分为以下 3 种：

① 定位基准：在加工中用作定位的基准。

② 测量基准：测量时所采用的基准。

③ 装配基准：装配时用来确定零件或部件在产品中的相对位置所采用的基准。

在起始工序中，只能选择未经加工的毛坯表面作为定位基准，这种基准称为粗基准。正确选择粗基准是为了保证后续工序有合理的加工余量。用加工过的表面作为定位基准，则称为精基准。正确选择精基准是为了保证能加工出符合图纸要求的零件。

知识链接二 CA6140 型卧式车床

1. CA6140 型卧式车床的优缺点

这种车床的加工范围广，适应性强，可加工轴类、盘套类零件，可车削米制、英制、模数制、径节制 4 种标准螺纹和精密、非标准螺纹，可完成钻、扩、铰孔加工。但该种机床结构比较复杂，主要适用于单件小批生产或机修、工具车间使用。

2. 机床的传动

图 1-15 是 CA6140 型卧式车床的传动系统图。它主要包括主运动传动链、进给运动传动链。而进给运动传动链又分为车削圆柱面和端面的机动进给运动传动链及车削螺纹的进给运动传动链。

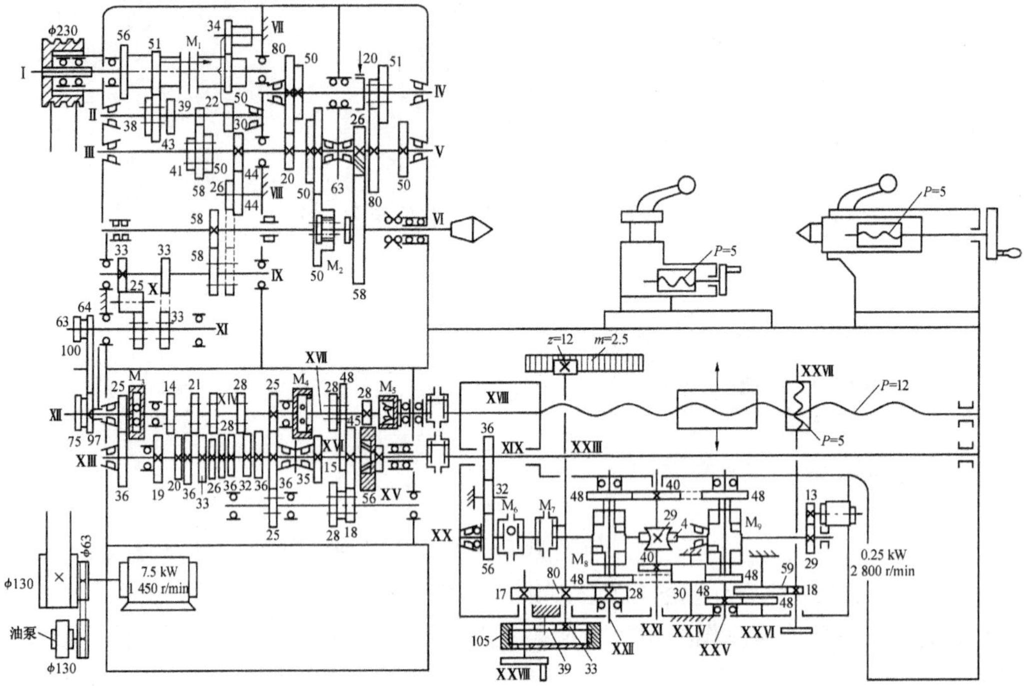

图 1-15　CA6140 型卧式车床传动系统图

（1）主运动传动链

主运动传动链的两末端件是电动机和主轴。它的功能是把动力源（电动机）的运动及能量传给主轴，使主轴带动工件旋转。它可使主轴获得 24 级正转转速和 12 级反转转速。

主运动由主电动机经 V 带轮传动副传至主轴箱内的 Ⅰ 轴而输入主轴箱，Ⅰ 轴上的双向摩擦片式离合器 M_1 控制主轴的启动、停转及换向。M_1 左边摩擦片被压紧时，主轴正转；右边摩擦片被压紧时，主轴反转；两边摩擦片都脱开时，主轴停转。Ⅰ 轴的运动经离合器 M_1 和 Ⅱ 轴上的滑移变速齿轮传至 Ⅱ 轴，再经过 Ⅲ 轴上的滑移变速齿轮传至 Ⅲ 轴，然后分两路传给主轴 Ⅵ。当主轴 Ⅵ 上的滑移齿轮 Z_{50} 位于左边位置时，Ⅲ 轴的运动经齿轮副 63/50 直接传给主轴，使主轴获得 6 级高转速；当 Z_{50} 位于右边位置时，齿式离合器 M_2 结合，齿轮 Z_{50} 与 Z_{58} 连为一体时，运动经 Ⅲ 轴、Ⅳ 轴、Ⅴ 轴之间的背轮机构传给主轴，使主轴获得中、低转速。主运动传动路线的表达式为

$$\underset{\substack{n=1\,450\ \text{r/min}\\ P=7.5\ \text{kW}}}{\text{电动机}} — \frac{\phi 130}{\phi 230} — \text{Ⅰ} — \left\{\begin{matrix} M_1\ \text{左}—\left\{\begin{matrix}56/38\\51/43\end{matrix}\right\} \\ M_1\ \text{右}—50/34—34/30 \end{matrix}\right\} — \text{Ⅱ} — \left\{\begin{matrix}39/41\\22/58\\30/50\end{matrix}\right\} — \text{Ⅲ} —$$

$$\left\{\begin{matrix}\left\{\begin{matrix}20/80\\50/50\end{matrix}\right\}—Ⅳ—\left\{\begin{matrix}20/80\\51/50\end{matrix}\right\}—Ⅴ—\frac{26}{58}—\underset{(结合)}{M_2}\\63/50\end{matrix}\right\}—主轴Ⅵ$$

由传动路线表达式可知,主轴正转转速级数 $n=2\times3\times(1+2\times2)=30$ 级。但在Ⅲ-Ⅴ轴之间的 4 种传动比分别为 $\mu_1=1/16$,$\mu_2\approx1/4$,$\mu_3=1/4$,$\mu_4\approx1$,因而实际上只有 3 种不同的传动比。故主轴的实际转速级数是 $n=2\times3\times(1+2+2-1)=24$ 级。同理,反转时主轴的转速级数为 12 级。

主轴的转速可按下列运动平衡式计算:

$$n_{主}=1\,450\times\frac{130}{230}\times\mu_{Ⅰ-Ⅱ}\mu_{Ⅱ-Ⅲ}\mu_{Ⅲ-Ⅵ} \tag{1-1}$$

式中,$n_{主}$——主轴转速,r/min;

$\mu_{Ⅰ-Ⅱ}$,$\mu_{Ⅱ-Ⅲ}$,$\mu_{Ⅲ-Ⅵ}$——分别为Ⅰ-Ⅱ轴、Ⅱ-Ⅲ轴、Ⅲ-Ⅵ轴之间的变速传动比。

(2) 进给运动传动链

进给运动传动链的两个末端件分别是主轴和刀架,其作用是实现刀具纵向或横向移动及变速与换向。它包括车螺纹进给运动传动链和机动进给运动传动链。此处主要介绍机动进给运动传动链,车螺纹进给运动传动链在螺纹加工单元进行介绍。

机动进给传动链主要用来加工圆柱面和端面,为了减少螺纹传动链丝杠及开合螺母磨损,保证螺纹传动链的精度,机动进给是由光杠经滑板箱传动的。其传动路线表达式为:

$$主轴(Ⅵ)—\frac{58}{58}—Ⅸ—\left\{\begin{matrix}\frac{33}{33}\\\frac{33}{25}—Ⅹ—\frac{25}{33}\end{matrix}\right\}—Ⅺ—\frac{63}{100}\times\frac{100}{75}—Ⅻ—\frac{25}{36}—XIII—$$

$$u_{基}—XIV—\frac{25}{36}\times\frac{36}{25}—XV—u_{倍}—XVII—\frac{28}{56}—光杠(XIX)—$$

$$\frac{36}{32}\times\frac{32}{56}—XX—M_6(超越离合器)—M_7(安全离合器)—\frac{4}{29}—XXI—$$

$$\left\{\begin{matrix}\left\{\begin{matrix}M_8\uparrow—\frac{40}{48}\\M_8\downarrow—\frac{40}{30}\times\frac{30}{48}\end{matrix}\right\}—XXII—\frac{28}{80}—XXIII—齿轮12齿条(纵向进给)\\\left\{\begin{matrix}\frac{40}{48}—M_9\uparrow\\\frac{40}{30}—XXIV—\frac{30}{48}—M_9\downarrow\end{matrix}\right\}—XXV—\frac{48}{48}—XXVI—\frac{59}{18}—XXVII(横向丝杠)—螺母(横向进给)\end{matrix}\right.$$

其中,$u_{基}$ 是轴 XIII 和轴 XIV 之间变速机构的 8 种传动比,即

$$u_{基1}=\frac{26}{28}=\frac{6.5}{7},u_{基2}=\frac{28}{28}=\frac{7}{7},u_{基3}=\frac{32}{28}=\frac{8}{7},u_{基4}=\frac{36}{28}=\frac{9}{7}$$

$$u_{基5}=\frac{19}{14}=\frac{9.5}{7},u_{基6}=\frac{20}{14}=\frac{10}{7},u_{基7}=\frac{33}{21}=\frac{11}{7},u_{基8}=\frac{36}{21}=\frac{12}{7}$$

上述变速机构是获得各种螺纹的基本机构，称为基本螺距机构或基本变速组。

$u_{倍}$ 是轴XV和轴XVII之间变速机构的4种传动比，即

$$u_{倍1}=\frac{18}{45}\times\frac{15}{48}=\frac{1}{8},u_{倍2}=\frac{28}{35}\times\frac{15}{48}=\frac{1}{4}$$

$$u_{倍3}=\frac{18}{45}\times\frac{35}{28}=\frac{1}{2},u_{倍4}=\frac{28}{35}\times\frac{35}{28}=1$$

上述4种传动比按倍数关系排列，用于扩大机床车削螺纹导程的种数。这个变速机构称为增倍机构或增倍变速组。

① 纵向机动进给传动链

CA6140型卧式车床纵向机动进给量有64种。当运动由主轴经正常导程的米制螺纹传动路线时，可获得正常进给量。这时的运动平衡式为

$$f_{纵}=1_{(主轴)}\times\frac{58}{58}\times\frac{33}{33}\times\frac{63}{100}\times\frac{100}{75}\times\frac{25}{36}\times u_{基}\times\frac{25}{36}\times\frac{36}{25}\times u_{倍}\times\frac{28}{56}\times\frac{36}{32}\times\frac{32}{56}\times\frac{4}{29}\times\frac{40}{30}\times\frac{30}{48}\times\frac{28}{80}\times\pi\times2.5\times12\ (\text{mm/r})$$

化简后得运动平衡式：

$$f_{纵}=0.71u_{基}\,u_{倍} \tag{1-2}$$

可得到32种正常进给量（范围为0.08～1.22 mm/r），其余32种进给量可分别通过英制螺纹传动路线和扩大导程传动路线得到。

② 横向机动进给传动链

由传动系统图分析可知，当横向机动进给与纵向机动进给的传动路线一致时，所得到的横向进给量是纵向进给量的一半，横向进给量与纵向进给量的种数相同，都为64种。

③ 刀架快速机动移动

为了缩短辅助时间，提高生产效率，CA6140型卧式车床的刀架可实现快速机动移动。刀架的纵向和横向快速移动由快速移动电动机（$P=0.25$ kW，$n=2\,800$ r/min）启动，经齿轮副13/29使轴XX高速转动，再经蜗轮蜗杆副4/29及与机动进给相同的传动路线传至刀架，使刀架实现纵向或横向的快速移动。快移方向由滑板箱中的双向离合器 M_8 和 M_9 控制。其传动路线表达式为

$$快速移动电动机—\frac{13}{29}—\text{XX}—\frac{4}{29}—\text{XXI}—\begin{cases}M_8\cdots\cdots纵向\\M_9\cdots\cdots横向\end{cases}$$

刀架快速纵向右移的速度为

$$v_{纵右(快)}=2\,800\times\frac{13}{29}\times\frac{4}{29}\times\frac{40}{30}\times\frac{30}{48}\times\frac{28}{80}\times\pi\times2.5\times12\ (\text{m/min}) \tag{1-3}$$

当快速电机使轴XX快速旋转时，依靠超越离合器 M_6，可以避免与进给箱传来的慢速工作进给运动发生矛盾。

3. 卧式车床的结构

（1）主轴箱

主轴箱的功用是支承主轴，将动力传给主轴，使主轴实现启动、停止、变速和换向等，

并把进给运动从主轴传往进给系统，使进给系统实现换向和扩大螺距等。因此，主轴箱中通常包含主轴部件，传动机构，启动、停止及换向装置，制动装置，操纵机构和润滑装置等。

① 卸荷带轮装置

由电动机经V带传动使主轴箱的轴Ⅰ获得运动，为提高轴Ⅰ的运动平稳性，其上的带轮1采用了卸荷结构，如图1-16所示，在箱体4上通过螺钉固定法兰3，带轮1用螺钉和定位销与花键套筒2连接并支承在法兰3内的两个深沟球轴承上，花键套筒2以它的内花键与轴Ⅰ相连。因此，带轮的运动可通过花键套筒2带动轴Ⅰ旋转，但带传动所产生的拉力经法兰3直接传给箱体，使轴Ⅰ不受V带拉力的作用，以减少弯曲变形，提高传动的平稳性。卸荷带轮装置特别适用于要求传动平稳的精密机床的主轴箱上。

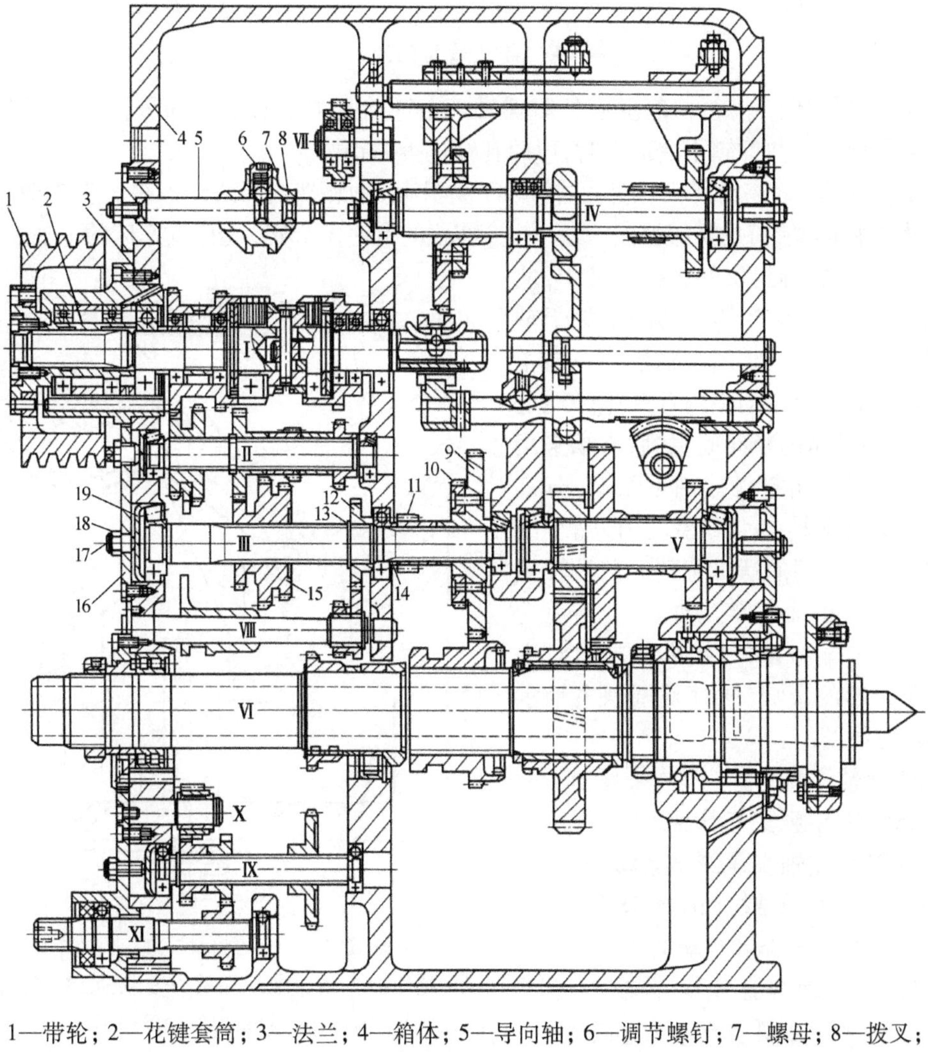

1—带轮；2—花键套筒；3—法兰；4—箱体；5—导向轴；6—调节螺钉；7—螺母；8—拨叉；9,10,11,12—齿轮；13—弹簧卡圈；14—垫圈；15—三联滑移齿轮；16—轴承盖；17—螺钉；18—锁紧螺母；19—压盖

图1-16 CA6140型卧式车床主轴箱展开图

② 主轴部件结构及其轴承的调整

主轴部件主要由主轴、主轴支承及安装在主轴上的齿轮等组成,如图 1-17 所示。

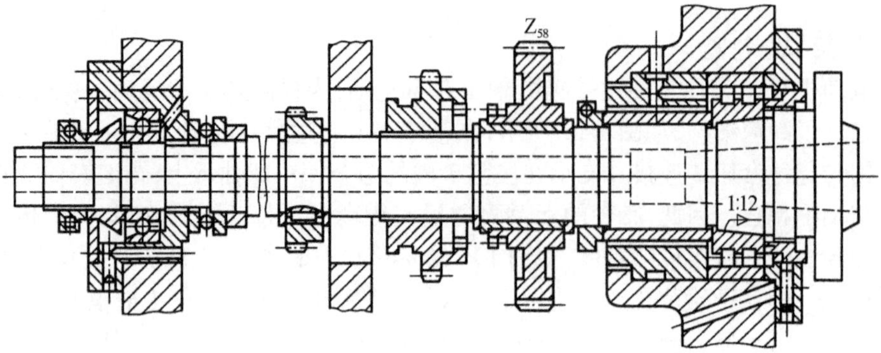

图 1-17 主轴部件

主轴是外部有花键、内部空心的阶梯轴。主轴前端加工有莫氏 6 号锥度的锥孔,用于安装前顶尖。在拆卸主轴顶尖时,可用孔穿过拆卸钢棒。

主轴应具有较高的回转精度(主轴端部径向圆跳动和端向圆跳动不得大于 0.01 mm)及足够的刚度和良好的抗振性能。经过生产实践的检验,CA6140 型卧式车床的主轴改成为前后双支承、后端定位的结构。其中,前轴承采用 P5 级精度的双列圆柱滚子轴承,用于承受径向力,通过轴承内环与主轴在轴向的相对移动使内环产生弹性变形,以调整轴承的径向间隙;后支承采用推力球轴承和角接触球轴承组合,分别用以承受双向轴向力和径向力,轴承的间隙由主轴后端的螺母调整。前后轴承均采用油泵供油润滑。轴上 Z_{58} 斜齿轮靠近主轴前端布置,以减小径向力对主轴弯曲变形的影响,同时可抵消主轴承受的轴向载荷。

③ 闸带式制动器

CA6140 型卧式车床采用闸带式制动器,以达到主轴快速停止运动,缩短辅助时间的目的,其结构如图 1-18 所示。

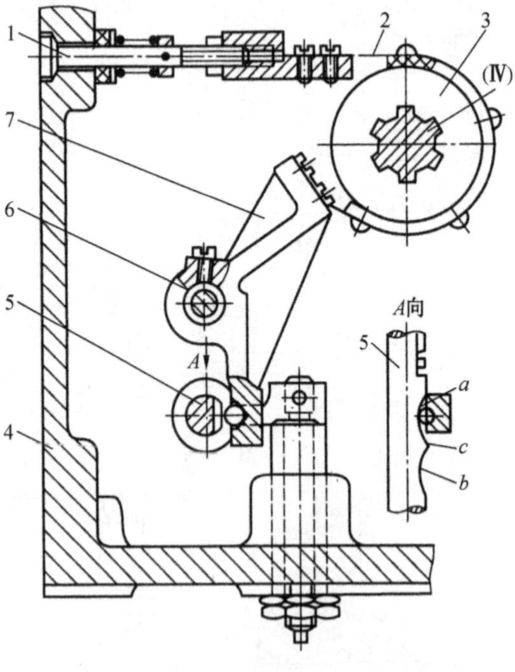

1—调节螺钉;2—制动带;3—制动轮;
4—箱体;5—齿条轴;6—杠杆支承轴;7—杠杆

图 1-18 制动器结构原理图

④ 摩擦离合器和制动器

双向摩擦离合器 M_1 装在轴Ⅰ上,其作用是控制主轴Ⅵ正转、反转或停止。制动器安装在轴Ⅳ上,当摩擦离合器脱开时,用制动器进行制动,使主轴迅速停止运动,以便缩短辅助时间,如图 1-19 所示。

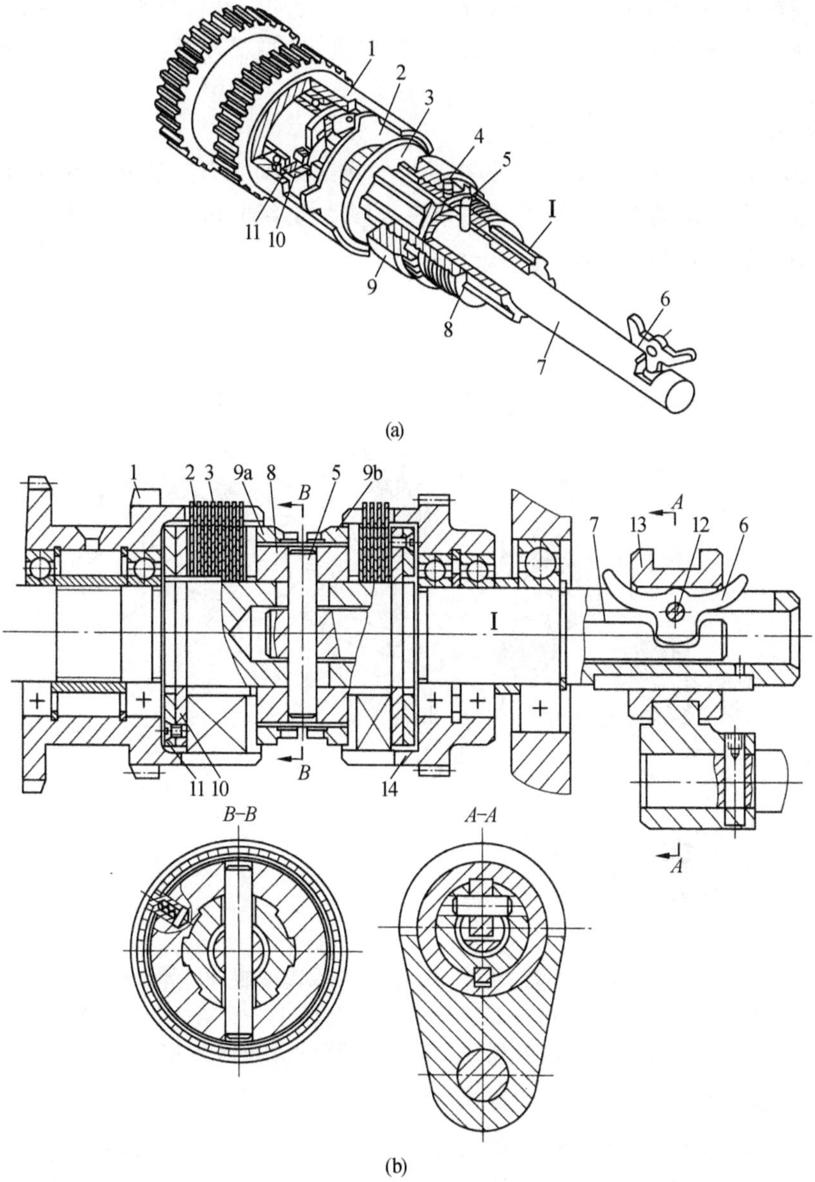

1—双联空套齿轮；2—外摩擦片；3—内摩擦片；4—弹簧销；5—圆销；6—羊角形摆块；
7—拉杆；8—压套；9—螺母；10,11—止推片；12—销轴；13—滑套；14—空套齿轮

图 1-19　摩擦离合器结构

摩擦离合器还可起过载保护作用。当机床超载时，摩擦片打滑，于是主轴停止转动，从而避免损坏机床零部件。摩擦片之间的压紧力是根据离合器应传递的额定扭矩来确定的。

（2）滑板箱

滑板箱的作用是将丝杠或光杠传来的旋转运动转变为直线运动并带动刀架进给，控制刀架运动的接通、断开和换向，手动操纵刀架移动和实现快速移动，机床过载时控制刀架自动停止进给等。CA6140 型卧式车床的滑板箱是由以下几部分机构组成：接通、断开

和转换纵、横向机动进给运动的操纵机构；接通丝杠传动的开合螺母机构；保证机床工作安全的互锁机构；保证机床工作安全的过载保护机构；实现刀架快慢速自动转换的超越离合器等。下面将介绍主要机构的结构、工作原理及有关调整。

① 纵、横向机动进给操纵机构

图 1-20 为 CA6140 型卧式车床的机动进给操纵机构。刀架的纵向和横向机动进给运动的接通、断开，运动方向的改变和刀架快速移动的接通和断开，均集中由手柄 1 来操纵，且手柄扳动方向与刀架运动方向一致。

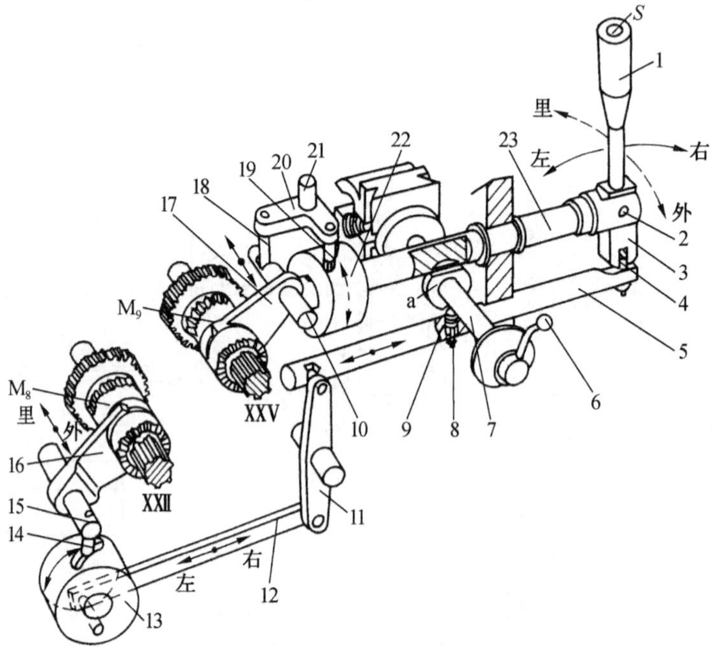

1,6—手柄；2,21—销轴；3—手柄座；4,9—球头销；5,7,23—轴；8—弹簧销；10,15—拨叉轴；11,20—杠杆；12—连杆；13,22—凸轮；14,18,19—圆销；16,17—拨叉

图 1-20 CA6140 型卧式车床纵、横向机动进给操纵机构

② 安全离合器的结构

安全离合器是防止进给机构过载或发生偶然事故时损坏机床部件的保护装置。如图 1-16 所示，在刀架机动进给过程中，如进给抗力过大或刀架移动受到阻碍，安全离合器能自动断开轴 XX 的运动，使自动进给停止。

③ 超越离合器的结构

超越离合器的作用是实现同一轴运动的快、慢速自动转换。如图 1-21 中 *A*-*A* 剖面所示，超越离合器由齿轮 6(它作为离合器的外壳)、星形体 5、3 个滚柱 8、顶销 13 和弹簧 14 组成。当刀架机动工作进给时，空套齿轮 6 为主动逆时针方向旋转，在弹簧 14 及顶销 13 的作用下，使滚柱 8 挤向楔缝，并依靠滚柱 8 与齿轮 6 内孔孔壁间的摩擦力带动星形体 5 随同齿轮 6 一起转动，再经安全离合器 M_7，带动轴 XX 转动，实现机动进给。当快速电动机启动时，运动由齿轮副 13/29 传至轴 XX，则星形体 5 由轴 XX 带动做逆时针方向的快速旋转，此时，在滚柱 8 与齿轮 6 及星形体 5 之间的摩擦力和惯性力的作用下，使滚柱 8

压缩顶销而移向楔缝的大端，从而脱开齿轮 6 与星形体 5（即轴XX）间的传动联系，齿轮 6 已不再为轴 XX 传递运动，轴 XX 由快速电动机带动做快速转动，刀架实现快速运动。当快速电动机停止转动时，在弹簧及顶销的作用下，使滚柱 8 又瞬间嵌入楔缝，并楔紧于齿轮 6 和星形体 5 之间，刀架立即恢复正常的工作进给运动。由此可见，超越离合器可实现轴 XX 快、慢速运动的自动转换。

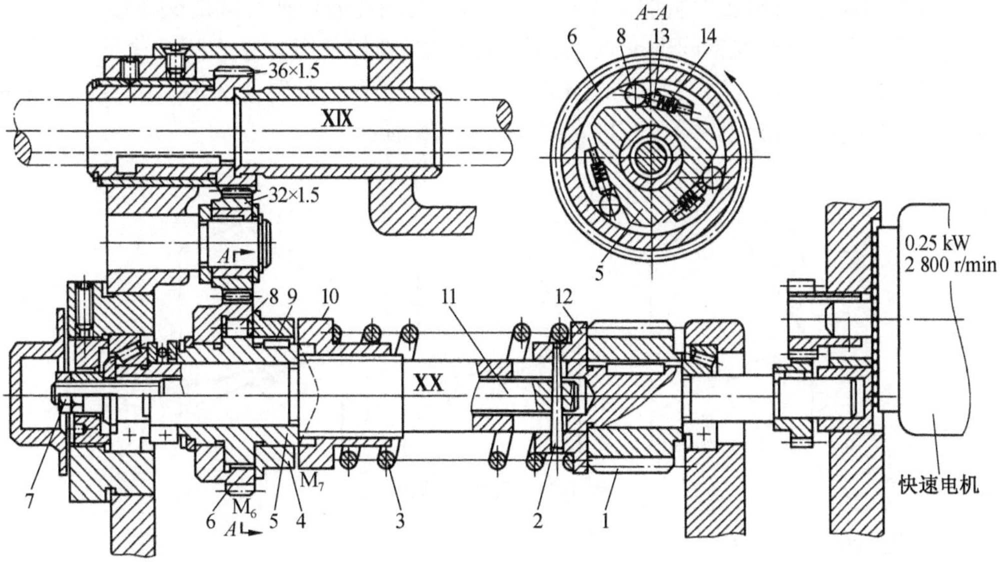

1—蜗杆；2—圆柱销；3，14—弹簧；4—M_7 左半部；5—星形体；6—齿轮（M_6 外壳）；7—调整螺母；8—滚柱；9—平键；10—M_7 右半部；11—拉杆；12—弹簧座；13—顶销

图 1-21 CA6140 型卧式车床安全离合器及超越离合器结构

知识链接三 刀具基本知识

1. 刀具的结构和几何参数

金属切削刀具包含刀柄和切削部分，刀柄是指刀具上的夹持部分，切削部分是刀具上直接参加切削工作的部分。在某些刀具（如外圆车刀）上切削部分也称为刀头。有些刀具（如麻花钻）还有导向部分。各类金属切削刀具切削部分的形状和几何参数都可由外圆车刀切削部分演变而来，因此，下面以外圆车刀为例，研究金属切削刀具的几何参数。如图 1-22 所示，车刀由刀头、刀体两部分组成。刀头用于切削，刀体用于装夹。刀具切削部分由 3 个面、2 条切削刃和 1 个刀尖组成。

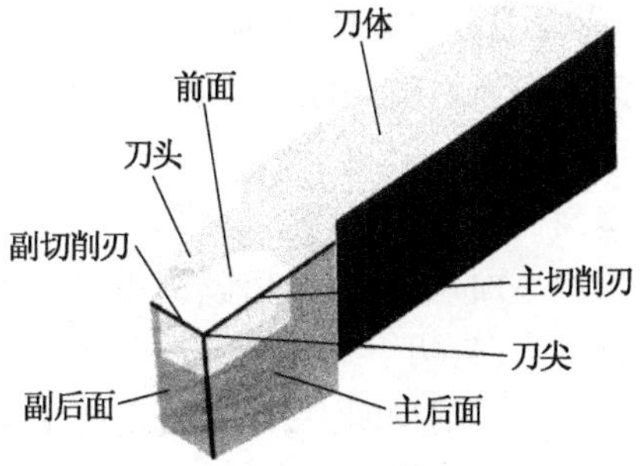

图 1-22 刀具切削部分的组成要素

（1）刀具切削部分的组成

① 前（刀）面 A_{γ}：切屑流过的刀面。

② 主后（刀）面 A_{α}：与工件正在被切削加工的表面相对的刀面。

③ 副后（刀）面 A'_{α}：与工件已切削加工的表面相对的刀面。

④ 主切削刃 S：担任主要切削工作，由前刀面与主后刀面在空间的交线形成。

⑤ 副切削刃 S'：担任少量切削工作，由前刀面与副后刀面在空间的交线形成。

⑥ 刀尖：3 个刀面在空间的交点，也可理解为主、副切削刃 2 条刀刃汇交的一小段切削刃。在实际应用中，为增加刀尖的强度与耐磨性，一般在刀尖处磨出直线或圆弧形的过渡刃。实际应用刀具上常见的刀尖结构如图 1-23 所示。

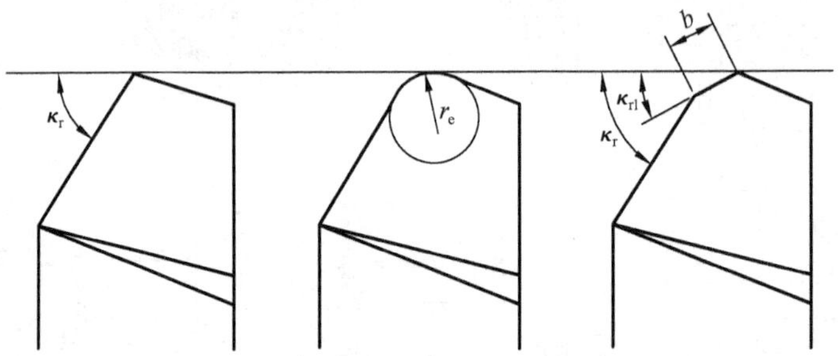

图 1-23　刀尖的结构

（2）刀具的参考系及几何角度

① 刀具的参考系

为定量地表示刀具切削部分的几何形状，必须把刀具放在一个确定的参考系中，用一组确定的几何参数确切表达刀具表面和切削刃在空间的位置，该组几何参数就是刀具的几何参数。

度量刀具几何参数的参考系分两类：一类是刀具的静止参考系，是用于定义刀具的设计、制造、刃磨和测量时的几何参数的参考系，它不受刀具工作条件变化的影响，即只考虑主运动和进给运动的方向，不考虑进给运动的大小，刀具的安装定位基准与主运动方向平行或垂直；另一类是刀具的工作参考系，即规定刀具切削加工时的几何参数的参考系，它与刀具安装情况、切削运动大小和方向等有关。

刀具参考系由坐标平面和测量平面组成，最基本的坐标平面有两个，即基面 P_r 和切削平面 P_s，如图 1-24 所示。

基面 P_r 是通过切削刃上选定点，垂直于切削运动方向的平面。

切削平面 P_s 是通过切削刃上选定点，与切削刃相切并垂直于基面的平面。它包含切削速度方向，切于工件上的过渡表面。

基面与切削平面十分重要，这两个平面与不同的测量面组合就构成了不同的标注角度参考系。静止参考系中最常用的刀具标注角度参考系是正交平面参考系，其他参考系有法平面参考系、假定工作平面参考系等。

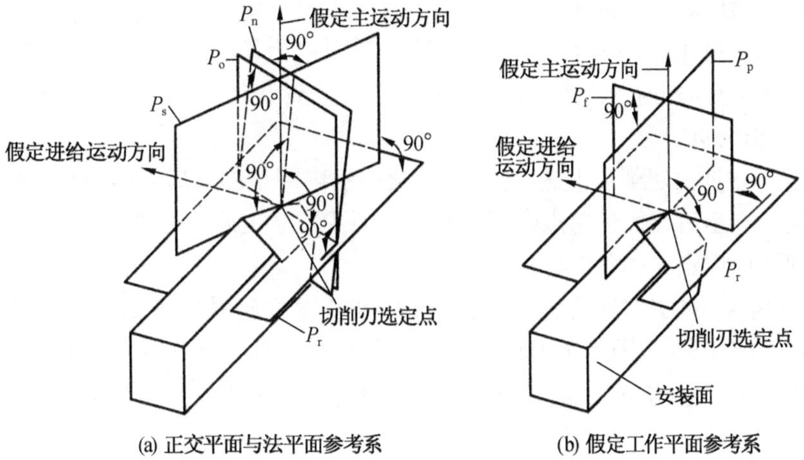

(a) 正交平面与法平面参考系　　(b) 假定工作平面参考系

图 1-24　刀具的参考坐标平面

② 刀具的几何角度

正交平面 P_o 是通过切削刃上选定点并同时垂直于基面和切削平面的平面，它是测量平面。

正交平面参考系是由 3 个平面——基面 P_r、切削平面 P_s 和正交平面 P_o 构成的一个空间直角坐标系，如图 1-24 a 所示。

如图 1-25 所示，要确定外圆车刀切削部分在正交平面参考系中的结构，需要 6 个基本角度。

在基面内定义的角度有：

a. 主偏角 κ_r：过主切削刃上选定点，在基面内测量的主切削刃在基面上的投影与进给运动方向间的夹角，主偏角一般在 0°～90°之间。

b. 副偏角 κ_r'：过副切削刃上选定点，在基面内测量的副切削刃在基面上的投影与进给运动方向间的夹角。

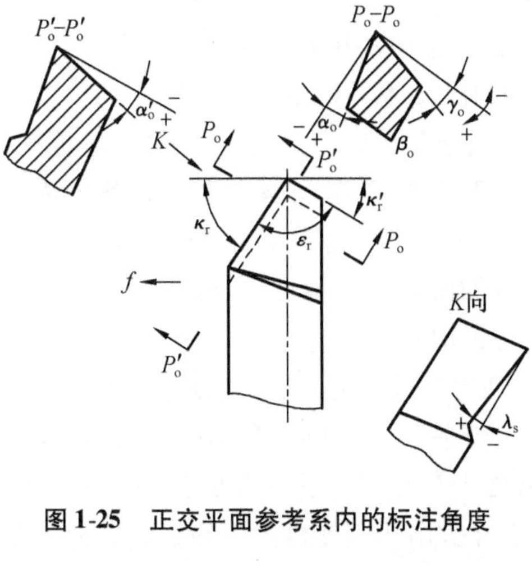

图 1-25　正交平面参考系内的标注角度

在正交平面内定义的角度有：

c. 前角 γ_o：过主切削刃上选定点，在正交平面内测量的前刀面与基面之间的夹角。前刀面与基面平行时，前角为零；刀尖位于前刀面最高点时，前角为正；刀尖位于前刀面最低点时，前角为负。

d. 后角 α_o：过主切削刃上选定点，在正交平面内测量的主后刀面与切削平面之间的夹角。刀尖位于主后刀面最前点时，后角为正；刀尖位于主后刀面最后点时，后角为负。

在切削平面内定义的角度有：

e. 刃倾角 λ_s：过主切削刃上选定点，在切削平面内测量的主切削刃与基面间的夹角。图 1-25 中 K 向视图即为车刀在切削平面上的投影图。当刀尖位于主切削刃上最高点时，λ_s 为正值；刀尖位于主切削刃上最低点时，λ_s 为负值；主切削刃与基面平行时，$\lambda_s=0°$。

过副切削刃上选定点且垂直于副切削刃在基面上投影的平面称为副正交平面。过副切削刃上选定点的切线且垂直于基面的平面称为副切削平面。副正交平面、副切削平面与基面组成副正交平面参考系。

在副正交平面内定义的角度有：

f. 副后角 α_o'：过副切削刃上选定点，在副正交平面 P_o' 内测量的副后刀面与副切削平面之间的夹角。

当主偏角和刃倾角确定后，主切削刃在空间的位置就随之确定。在正交平面内，前角和后角确定后，前刀面和主后刀面就随之确定。副偏角和副后角确定后，副后刀面就随之确定。这 6 个基本角度确定了普通外圆车刀切削部分的几何形状。

前刀面和主后刀面之间所夹角度为楔角 β_o，它由前角和后角派生而来：

$$\beta_o = 90° - (\gamma_o + \alpha_o)$$

主切削刃和副切削刃所夹的角度为刀尖角 ε_r，它由主偏角和副偏角派生而来：

$$\varepsilon_r = 180° - (\kappa_r + \kappa_r')$$

(3) 刀具几何角度的测量

下面介绍用车刀量角台测量车刀几何角度。

① 正交平面参考系的角度 $\kappa_r, \lambda_s, \gamma_o, \alpha_o$ 的测量

测量主偏角 κ_r：将车刀置于平台 3 上，一侧面紧靠定位板 4 顺时针转动平台，使主切削刃与大指针测量板贴合，基线板 2 在底座 1 上的读数即为主偏角的角度数值，如图 1-26 a所示（逆时针旋转平台 3 即可测得副偏角的角度 κ_r'）。

测量刃倾角 λ_s：工作台的位置在测量 κ_r 的基础上，调整定位板、车刀和测量板的位置，使大指针 5 的刃口 A 与主切削刃贴合，则大指针 5 在大扇形刻度盘 6 上的读数即是刃倾角 λ_s 的角度值（指针逆时针转动为正值，顺时针转动为负值），如图 1-26 a 所示。

测量前角 γ_o：逆时针旋转平台 3，至圆盘 0 刻度线的另一侧，基线板 2 在底座 1 上的读数为 $90° - \kappa_r$，使测量板处于车刀正交平面的方位，调整测量板和车刀的位置，使刃口 A 与前刀面贴合，则大指针 5 在大扇形刻度盘 6 上的读数即为前角 γ_o 的角度值（指针顺时针转动为正值，逆时针转动为负值），如图 1-26 b 所示。

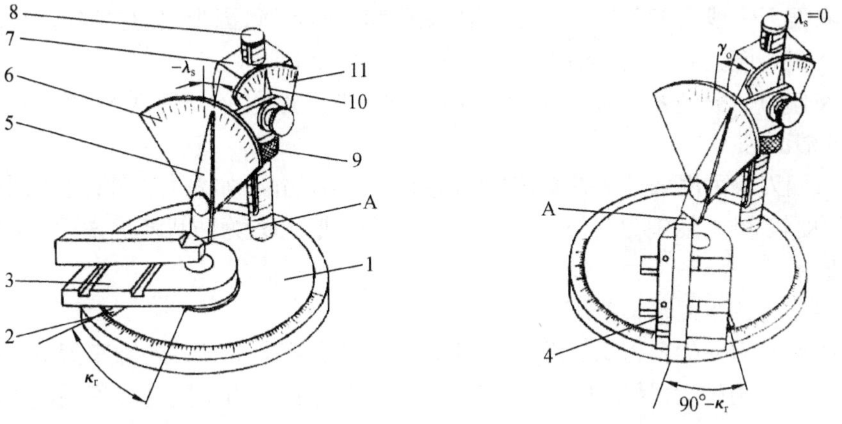

(a) 测量主偏角和刃倾角　　(b) 测量前角和后角

1—底座(工作台圆盘);2—基线板;3—平台;4—定位板;5—大指针;6—大扇形刻度盘;7—滑体;8—立柱;9—松紧螺母;10—小指针;11—小扇形刻度盘;A—刃口

图 1-26　用车刀量角台测量车刀几何角度

测量后角 α_o:平台位置同测量前角 γ_o,调整测量板与车刀的位置,使刃口 A 与车刀主后刀面贴合,即可测得后角 α_o。

同理,也可测得副正交平面参考系 $\kappa'_r,\lambda'_s,\gamma'_o,\alpha'_o$的角度值。测量车刀角度时按 κ_r—λ_s—γ_o—α_o—κ'_r—α'_o的次序进行,这样方便迅速。

② 法平面参考系的角度 γ_n,α_n 的测量

使车刀在平台上处于测量 γ_o 和 α_o 的位置,松开松紧螺母 9,使小指针 10 在小扇形刻度盘 11 上转动刃倾角 λ_s 的数值(测量值为正值时逆时针转,测量值为负值时顺时针转)后固定,这时测量板处于与主切削刃垂直的方位(即法平面的方位),调整车刀和测量板的位置即可测出 γ_n 和 α_n,其方法与测 γ_o,α_o 相同。

③ 假定工作平面和背平面参考系的角度 $\gamma_f,\alpha_f,\gamma_p$ 和 α_p 的测量

将量角台调整到原始位置(即基线板,大、小指针均对准 0°),调整车刀和测量板的位置,可测量 γ_f,α_f;若将平台转 90°,调整车刀和测量板的位置,可测量 γ_p,α_p。

2. 外圆车刀类型及其使用

(1) 90°外圆车刀及其使用

90°外圆车刀又称偏刀,按进给方向分右偏刀(正偏刀)和左偏刀(反偏刀),如图 1-27 所示。

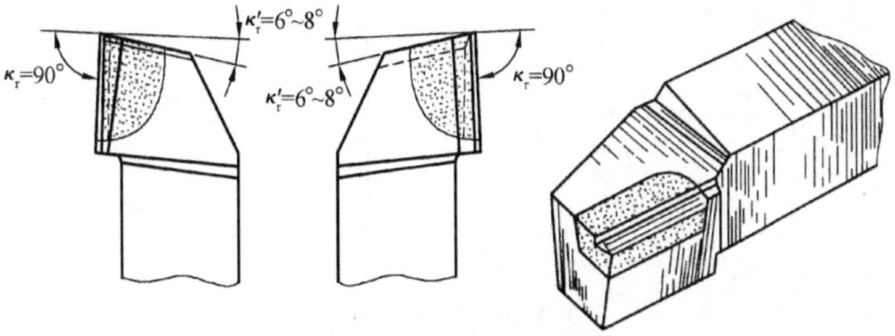

图 1-27　左右偏刀

① 右偏刀一般用来车削工件的外圆、端面和右向台阶，因为它的主偏角较大，车外圆时作用于工件半径方向的径向切削力较小，不易将工件顶弯。

② 左偏刀一般用来车削左向台阶和工件的外圆，也适用于车削直径较大和长度较短的工件的端面。

③ 右偏刀也可用来车削平面，但因车削时用副刃切削，如果由工件外缘向中心进给，当切削深度较大时，切削力会使车刀扎入工件而形成凹面，为防止产生凹面，可改由中心向外缘进给。

（2）45°外圆车刀及其使用

45°外圆车刀刀尖角为90°，所以刀头强度和散热条件比90°外圆车刀好，主偏角较小，车削时径向力较大，易使工件产生弯曲变形，因此它常用于刚性较好、长度较短工件的外圆、端面的车削和倒角，如图1-28所示。

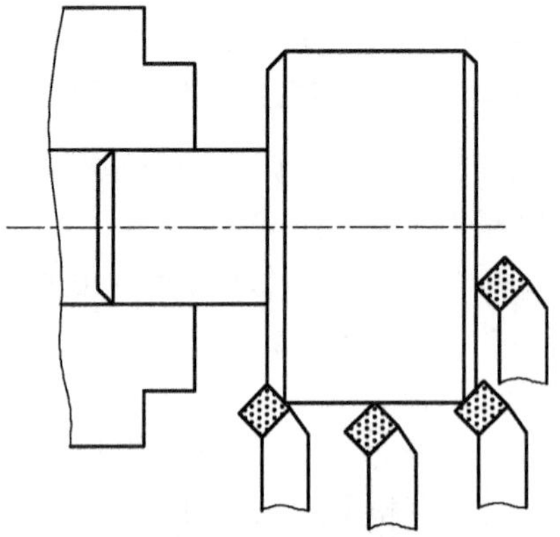

图1-28　45°外圆车刀

（3）75°外圆车刀及其使用

75°外圆车刀的主偏角是75°，其刀尖角大于90°，刀头强度好，较耐用。因此，适用于粗车轴类工件的外圆，以及强力车削铸、锻件等加工余量较大的工件的外圆，还可以车铸、锻件的大端面，常将其称为强力车刀，如图1-29所示。

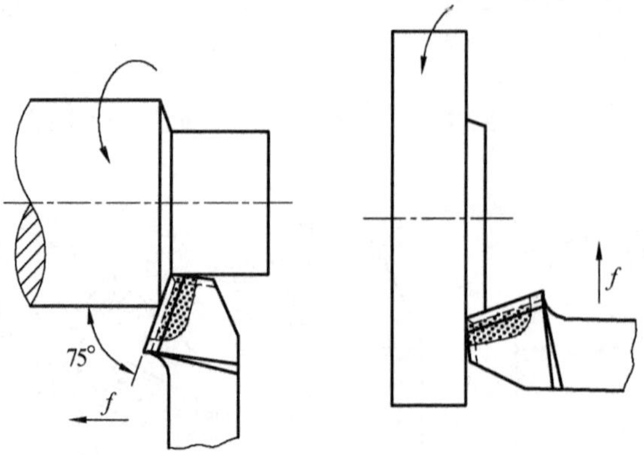

图1-29　75°外圆车刀

3. 外圆表面常用加工方法

外圆表面的加工主要采用车削和磨削两种方法。要求精度高、表面粗糙度轮廓值低时,还可能用到光整加工的研磨、超精加工和抛光。

车削加工因切削层厚度大、进给量大而成为外圆表面加工最有效、最经济的方法。尽管车削加工也能获得较高的加工精度和质量,但就其经济性来看,一般适宜外圆表面的粗加工和半精加工。

磨削加工切削速度高、切削量小,是外圆表面最主要的精加工方法,适用于各种高硬度表面。

光整加工是精加工之后进行的超精密加工,适用于某些精度和表面质量要求很高的零件加工。

每一种加工方法达到的加工精度、表面粗糙度轮廓值、生产率和生产成本各不相同,因此在加工时必须根据实际情况选择最合适的加工方案,加工出满足图样要求的零件。

外圆车削一般可分为粗车、半精车、精车、精细车。粗车的目的是切去毛坯硬皮和大部分余量。加工后工件尺寸精度为 IT11 ~ IT13,表面粗糙度轮廓值为 $Ra50 \sim 12.5\ \mu m$。

半精车的尺寸精度为 IT8 ~ IT10,表面粗糙度轮廓值为 $Ra6.3 \sim 3.2\ \mu m$。半精车可作为中等精度表面的终加工,也可作为磨削或精加工的预加工。

一般精车后的尺寸精度为 IT7 ~ IT8,表面粗糙度轮廓值为 $Ra1.6 \sim 0.8\ \mu m$。

精细车后的尺寸精度为 IT6 ~ IT7,表面粗糙度轮廓值为 $Ra0.4 \sim 0.025\ \mu m$。精细车尤其适合于有色金属加工,因为有色金属一般不宜采用磨削,所以常用精细车代替磨削。

任务二 转动小滑板车外圆锥

一、任务书

车削出如图 1-30 所示的圆锥体。

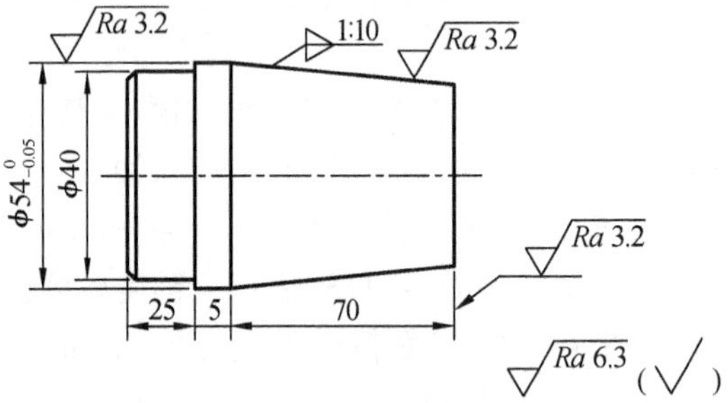

图 1-30 圆锥体

二、任务说明

车较短的圆锥时,可以采用移动小滑板法。车削时,只要把小滑板按工件的圆锥半角$\frac{\alpha}{2}$要求转动一个相应的角度,如图 1-31 所示,使车刀的运动轨迹与所要求的圆锥素线平行,然后开启机床,使工件旋转。再摇小滑板的手柄,使小滑板移动,即可加工出锥面。

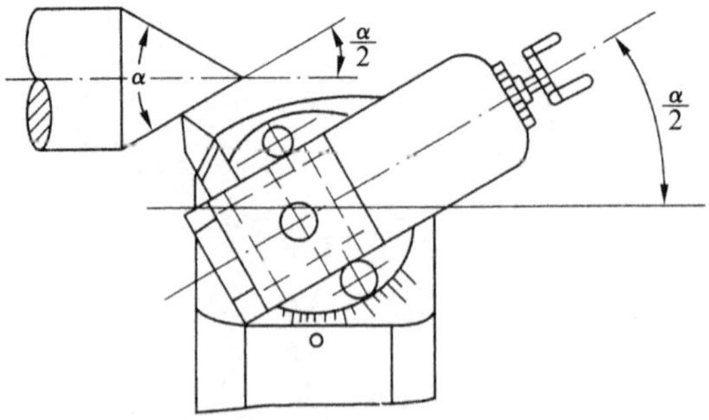

图 1-31 转动小滑板车圆锥体

1. 转动小滑板车圆锥体的特点

① 能车圆锥角较大的工件。

② 能车出整锥体和圆锥孔,并且操作简便。

③ 只能手动进给,劳动强度大,工件表面粗糙度轮廓较难控制。

④ 因受小滑板行程限制，只能加工锥面不长的工件。

2. 小滑板转动角度的计算

根据被加工零件给定的已知条件，可应用以下公式计算圆锥半角：

$$\tan\frac{\alpha}{2}=\frac{C}{2}=\frac{D-d}{2L} \tag{1-4}$$

式中，$\alpha/2$——圆锥半角，(°)；

C——圆锥体的锥度；

D——最大圆锥直径，简称大端直径，mm；

d——最小圆锥直径，简称小端直径，mm；

L——最大圆锥直径处与最小圆锥直径处的轴向距离，mm。

应用上面公式计算 $\alpha/2$，需查三角函数表，比较麻烦。如果 $\alpha/2$ 较小，在 1°～13°之间，可以用乘上一个常数的近似方法来计算，即

$$\frac{\alpha}{2}=\text{常数}\times\frac{D-d}{L}$$

3. 转动小滑板车外圆锥体的方法

（1）车刀的装夹

要求车刀刀尖必须严格对准工件的旋转中心，否则车出的圆锥素线将不是直线，而是双曲线。

（2）转动小滑板的方法

① 用扳手将小滑板下面的转盘螺母松开，把转盘转至需要的圆锥半角 $\alpha/2$ 的刻度，与基准零线对齐，然后锁紧转盘螺母。如圆锥半角 $\alpha/2$ 的值不是整数，其小数部分用目测估计，但小滑板转动的角度值应略大于计算值。

② 车削前，应调整好小滑板的行程和镶条的松紧。应根据圆锥长度确定小滑板的行程长度，使车削时小滑板有足够的行程。小滑板镶条的调整应松紧适度，过紧，手动费力，移动不均匀；过松，则造成小滑板间隙太大。二者均会使车出的圆锥表面粗糙度轮廓值加大。

（3）车外圆锥面

① 粗车外圆锥面。在粗车的同时逐步找正圆锥的角度。用小滑板车外圆锥面时，背吃刀量不要太大，手动进给速度要保持均匀和不间断，在车削的同时，逐步调整小滑板的角度，使工件锥度符合要求，并应留出精车余量。

② 找正圆锥角度的方法。

a. 用圆锥套规调整。当车至工件能塞进套规约 1/2 时，将套规轻轻套在工件上，用手捏住套规左、右两端分别做上下摆动，通过感觉来判断套规与工件大、小端直径的配合间隙。如图 1-32 a 所示，大端有间隙，说明圆锥角小；如图 1-32 b 所示，小端有间隙，说明圆锥角大。微调小滑板角度，再进行车削。再次用套规检查，若左、右两端摆动感觉不大，可用涂色法进行检查调整。在工件表面顺着母线，相隔一定距离薄而均匀地涂上

3 条显示剂，把套规套在工件上转动半圈，根据擦痕情况判断圆锥角大小并进行调整。如果显示剂被均匀地擦掉，说明角度正确；如工件大端显示剂被擦掉，小端显示剂没有接触到，则说明圆锥角应调大；如小端显示剂被擦掉而大端没有接触到，则说明圆锥角应调小。

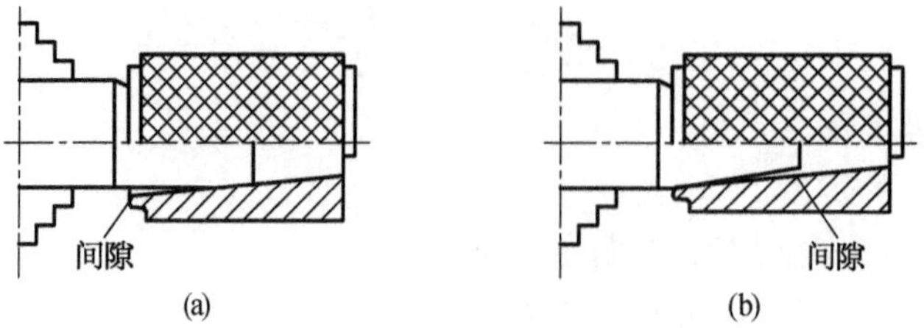

图 1-32 用圆锥套规调整角度

b. 用游标万能角度尺调整。对于角度零件或精度不高的圆锥表面，可用游标万能角度尺检查调整。根据被测角度调整好游标万能角度尺的角度，把角度尺的基面放在被测件的基准面上（轴心位置），用透光法检查微调角度尺刻度，使直尺或角尺与被测面靠平，如图 1-33 所示，通过角度尺的读数来微调小滑板的角度。

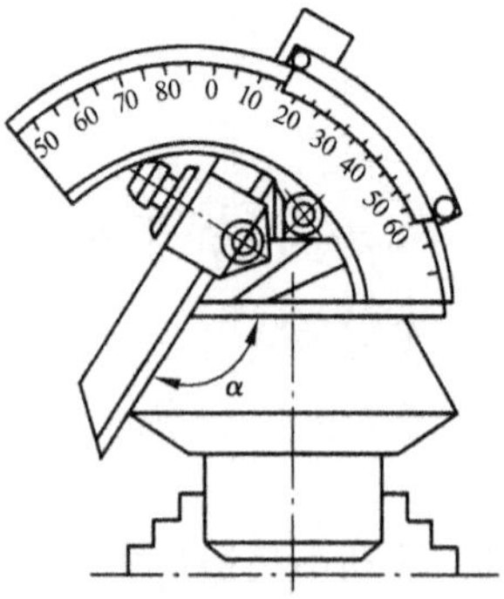

图 1-33 用游标万能角度尺调整角度

③ 精车外圆锥面。精车外圆锥面主要是提高工件的表面质量，控制圆锥面的尺寸精度。

a. 用游标卡尺和千分尺控制锥长和工件大、小端直径。测量直径的位置必须在锥体的最大端或最小端处。

b. 用界限套规控制尺寸。当锥度已找正，而大端或小端尺寸还未能达到要求时，需再车削，可用计算法和移动床鞍法来解决其背吃刀量。

三、任务实施

1. 加工步骤

① 夹住工件外圆，伸出长度在 50 mm 左右。

② 粗、精车端面及外圆 ϕ40 mm × 25 mm 至尺寸要求。

③ 调头夹住 ϕ40 mm 外圆、长 18 mm 左右，车平面总长 100 mm 至尺寸要求。

④ 粗、精车外圆 $\phi 54_{-0.05}^{\ 0}$ mm 至尺寸要求。

⑤ 小滑板转过半角 $\alpha/2$，车锥度至图样要求。

⑥ 用角度尺检查。

2. 评分标准

评分标准见表 1-2。

表 1-2　评分标准

序号	操作内容与要求	分值	评分细则	实测记录	得分
1	刀具的选择及安装	15	刀尖高度、角度和刀杆长度调整不当各扣5分,刀具装夹不牢固扣5分		
2	工件装夹及调整	5	未找正、装夹不牢固不得分		
3	切削用量选择	5	切削用量选择不当扣3分		
4	机床调整	5	调整操作不正确扣5分		
5	对刀方法	5	试切试量不正确扣5分		
6	车端面	5	操作不正确扣2分		
7	车外圆 $\phi40$ 及倒角	10	操作不正确扣5分		
8	调头车外圆 $\phi54^{0}_{-0.05}$	10	操作不正确扣5分		
9	车锥面	15	操作不正确扣5分		
10	工件质量检测	20	尺寸一处不符合要求扣2分		
11	安全文明操作	5	违反一次否决		

3. 容易产生的问题和注意事项

① 车刀必须对准工件旋转中心,以避免产生双曲线误差。

② 应两手握小滑板手柄,均匀移动小滑板,工件表面应一刀车出。

③ 粗车时,进刀量不宜过大,应先找正锥度,以防工件被车小而报废。一般留精车余量0.5 mm。

④ 用游标万能角度尺、游标量角器检查锥度时,测量边应通过工件中心。用套规检查时,工件表面粗糙度轮廓值要小,涂色要薄而均匀,转动量一般在半圈之内,多则容易造成误判。

⑤ 在转动小滑板角度时,应稍大于圆锥半角 $\alpha/2$,然后逐步找正。当小滑板角度调整到相差不多时,只需把紧固螺母稍松一些,将左手拇指紧贴在小滑板转盘与中滑板底盘上,用铜棒轻轻敲小滑板,需凭手指的感觉决定微调量,这样可较快地找正锥度。

⑥ 小滑板不宜过松,以防工件表面车削痕迹粗细不一。

⑦ 防止扳手在扳小滑板紧固螺母时打滑而撞伤手。

知识链接一　机床基本知识

1. 机床的分类

金属切削机床的功用、结构、规格和精度是各式各样的,为了便于区别、使用和管理,必须对机床进行分类,并编制型号。机床的传统分类方法主要是按加工性质和所用刀具进行分类。根据国家制定的机床型号编制方法——《金属切削机床　型号编制方法》

(GB/T 15375—2008)的规定,按加工性质和所用刀具的不同,机床可分为 11 大类:车床、钻床、镗床、磨床、齿轮加工机床、螺纹加工机床、铣床、刨床、拉床、锯床和其他机床。在每一类机床中,又按工艺范围、布局形式和结构分为若干组,每一组又细分为若干系(系列)。

在上述基本分类方法的基础上,还可以根据机床的其他特征进一步区分。

按通用性程度分为:

① 通用机床。通常称为万能机床,用于单件小批生产或修配生产,可对多种零件完成不同的工序加工。如卧式车床、万能升降台铣床等。

② 专门化机床。用于大批生产,加工不同尺寸的同类零件,如丝杠车床、凸轮轴车床、曲轴车床等。

③ 专用机床。用来加工某一种零件的特定工序,仅用于大批量生产,是根据特定的工艺要求专门设计制造的。如加工机床主轴箱的专用镗床、加工机床导轨的专用磨床等。各种组合机床也属于专用机床。

按加工精度分为普通精度级、精密级和超精密级机床。

按自动化程度分为手动、机动、半自动化和自动化机床。

机床还可按质量大小分为仪表机床、中型机床(一般机床)、大型机床(10 ~ 30 t)、重型机床(30 ~ 100 t)和超重型机床(大于 100 t)。

按机床主要工作部件的数目,可分为单轴和多轴机床或单刀与多刀机床等。

随着机床的发展,其分类方法也将不断发展。现代机床正向数控化方向发展,数控机床的功能日趋多样化,工序更加集中。例如,数控车床在卧式车床的基础上,又集中了转塔车床、仿形车床、自动车床等多种车床的功能。车削中心出现以后,在数控车床功能的基础上,又加入了钻、铣、镗等类机床的功能。又如,具有自动换刀功能的数控镗铣床(习惯上称为“加工中心”),集中了钻、铣、镗等多种类型机床的功能;有的加工中心的主轴既能是立式又能是卧式,即集中了立式加工中心和卧式加工中心的功能。由此可见,机床数控化引起了机床分类方法的变化,使得机床品种趋于综合。

2. 机床型号的编制方法

机床型号是机床产品的代号,用以简明地表示机床的类型、通用和结构特性、主要技术参数等。GB/T 15375—2008 规定,我国的机床型号由汉语拼音字母和阿拉伯数字按一定规律组合而成,适用于各类通用机床和专用机床(组合机床除外)。型号构成如下:

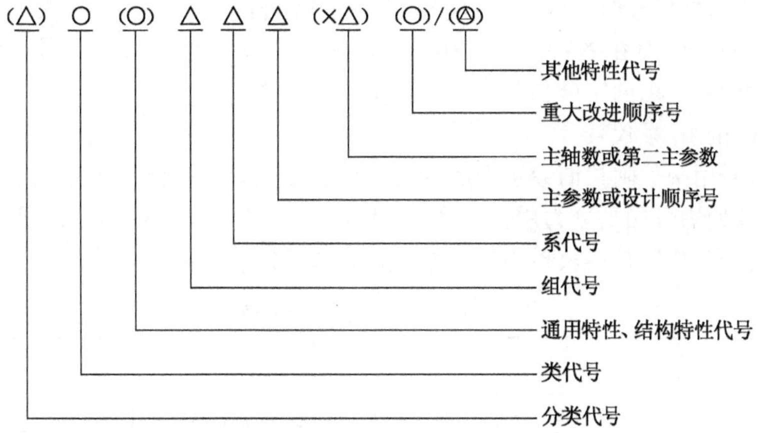

注:① 有“( )”的代号或数字,当无内容时,则不表示。若有内容则不带括号。
② 有“○”符号的,为大写的汉语拼音字母。
③ 有“△”符号的,为阿拉伯数字。
④ 有“◎”符号的,为大写的汉语拼音字母,或阿拉伯数字,或两者兼有之。

(1) 机床的类代号、分类代号

机床的类代号用大写的汉语拼音字母表示,并按相应的汉字字意读音。当需要时,每类又可分为若干分类,分类代号用阿拉伯数字表示,放在类代号之前,但第一分类不予表示。机床的类代号、分类代号及其读音见表1-3。

表1-3 机床的类代号和分类代号

类别	车床	钻床	镗床	磨床			齿轮加工机床	螺纹加工机床	铣床	刨插床	拉床	锯床	其他机床
代号	C	Z	T	M	2M	3M	Y	S	X	B	L	G	Q
读音	车	钻	镗	磨	二磨	三磨	牙	丝	铣	刨	拉	割	其

(2) 机床的通用特性代号、结构特性代号

通用特性代号位于类代号之后,用大写的汉语拼音字母表示。当某种类型机床,除有普通型外,还有如表1-4所示的某种通用特性时,则在类代号之后加上相应的通用特性代号,如“CK”表示数控车床。如果同时具有两种通用特性,则可按重要程度排列,用两个代号表示,如“MBG”表示半自动高精度磨床。

表1-4 机床的通用特性代号

通用特性	高精度	精密	自动	半自动	数控	加工中心(自动换刀)	仿形	轻型	加重型	柔性加工单元	数显	高速
代号	G	M	Z	B	K	H	F	Q	C	R	X	S
读音	高	密	自	半	控	换	仿	轻	重	柔	显	速

对于主参数相同而结构、性能不同的机床,在型号中加结构特性代号予以区分。结构特性代号无统一含义,它只是在同类型机床中起区分机床结构、性能不同的作用。当

型号中有通用特性代号时，结构特性代号应排在通用特性代号之后，用大写的汉语拼音字母表示。如 CA6140 中的“A”和 CY6140 中的“Y”，均为结构特性代号。为了避免混淆，通用特性代号已用的字母和“I”“O”都不能作为结构特性代号使用。

(3) 机床的组、系代号

组、系代号用两位阿拉伯数字表示，前一位表示组别，后一位表示系别。每类机床按其结构性能及使用范围划分为用数字 0 ~ 9 表示的 10 个组，见表 1-5。在同一组机床中，又按主参数相同、主要结构及布局型式相同划分为用数字 0 ~ 9 表示的 10 个系。

表 1-5　机床的类、组划分表

类别 \ 组别		0	1	2	3	4	5	6	7	8	9
车床 C		仪表车床	单轴自动、半自动车床	多轴自动、半自动车床	回轮、转塔车床	曲轴及凸轮轴车床	立式车床	落地及卧式车床	仿形及多刀车床	轮、轴、辊、锭及铲齿车床	其他车床
钻床 Z			坐标镗钻床	深孔钻床	摇臂钻床	台式钻床	立式钻床	卧式钻床	铣钻床	中心孔钻床	
镗床 T				深孔镗床		坐标镗床	立式镗床	卧式铣镗床	精镗床	汽车、拖拉机修理用镗床	
磨床	M	仪表磨床	外圆磨床	内圆磨床	砂轮机	坐标磨床	导轨磨床	刀具刃磨床	平面及端面磨床	曲轴、凸轮轴、花键轴及轧辊磨床	工具磨床
	2M		超精机	内圆珩磨机	外圆及其他珩磨机	抛光机	砂带抛光及磨削机床	刀具刃磨及研磨机床	可转位刀片磨削机床	研磨机	其他磨床
	3M		球轴承套圈沟磨床	滚子轴承套圈滚道磨床	轴承套圈超精机床		叶片磨削机床	滚子加工机床	钢球加工机床	气门、活塞及活塞环磨削机床	汽车、拖拉机修磨机床
齿轮加工机床 Y		仪表齿轮加工机		锥齿轮加工机	滚齿及铣齿机	剃齿及珩齿机	插齿机	花键轴铣床	齿轮磨齿机	其他齿轮加工机	齿轮倒角及检查机
螺纹加工机床 S					套丝机	攻丝机		螺纹铣床	螺纹磨床	螺纹车床	
铣床 X		仪表铣床	悬臂及滑枕铣床	龙门铣床	平面铣床	仿形铣床	立式升降台铣床	卧式升降台铣床	床身铣床	工具铣床	其他铣床
刨插床 B			悬臂刨床	龙门刨床			插床	牛头刨床		边缘及模具刨床	其他刨床
拉床 L				侧拉床	卧式外拉床	连续拉床	立式内拉床	卧式内拉床	立式外拉床	键槽及螺纹拉床	其他拉床
锯床 G				砂轮片锯床		卧式带锯床	立式带锯床	圆锯床	弓锯床	锉锯床	
其他机床 Q		其他仪表机床	管子加工机床	木螺钉加工机		刻线机	切断机				

(4) 机床主参数、设计顺序号及第二主参数

机床主参数是表示机床规格大小的一种尺寸参数。在机床型号中，用阿拉伯数字给出主参数的折算值，位于机床组、系代号之后。折算系数一般是 1/10 或 1/100，也有少数是 1。例如，CA6140 型卧式机床中主参数的折算值为 40(折算系数是 1/10)，其主参数表示在床身导轨面上能车削工件的最大回转直径为 400 mm。各类主要机床的主参数及折算系数见表 1-6。

表 1-6　各类主要机床的主参数和折算系数

机床	主参数名称	折算系数
卧式车床	床身上最大回转直径	1/10
立式车床	最大车削直径	1/100
摇臂钻床	最大钻孔直径	1/1
卧式镗床	镗轴直径	1/10
坐标镗床	工作台面宽度	1/10
外圆磨床	最大磨削直径	1/10
内圆磨床	最大磨削孔径	1/10
矩台平面磨床	工作台面宽度	1/10
齿轮加工机床	最大工件直径	1/10
龙门铣床	工作台面宽度	1/100
升降台铣床	工作台面宽度	1/10
龙门刨床	最大刨削宽度	1/100
插床及牛头刨床	最大插削及刨削长度	1/10
拉床	额定拉力(t)	1/1

某些通用机床,当无法用一个主参数表示时,则用设计顺序号来表示。

第二主参数是对主参数的补充,如最大工件长度、最大跨距、工作台工作面长度等,第二主参数一般不予给出(多轴机床的主轴数除外)。

(5) 机床的重大改进顺序号

当机床的性能及结构有重大改进,并需按新产品重新设计、试制和鉴定时,在原机床型号尾部加重大改进顺序号,即汉语拼音字母 A,B,C……(I,O 两个字母不得选用)。

(6) 其他特性代号与企业代号

其他特性代号用以反映各类机床的特性,如对于数控机床,可用来反映不同的数控系统;对于一般机床,可用以反映同一型号机床的变型等。其他特性代号可用汉语拼音字母或阿拉伯数字或两者的组合来表示。企业代号与其他特性代号表示方法相同,位于机床型号尾部,用“—”与其他特性代号分开,读作“至”。若机床型号中无其他特性代号,仅有企业代号时,则不加“—”,企业代号直接写在“/”后面。

机床的型号是为了方便地管理和使用机床,而按一定规律赋予机床的代号(即型号),用于表示机床的类型、通用特性和结构特性、主要技术参数等。GB/T 15375—2008 规定:采用由汉语拼音字母和阿拉伯数字按一定规律组合而成的方式,来表示各类通用机床、专用机床的型号。

例 1-1

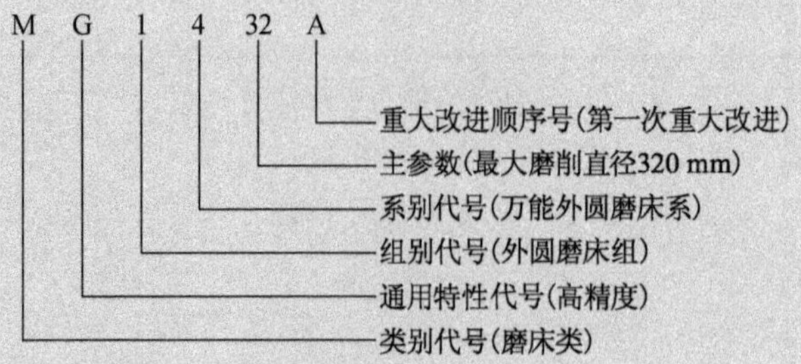

例 1-2

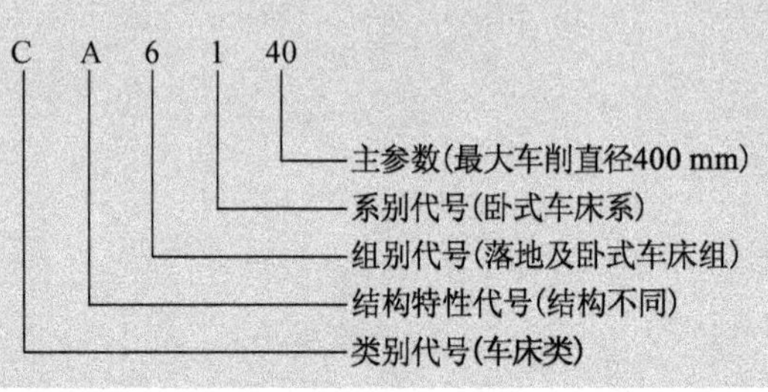

专用机床型号用设计单位代号和设计顺序号构成。例如,B1—100 表示北京第一机床厂设计制造的第 100 种专用机床——铣床。

3. 机床的运动及传动

(1) 机床的运动

机床的切削加工是由刀具(包括砂轮等,下同)与工件之间的相对运动来实现的。机床的运动分为表面成形运动和辅助运动。

① 表面成形运动

表面成形运动是机床最基本的运动,亦称工作运动。表面成形运动包括主运动和进给运动,这两种不同性质的运动和不同形状的刀具配合,可以实现轨迹法、成形法和展成法等各种不同的加工方法,构成不同类型的机床。一般来说,刀具形状越复杂,机床所需的表面成形运动就越简单。例如,拉床主运动由拉刀直线运动实现且无进给运动(其进给运动由拉刀切削齿的齿升量来实现)。通常,机床主要采用结构上易于实现的旋转运动和直线运动实现表面成形运动,且主运动只有一个,进给运动可有一个或几个。

② 辅助运动

机床在加工过程中,加工刀具与工件除工作运动以外的其他运动称为辅助运动。辅助运动用以实现机床的各种辅助动作,主要包括以下几种:

a. 切入运动。用于保证工件被加工表面获得所需要的尺寸,使工具切入工件表面一定深度。有些机床的切入运动属于间歇运动形式的进给(吃刀)。数控机床的切入运动可通过控制相应轴的进给来实现,如数控车床的 X 轴进给。

b. 各种空行程运动。空行程运动主要是指进给前后的快速运动。例如,趋近——进给前加工刀具与工件相互快速接近的过程;退刀——进给结束后加工刀具与工件相互快速离开的过程;返回——退刀后加工刀具或工件回到加工前位置的过程。

c. 其他辅助运动。包括分度运动、操作和控制运动等。例如，刀架或工件台的分度转位运动，刀库和机械手的自动换刀运动，变速、换向，部件与工件的夹紧与松开，自动测量、自动补偿等。

（2）机床的传动

传动系统是一台机床运动的核心，它决定了机床的运动和功能。机床的每一个运动都是由运动源、执行件和联系两者的一系列传动装置所构成的。这些传动装置和运动源、执行件一起构成了机床一个运动的传动链。机床的传动系统就是各种运动的传动链综合。机床传动系统图的主体是表面成形运动传动系统，它包括主运动传动系统和进给运动传动系统。

为了适应不同的工艺要求，机床主运动往往必须能变换速度，同时进给运动也应能根据需要改变大小。目前，在普通机床中，主运动系统主要采用机械传动方式。其变速范围大，传递功率大，传动比准确，工作可靠，变速方便。实现有级变速方式有两类传动机构：一类是传动比和传动方向固定不变的定传动比传动机构，如定传动比齿轮副、丝杠螺母机构等；另一类是可变换传动比和传动方向的传动机构，称为换置机构，如挂轮变速、滑移齿轮变速等。

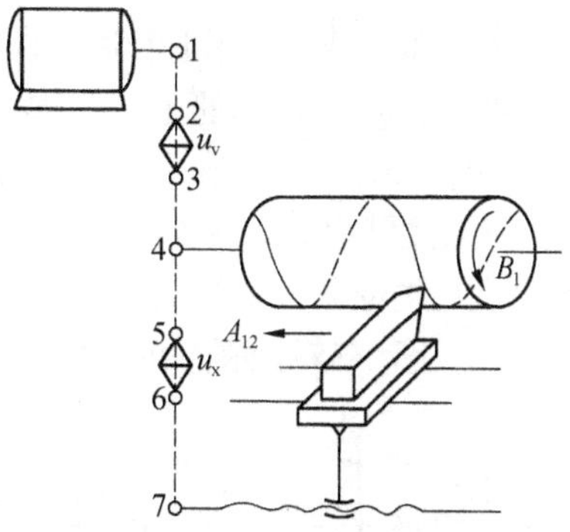

图 1-34　传动原理图

传动装置把运动源的运动和动力传递给执行件，并完成运动形式、方向、运动量的转换等工作，从而在运动源和执行件间建立起运动联系，使执行件获得所需运动。如图 1-34 所示，电动机通过定传动比机构和换置机构带动主轴，从而使工件获得一定的转速，其传动路线是"1—2—u_v—3—4"。电动机、主轴和这些传动装置构成了主运动传动链。在这条传动链中，并不要求执行件具有非常准确的运动量值，亦即不要求传动链两末端件具有严格的传动比，这一传动链称为外联系传动链。这种传动链的首端件往往是电动机，执行件的运动是简单运动。为完成螺纹加工，必须使刀具与工件之间的相对运动形成螺旋线复合运动。这时，传动路线为"4—5—u_x—6—7"，运动源是工件，执行件是刀具，要得到所需的螺旋线，必须在工件与刀具之间建立严格的传动比联系，这种传动链称为内联系传动链。在这两条传动链中，动力都由电动机提供，但运动的来源不同，传动链中传动装置的要求也不同，在外联系传动链中可以采用带传动、摩擦轮传动等传动比不很准确的传动装置，而内联系传动链中的传动装置必须具有准确的传动比。

为了表示某一运动的传动联系，将每条传动链中的具体传动机构用简单的规定符号表示出来，如图 1-34 所示，这种图称为传动原理图。图中，1，2，3……表示各种传动装置的运动输入、输出点；u_x，u_v 表示换置机构的传动比。

利用传动原理图，可分析机床为完成某些表面成形运动需要有哪些传动链及其传动联系情况，一方面，可由工件和刀具的运动参数要求，正确地计算换置机构的传动比，对机床进行运动调整；另一方面，可根据已知的机床传动路线的传动比，计算加工过程的工件和刀具运动参数。

对图 1-34 所示的传动系统进行计算：

① 找出传动链两端件。成形运动是螺旋线运动，两端件是主轴和刀架。

② 确定两端件之间的运动关系，并由此确定计算位移量。主轴转一转，刀架移动工件的一个导程 P。

③ 根据计算位移，按照传动顺序，依次分析各传动轴间的传动关系，列出平衡方程式：

$$1_{主轴} \times u_x \times P_{丝杠} = P_{螺纹} \tag{1-5}$$

式中，u_x——换置机构传动比；

$P_{丝杠}$——机床丝杠的导程；

$P_{螺纹}$——被加工螺纹的导程。

在加工螺纹时，可根据丝杠的导程 $P_{丝杠}$ 及螺纹的导程 $P_{螺纹}$，由上式调整机床的换置机构。

知识链接二　车削加工及设备

车削加工是在车床上利用工件的旋转运动（主运动）和刀具的直线运动（进给运动）改变毛坯的形状和尺寸，把它加工成符合图样要求的零件的加工过程。车削加工的范围很广，常用于加工带有旋转表面的各种不同形状的零件，如圆柱体、圆锥体、成形面和各种螺纹等。加工件尺寸精度一般为 IT9 ~ IT7，表面粗糙度轮廓值一般为 Ra1.6 ~ 6.3 μm，对于有色金属，利用精细车的加工方法，尺寸精度一般为 IT6 ~ IT5，表面粗糙度轮廓值一般为 Ra0.2 ~ 0.8 μm。图 1-35 所示为在 CA6140 型卧式车床上进行车削加工的主要加工工艺类型。

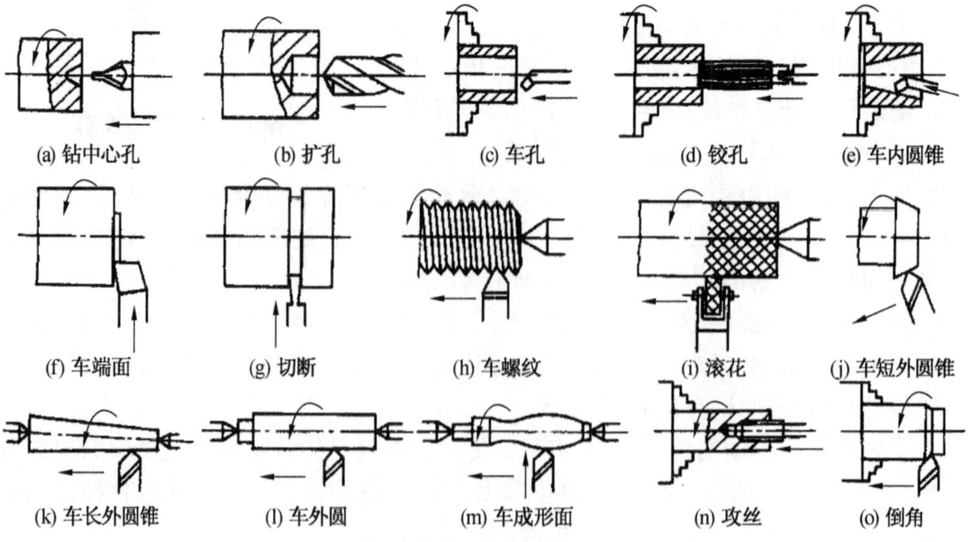

图 1-35　车削加工主要加工工艺类型

根据所用机床的精度不同，车削加工可以达到的加工精度等级也不同。表 1-7 所示是车削加工所能达到的技术指标。采用高精度机床与合适的车刀如金刚石车刀相配合，可以达到更高的精度,完成如计算机硬盘盘基类零件的超精密加工。

表 1-7 车削加工的主要精度技术指标

精度项目	普通车床	精密车床	高精密车床
外圆圆度	0.01	0.003 5	0.001 4
外圆圆柱度	0.01/100	0.005/100	0.001 8/100
端面平面度	0.02/200	0.008 5/200	0.003 5/200
螺纹螺距精度	0.06/300	0.018/300	0.007/300
表面粗糙度轮廓值 Ra/μm	2.5 ~ 1.25	1.25 ~ 0.32	0.32 ~ 0.02

1. 车床的类型

车床种类繁多,根据结构布局、用途和加工对象的不同,主要分为以下几类:

(1) 卧式车床

卧式车床是通用车床中应用最普遍、工艺范围最广泛的一种车床。在卧式车床上可以完成各种类型的内外回转体表面的加工,还可以进行钻、扩、铰、滚花等加工。但其自动化程度低,加工生产率低,加工质量受操作者的技术水平影响较大,所以多适用于单件小批生产。本书主要以介绍卧式车床为主。图 1-36 所示为 CA6140 型卧式车床。

图 1-36 CA6140 型普通卧式车床

(2) 落地车床和立式车床

当工件直径大而长度短时,可采用落地车床或立式车床加工。两者相比,立式车床由于主轴轴线采用垂直位置,工件的安装平面处于水平位置,有利于工件的安装和调整,机床的精度保持性也好,因而实际生产中较多采用立式车床。

(3) 转塔车床

转塔车床与卧式车床的不同之处是,前者没有尾座和丝杠,在尾座的位置装有一个多工位的转塔刀架,该刀架可装多把刀具,通过转塔转位可使不同的刀具依次处于工作位置,对工件进行不同的加工,减少了反复装夹刀具的时间。因此,在成批加工形状复杂的工件时具有较高的生产率。

除上述较常见的几类车床外,还有机械式自动和半自动车床、液压仿形车床及多刀半自动车床等。特别是近几年来,数控车床和数控车削中心的应用得到迅速的普及,已经逐步在车削加工设备中处于主导地位。

2. 车床的组成

车床尽管类型很多,结构布局各不相同,但其基本组成大致相同。以卧式车床为例,主要组成部分如下:

(1) 主轴箱

固定在床身的左上部,内部装有主传动系统和主轴部件。其功能是支承主轴部件并传递动力实现主运动。

(2) 进给箱

安装在床身左端前侧,内部有进给运动传动系统,用以控制光杠及丝杠的进给运动变换和不同进给量的变换。

(3) 滑板箱

安装在床身前侧拖板的下方,与拖板相连。其作用是使刀架实现纵向和横向进给、快速移动或车螺纹。

(4) 刀架和拖板

安装在床身的导轨上,在滑板箱的带动下沿导轨做纵向运动。刀架安装在拖板上,可与拖板一起纵向运动,也可经滑板箱的传动在拖板上做横向运动。刀架上安装刀具。

(5) 尾座

安装在床身的右端尾座导轨上,可沿导轨纵向移动调整位置。它用于支承长工件和安装钻头等刀具进行孔加工。

(6) 床身

床身是卧式车床的基本支承件,固定在左床腿和右床腿上,其作用是支承各主要部件,并使它们保持准确的相对位置。

3. 数控车床

具有以下特点的零件最适合用数控机床加工:

① 多品种、小批量生产的零件。

② 形状结构比较复杂的零件。

③ 需要频繁改型的零件。

④ 价值昂贵、不允许报废的关键零件。

⑤ 设计制造周期短的急需零件。

⑥ 批量较大、精度要求较高的零件。

数控机床又称为 CNC(Computer Numerical Control)机床,即用计算机数字控制的机床。数控车床是将编制好的加工程序输入数控系统中,由数控系统通过 X,Z 坐标轴的伺服电动机去控制车床进给运动部件的动作顺序、移动量和进给速度,再配以主轴的转速和转向,便能加工出各种形状不同的轴类或盘类回转体零件。普通车床是靠手工操作机床来完成各种切削加工的,数控车床从原理上讲与普通车床基本相同,但由于它增加了数字控制功能,加工过程中自动化程度高,与普通车床相比,具有更强的通用性和灵活性,以及更高的加工效率和加工精度。

(1) 数控车床的功能及特点

车削加工一般是通过工件旋转和刀具进给来完成切削过程的。其主要加工对象是回转体零件,加工内容包括车外圆、车端面、切断和车槽、钻中心孔、钻孔、车孔、铰孔、锪孔、车螺纹、车圆锥面、车成形面、滚花和攻螺纹等。由于数控车床能自动完成内外圆柱面、圆锥面、圆弧面、端面、螺纹等工序的切削加工,所以特别适合加工形状复杂的轴类或盘类零件。

数控车床具有加工灵活、通用性强、能适应产品品种和规格频繁变化的特点,能够满足新产品的开发和多品种、小批量、生产自动化的要求,因此被广泛应用于机械制造业。

(2) 数控车床的结构和布局

① 数控车床的结构

数控车床也是由主轴箱、刀架、进给传动系统、床身、液压系统、冷却系统、润滑系统等部分组成的,只是数控车床的进给系统与卧式车床的进给系统在结构上存在着本质上的差别。图 1-37 所示为典型数控车床的机械结构组成图。卧式车床主轴的运动经过挂轮架、进给箱、滑板箱传到刀架,实现纵向和横向进给运动。而数控车床是采用伺服电动机,经滚珠丝杠传到滑板和刀架,实现 Z 向(纵向)和 X 向(横向)进给运动。数控车床也有加工各种螺纹的功能,主轴旋转与刀架移动间的运动关系通过数控系统来控制。数控车床主轴箱内安装有脉冲编码器,主轴的运动通过同步齿形带 1∶1 地传到脉冲编码器。当主轴旋转时,脉冲编码器便发出检测脉冲信号给数控系统,使主轴电动机的旋转与刀架的切削进给保持加工螺纹所需的运动关系,即实现加工螺纹时主轴转一转,刀架 Z 向移动工件一个导程。

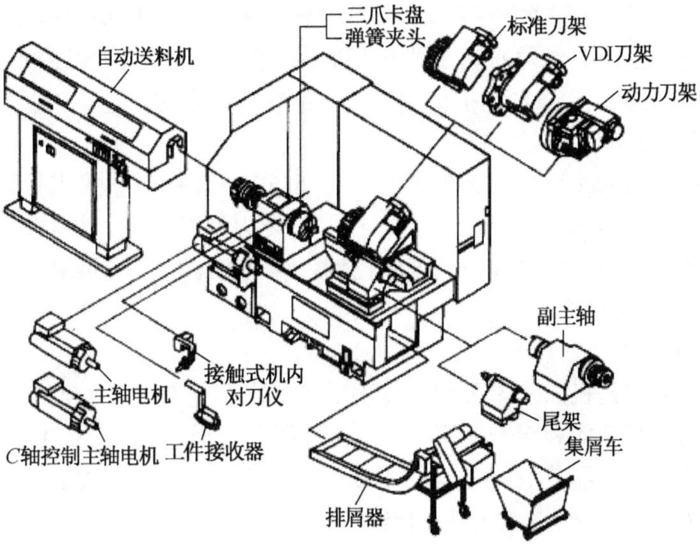

图 1-37 典型数控车床的机械结构组成图

② 数控车床的布局

数控车床的主轴、尾座等部件相对于床身的布局型式与卧式车床基本一致,而刀架和导轨的布局型式发生了根本的变化,这是因为刀架和导轨的布局型式直接影响数控车床的使用性能及车床的结构和外观。另外,数控车床都设有封闭的防护装置。

a. 床身和导轨的布局

数控车床床身和导轨与水平面的相对位置如图 1-38 所示,共有 4 种布局型式。

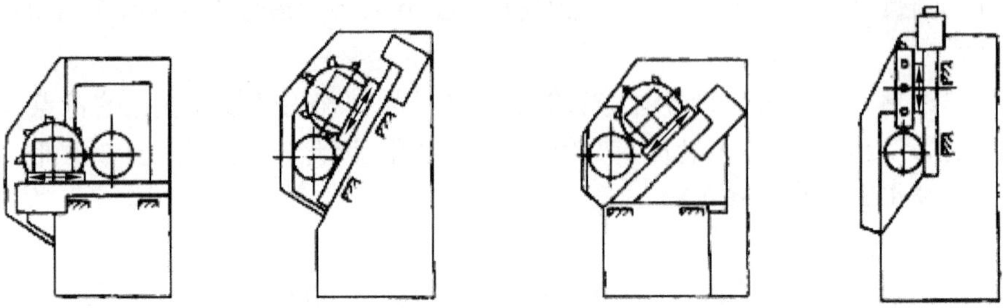

(a) 水平床身　(b) 斜床身斜滑板　(c) 水平床身斜滑板　(d) 立式床身

图 1-38　数控车床的布局型式

水平床身的工艺性好,便于导轨面的加工。水平床身配上水平配置的刀架可提高刀架的运动速度,一般可用于大型数控车床或小型精密数控车床的布局。但是,水平床身下部空间小,会导致排屑困难。从结构尺寸上看,刀架水平放置使得滑板横向尺寸较长,从而加大了机床宽度方向的结构尺寸。

水平床身配上倾斜放置的滑板并配置倾斜式导轨防护罩的布局型式,一方面,有水平床身工艺性好的特点;另一方面,机床宽度方向的尺寸较水平配置滑板的要小,且排屑方便。

水平床身配上倾斜放置的滑板和斜床身配置斜滑板的布局型式被中小型数控车床所普遍采用。这是由于此两种布局型式排屑容易,切屑不会堆积在导轨上,也便于安装自动排屑器;操作方便,易于安装机械手,以实现单机自动化;机床占地面积小,外形简洁、美观,容易实现封闭式防护。

斜床身导轨倾斜的角度可为 30°,45°,60°,75°和 90°(称为立式床身)等几种。倾斜角度小,排屑不便;倾斜角度大,导轨的导向性差,受力情况也差。导轨倾斜角度的大小还会直接影响机床外形尺寸高度与宽度的比例。综合考虑以上诸因素,中小规格的数控车床,其床身的倾斜度以 60°为宜。

b. 刀架的布局

数控车床的刀架是机床的重要组成部分,刀架是用于夹持切削刀具的,因此其结构直接影响机床的切削性能和切削效率,在一定程度上,刀架的结构和性能体现了数控车床的设计与制造水平。随着数控车床的不断发展,刀架的结构形式不断创新,但总体来说大致可以分为两大类,即排刀式刀架和转塔式刀架。而车削中心还采用带刀库的自动换刀装置。

排刀式刀架一般用于小型数控车床,各种刀具排列并夹持在可移动的滑板上,换刀时可实现自动定位。

转塔式刀架也称刀塔或刀台，有立式和卧式两种结构形式。该类刀架具有多刀位自动定位装置，通过转塔头的旋转、分度和定位来实现机床的自动换刀动作。转塔式刀架应分度准确、定位可靠、重复定位精度高、转位速度快、夹紧刚性好，以保证数控车床的高精度和高效率。有的转塔式刀架不仅可以实现自动定位，还可以传递动力。目前，两坐标联动车床多采用 12 工位的转塔式刀架，也有采用 6 工位、8 工位、10 工位转塔式刀架的。转塔式刀架在机床上的布局型式有两种：一种是用于加工盘类零件的转塔式刀架，其回转轴垂直于主轴；另一种是用于加工轴类和盘类零件的转塔式刀架，其回转轴平行于主轴。

四坐标控制的数控车床的床身上安装有两个独立的滑板和转塔式刀架，故称为双刀架四坐标数控车床。其中，每个刀架的切削进给量是分别控制的，因此两刀架可以同时切削同一工件的不同部位，既扩大了加工范围，又提高了加工效率。四坐标数控车床结构复杂，且需要配置专门的数控系统，实现对两个独立刀架的控制，适合加工曲轴、飞机零件等形状复杂、批量较大的零件。

（3）数控车床的分类

① 按车床的功能分类

a. 经济型数控车床。经济型数控车床是在卧式车床的基础上进行改进设计的，一般采用步进电动机驱动的开环伺服系统，其控制部分通常用单板机或单片机实现，具有 CRT 显示、程序存储、程序编辑等功能。但其加工精度不高，主要用于精度要求不高，有一定复杂程度的零件。

b. 全功能数控车床。该系列数控车床在结构上突出了精度、精度保持性、可靠性、可扩展性、安全性、易操作和可维修性等特点。适用于对回转体、轴类和盘类零件进行直线、圆弧、曲面、螺纹、沟槽和锥面等高效、精密、自动的车削加工，具有刀尖半径自动补偿、恒线速、固定循环、宏程序等先进功能。

c. 车削中心。车削中心的主体是数控车床，配有动力刀座或机械手，可实现车、铣复合加工，如高效率车削、铣削凸轮槽和螺旋槽。

d. 数控立式车床。数控立式车床主要用于加工径向尺寸大、轴向尺寸相对较小，且形状较复杂的大型或重型零件，适用于通用机械、冶金、军工、铁路等行业的直径较大的车轮、法兰盘、大型电机座、箱体等回转体的粗、精车削加工。

② 按主轴的配置形式分类

a. 卧式数控车床。主轴轴线处于水平位置的数控车床。

b. 立式数控车床。主轴轴线处于垂直位置的数控车床。

另外，还有具有两根主轴的车床，称为双轴卧式数控车床或双轴立式数控车床。

③ 按数控系统控制的轴数分类

a. 两轴控制的数控车床。机床上只有一个回转刀架，可实现两坐标轴联动控制。

b. 四轴控制的数控车床。机床上有两个独立的回转刀架，可实现四轴联动控制。

对于车削中心或柔性制造单元，还要增加其他的附加坐标轴来满足机床的功能。目前，我国使用较多的是中小规格的两坐标连续控制的数控车床。

知识链接三　车刀

车刀是完成车削加工所必需的工具。它直接参与从工件上切除余量的车削加工过程。车刀的性能取决于刀具的材料、结构和几何参数。车刀由刀体和切削部分组成。按使用要求不同,车刀有不同的结构和材料。

1. 车刀的类型和特点

在车削加工中,为了加工各种不同的表面,或加工不同的工件,需要采用各种具有不同加工用途的车刀,常用的有外圆车刀、内孔车刀、端面车刀、切断车刀、螺纹车刀等。车刀的种类如图 1-39 所示。按结构不同,可分为整体式、焊接式、机夹式和可转位式等,如图 1-40 所示。

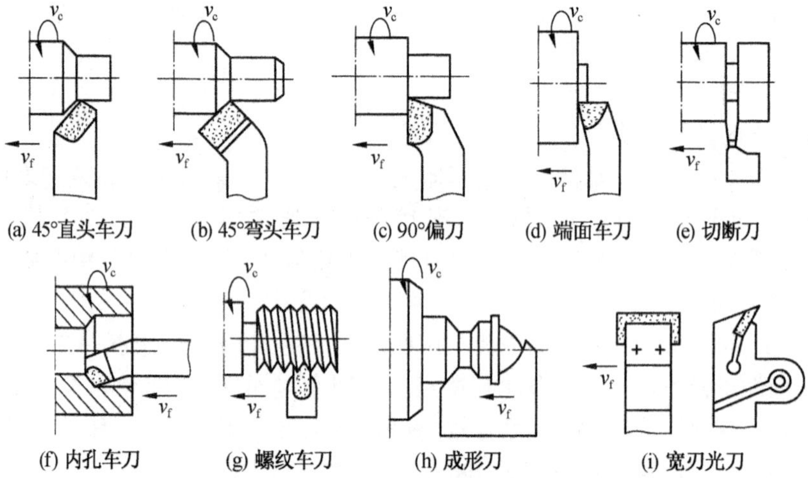

图 1-39　常见车刀类型和用途

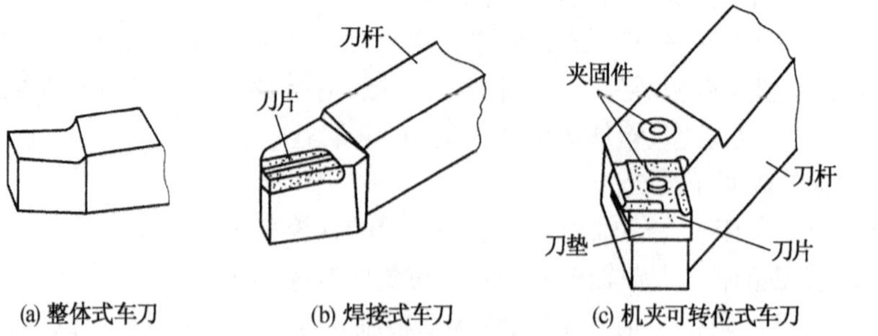

图 1-40　常见车刀结构示意图

(1) 整体式高速钢车刀

选用一定形状的整体高速钢刀条,在其一端刃磨出所需的切削部分形状就形成了整体式高速钢车刀。这种车刀可以根据需要刃磨成不同用途的车刀,尤其是适宜于刃磨各种刃形的成形车刀,如切槽刀、螺纹车刀等。刀具磨损后可以多次重磨。但这种车刀的刀杆也是高速钢材料,造成刀具材料的浪费。而且刀杆强度低,当切削力较大时,易被破坏。一般用于较复杂成形表面的低速精车。

(2) 焊接式硬质合金车刀

将一定形状的硬质合金刀片钎焊在刀杆的刀槽内制成了焊接式硬质合金车刀。这种车刀的优点是结构简单,制造刃磨方便,刀具材料利用充分,刚性较好。缺点是由于存在焊接应力,使刀具材料的使用性能受到影响,甚至出现裂纹;刀杆都是采用优质碳素结构钢(45 钢)或合金结构钢(40r),且不能重复使用,造成材料的浪费。

(3) 机夹式车刀

机夹式车刀是为了避免焊接车刀因焊接使硬质合金刀片产生裂纹、降低刀具寿命,使用时出现脱焊和刀杆只能使用一次等缺点,采用将刀片用机械夹持的方法固定在刀杆上,刀片用钝后可更换新刃磨好的刀片的一种车刀。

(4) 可转位式车刀

可转位式车刀是一种将可转位刀片用夹紧元件夹固在刀杆上使用的先进刀具。它由刀杆、刀片、刀垫、夹固元件等组成。这种车刀用钝后,只需将刀片转过一个位置,即可使新的刀刃投入切削。当几个刀刃都用钝后,更换新的刀片。

(5) 成形车刀

成形车刀是加工回转体成形表面的专用工具,它的切削刃形状是根据工件的轮廓设计的。用成形车刀加工,只要一次切削行程就能切出成形表面,操作简单,生产效率高,成形表面的精度与工人操作水平无关,主要取决于刀具切削刃的制造精度。它可以保证被加工工件表面形状和尺寸精度的一致性和互换性,加工精度一般为 IT9 ~ IT10,表面粗糙度轮廓值一般为 $Ra6.3 \sim 3.2\ \mu m$。成形车刀的可重磨次数多,使用寿命长,但是刀具的设计和制造较复杂,成本高,故主要用在小型零件的大批量生产中。

2. 车刀材料应具备的性能

车刀切削部分在工作时要承受较大的切削力和较高的切削温度及摩擦、冲击和振动。因此车刀材料应具备以下性能:

① 硬度。是刀具材料应具备的基本特征。刀具材料的硬度要高于被加工材料的硬度,一般来说,常温硬度须在 60 HRC 以上。

② 耐磨性。即材料抵抗磨损的能力,是刀具材料的机械性能、组织结构和化学性能的综合反映。一般来说,硬度愈高,耐磨性就愈好。

③ 耐热性。指在高温下能保持材料硬度、耐磨性、强度和韧性的性能。可用高温硬度表示,也可用红硬性(维持刀具材料切削性能的最高温度限度)表示。高温硬度愈高,则刀具切削性能愈好,允许的切削速度就愈高。它是衡量刀具材料性能的主要标志。同时,刀具材料在高温下还应具有抗氧化、抗粘结、抗扩散的能力,即具有良好的化学稳定性。

④ 强度和韧性。为了承受冲击力、切削力和振动,刀具材料应具有足够的强度和韧性。强度用抗弯强度表示,韧性用冲击值表示。

⑤ 工艺性。为了便于刀具的制造,要求刀具材料具有良好的锻造、焊接、热处理、高温塑性变形和磨削加工等性能。

3. 常用的车刀材料

(1) 合金工具钢

含铬、钨、硅、锰等合金元素的低合金工具钢,加入合金元素后使硬度及耐磨性得到提高,淬透性较好。这类钢可制造刃形较复杂的低速刀具,如铰刀、拉刀、丝锥等。常用的牌号有 CrWMn,9SiCr,GCr15,Cr12MoV 等。

(2) 高速工具钢

高速工具钢简称高速钢,又称白钢和风钢。含有大量的钨、铬、钼、钒等合金元素,形成大量的高硬度碳化物相,淬火后的硬度可达 63 ~ 70 HRC。不但淬火后硬度高,而且耐磨性、淬透性和回火稳定性显著提高,并有足够的韧性,当切削温度高达 600 ℃时能保持切削加工所要求的硬度。除高钒高速钢的磨削加工性能较差外,高速钢的工艺性也较好。用高速钢制造刀具,其显著的特点是制造工艺简单、韧性好、易刃磨成锋利的刃口,所以常常用高速钢制造各种复杂精密的刀具。如车刀、铣刀、铰刀和齿轮刀具等。高速钢综合性能较好,可以加工从有色金属到高温合金等各种材料,是应用范围最广的一种刀具材料。

(3) 硬质合金

硬质合金是由难熔金属碳化物和金属粘合剂通过粉末冶金的方法制成的。其特点是硬度很高,耐磨性和耐热性亦好,它所允许的工作温度为 800 ~ 1 000 ℃,甚至更高。所以,其所允许的切削速度比高速钢高几倍到几十倍,可用于高速强力切削和难加工材料的切削加工。其缺点是抗弯强度较低,冲击韧性较差,工艺性也较高速钢差得多。因此,其多用于制造简单的高速切削刀具,用粉末冶金工艺制成一定规格的刀片镶嵌或者焊接在刀体上进行使用。其常用种类牌号如下:

① 常用硬质合金。按化学成分分为钨钴类(YG)、钨钴钛类(YT)、钨钛钽(或铌)类(YW)和碳化钛基(YN)硬质合金 4 类。常用牌号有 YG3,YG6,YG8,YT5,YT15,YT30,YW1,YW2,YN10。其中的钨钴类硬质合金主要适用于加工脆性材料,如铸铁和有色金属及非金属材料等;钨钴钛类硬质合金含钴量多,韧性较好,YT5 适用于钢料粗加工,YT30 适宜于钢料精加工;钨钛钽类硬质合金的硬度、强度、韧性、抗热冲击性能均比 YT 类高,通用性较好,有“万能硬质合金”之称。

② 钢结硬质合金。

③ 超细晶粒硬质合金料。

④ 涂层硬质合金。

(4) 其他新型刀具材料

随着科学技术的发展,在不断研制出新型的刀具材料。如陶瓷、金属陶瓷、聚晶金刚石、立方氮化硼等超硬材料,用这些材料制成的刀片(粒),用于精加工、半精加工或对特殊材料进行加工,其生产效率和加工质量都很高。

任务三 车螺纹

一、任务书

在车床上加工出如图 1-41 所示的螺纹轴。

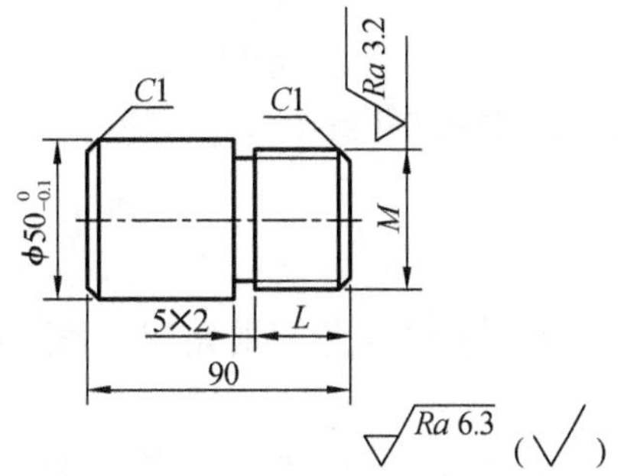

次数	M/mm	L/mm	
1	M48×2	25	
2	M45×2	25	
3	M42×2	30	
4	M36×2	30	
材料	45	件数	1

图 1-41 螺纹轴

二、任务说明

在机器制造业中,三角形螺纹应用很广泛,常用于连接、紧固,在工具和仪器中还往往用于调节、测量。

加工三角形螺纹的基本要求:螺纹轴向剖面牙型角必须正确,两侧面粗糙度轮廓值要小;中径尺寸符合精度要求;螺纹与工件轴线保持同轴。

如图 1-41 所示,零件的主要特征为阶梯轴,一端需加工螺纹,工艺过程按粗、精加工在一次装夹中完成。

该零件加工的基本步骤:选择机床→选择刀具→选择切削用量→调整机床→装夹工件及刀具→确定车削工艺(粗车→精车→切槽→车螺纹)。

1. 螺纹车刀的装夹

① 三角形螺纹车刀的几何角度。

a. 普通三角形螺纹车刀牙型角为 60°,英制螺纹牙型角为 55°。

b. 前角一般为 0° ~15°。因为螺纹车刀的径向前角对牙型角有很大影响,所以精车或加工精度要求高的螺纹时,径向前角取得小些,为 0° ~5°。

c. 车刀两侧的工作后角一般为 3° ~5°。因受螺纹升角的影响,进刀方向一侧的刃磨后角应等于工作后角加上螺纹升角,另一侧的刃磨后角应等于工作后角减去螺纹升角。

三角形螺纹升角一般比较小,影响也较小。

② 装夹车刀时,刀尖位置应对准工件中心。

③ 车刀刀尖角的对称中心线必须与工件轴线严格保持垂直,装刀时,可用样板来对刀,如图 1-42 a 所示。如果把车刀装歪,就会使牙型歪斜,如图 1-42 b 所示。

④ 刀头伸出不要过长,一般为 20 ~ 25 mm(约为刀柄厚度的 1.5 倍)。

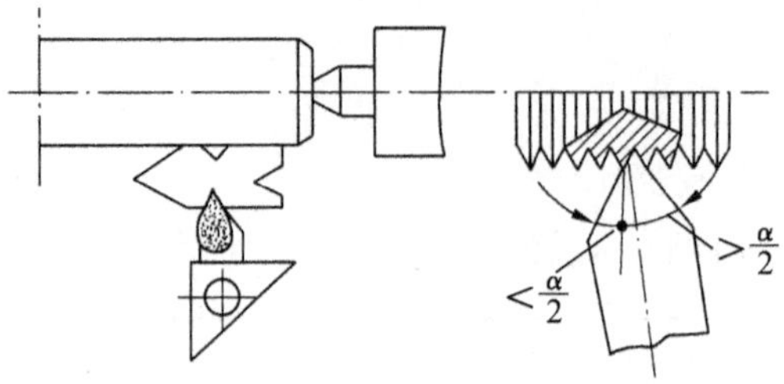

(a) 用样板校正　　(b) 车刀歪斜

图 1-42　外螺纹车刀的安装

2. 车螺纹时车床的调整

① 车削常用螺距时,可根据所车螺距或导程在进给箱的铭牌上找到相应的手柄位置参数,并把手柄拨到所需要的位置。

② 用某些老式机床加工一些螺纹时,需重新调整交换齿轮箱中的交换齿轮,可按照交换齿轮铭牌表进行调整。

③ 调整中、小滑板镶条的松紧时,如调整太紧,摇动滑板费力,操作不灵活;调整太松,车螺纹时,容易产生扎刀现象。

④ 检查开合螺母与丝杠是否啮合到位,以防车削时产生乱牙。

⑤ 小滑板调整至与导轨外侧平齐,以防车螺纹时小滑板与卡盘相撞。

3. 车削三角形外螺纹的方法

(1) 切削用量的选择

车削三角形螺纹时,切削速度应根据工件材质、螺距大小及粗、精加工等因素来决定。一般低速车削时,粗车切削速度 v_c = 10 ~ 15 m/min,精车切削速度 v_c < 6 m/min;高速切削时,切削速度 v_c = 50 ~ 70 m/min。

高速切削三角螺纹时的进刀次数可参考表 1-8。低速切削三角螺纹时的进刀次数可查阅相关手册。

表 1-8　高速切削三角螺纹时的进刀次数

螺距 P/mm	进刀次数	
	粗车	精车
1.5 ~ 2	2 ~ 3	1
3	3 ~ 4	2
4	4 ~ 5	2
5	5 ~ 6	2
6	6 ~ 7	2

（2）试切螺纹、检查工件螺距

① 试切削螺纹时，有退刀槽要求的工件，先根据工件尺寸要求切出退刀槽；无退刀槽要求的工件，应根据螺纹长度要求，用螺纹车刀车出一条刻线作为螺纹终止退刀标记，如图1-43所示。

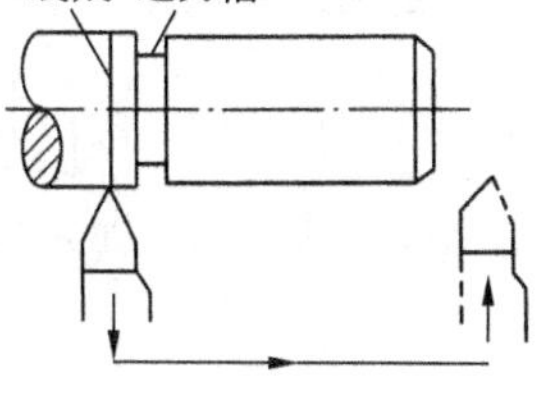

图1-43　螺纹终止退刀槽

② 把螺纹车刀摇至工件外端外圆处，开机使车刀与工件外圆轻轻接触，然后移动床鞍使车刀退至平面外20～30 mm处，停车把中滑板刻度盘刻度调至零位。

③ 径向进刀0.05 mm，按下开合螺母手柄，使开合螺母手柄与丝杠啮合到位。调整主轴转速至80 r/min左右，开机使车刀在工件表面车出一条浅螺旋线，并提起开合螺母或开倒车使螺纹车刀退至起点处停车。

④ 用钢直尺、游标卡尺或螺距规检查螺距是否正确，如图1-44所示。检查时，应多测几个螺距，一般细牙螺纹量10个螺距长度，如螺距较大，可量四五个螺距的长度。

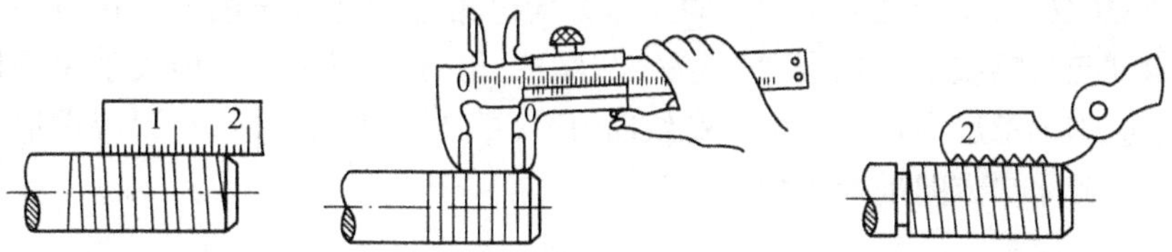

(a) 用钢直尺检测　(b) 用游标卡尺检测　(c) 用螺距规检测

图1-44　检查螺距

（3）低速车削外三角形螺纹的方法

① 直进刀法。车螺纹时，只用中滑板做横向进刀，螺纹车刀刀尖及左、右两侧都参加切削工作，如图1-45 d所示。在几次行程后，把螺纹车到所需要的尺寸和表面粗糙度轮廓值，这种方法叫直进刀法，如图1-45 a所示，适于加工螺距小于2 mm的钢件和脆性材料的螺纹车削。

② 左右切削法。车螺纹时，除中滑板做横向进刀外，同时用小滑板将车刀向左或向右做纵向微量移动进行单面切削，如图1-45 e所示。经过几次行程后，把螺纹车至图样要求，此方法叫左右切削法，如图1-45 b所示。采用左右切削法车削螺纹时，牙型两侧的切削余量要合理分配。车外螺纹时，大部分余量在顺向进给方向一侧切去；车内螺纹时，为了改善刀柄受力变形，大部分余量应在尾座一侧切去。在精车时，车刀左右进刀量一定要小，否则容易造成牙底过宽或不平。

③ 斜进刀法。车螺纹时，除中滑板做横向进刀外，小滑板只向一个方向做微量进刀的方法叫斜进刀法，如图1-45 c所示。此法只用于粗车螺纹，在精车时应用左右切削法，才能使螺纹的两侧面都获得较小的表面粗糙度轮廓值。

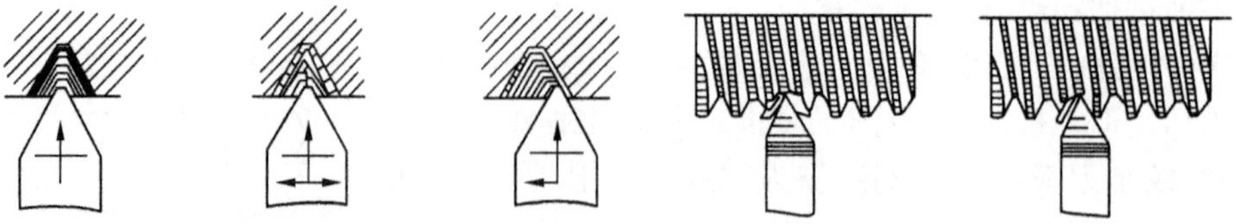

图 1-45　低速车削三角形螺纹的进刀方法

（4）高速车削三角形螺纹的方法

高速车削三角形螺纹时使用硬质合金螺纹车刀，采取较高的切削速度（一般取 50 ~ 70 m/min）切削螺纹。高速车削时，只能用直进法进刀，使切屑垂直于轴线方向排出。高速车削三角形螺纹的螺距一般在 1.5 ~ 3 mm 之间，车螺纹时，只需进刀 3 ~ 5 次就可以完成。

（5）车削左螺纹的方法

加工左螺纹时，车刀是从主轴箱向尾座方向进给进行螺纹车削的。在刃磨左螺纹车刀时，其角度与右螺纹车刀相同，只是右侧刀刃后角（进给方向）应稍大于左侧切削刃后角，大螺距应加上螺旋升角。车削左螺纹时，应变换丝杠进给方向，车刀应由退刀槽处进行横向进给，向床尾方向进行车削。

4. 防止乱牙的方法

车螺纹时，都要经过几次进给才能完成。在第二次按下开合螺母进给时，刀尖偏离前一次进给车出的螺旋槽的现象叫乱牙。

常用的预防乱牙的方法是开倒顺车，即在第一次行程结束时，不提起开合螺母，把车刀沿径向退出后，将主轴反转，使车刀沿纵向退回到第一刀开始处，然后中滑板进刀，开顺车走第二刀。这样来回，一直到把螺纹车好为止。

在车削过程中，如需磨刀或换刀，必须重新把刀对好，以防产生乱牙。中途对刀的方法如下：装正车刀角度及刀尖对准工件中心；车刀不切入工件而按下开合螺母，开车使车刀移动到工件表面处，停车（卡盘不准有反转现象）；摇动中、小滑板使车刀刀尖与螺旋槽部分基本吻合，然后退出车刀，开机观察刀尖是否在第二、第三个螺旋槽内也能基本吻合，直至对准后再开始车削。

5. 螺纹的测量

（1）单项测量

① 螺距的测量。螺距常用钢直尺、游标卡尺和螺距规进行测量。

② 大、小径的测量。外螺纹的大径和内螺纹的小径公差都比较大，一般用游标卡尺和千分尺测量。

③ 中径的测量。用螺纹千分尺测量，螺纹千分尺的刻线原理和读数方法与外径千分尺相同。测量时，把与螺纹牙型角相同的上、下两个测量头正好卡在螺纹的牙侧上，测量所得到的数值就是螺纹中径的实际尺寸，如图 1-46 所示。

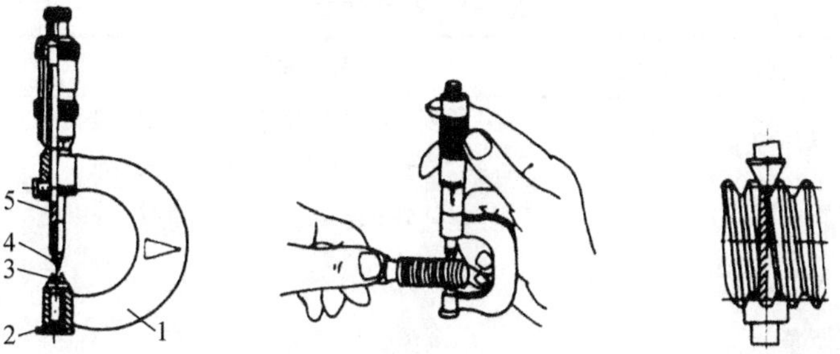

(a) 螺纹千分尺　(b) 测量方法　(c) 测量原理

1—尺架；2—砧座；3—下测量头；4—上测量头；5—测微螺杆

图 1-46　三角形螺纹中径的测量

（2）综合测量

综合测量是用螺纹量规对螺纹各主要参数进行综合性测量。螺纹量规包括螺纹塞规和螺纹环规，如图 1-47 所示。它们都分通规和止规。用螺纹环规对三角形外螺纹进行检查时，如果通规能旋入而止规不能旋入，则说明螺纹精度合格。在测量时，如发现通规难以旋入，应对螺纹的直径、牙型、螺距和表面粗糙度轮廓进行检查，不可强拧量规旋入。有退刀槽的螺纹，检查时，环规应通过退刀槽和台阶平面靠平。

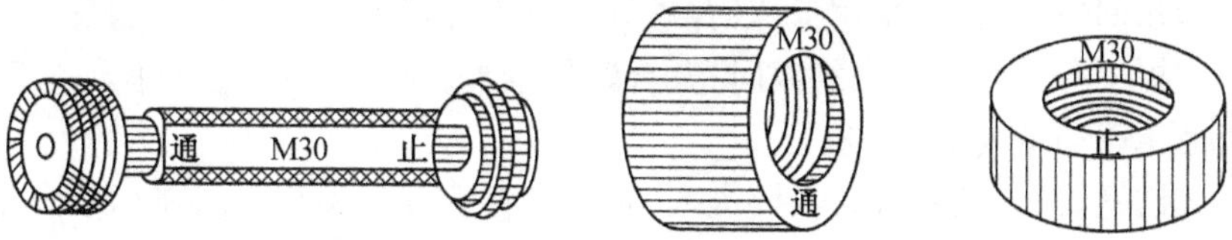

(a) 螺纹塞规　(b) 螺纹环规

图 1-47　螺纹量规

三、任务实施

1. 加工步骤

① 用三爪自定心卡盘夹住毛坯外圆长 25 mm 左右，车端面。

② 粗、精车外圆 $\phi50^{0}_{-0.1}$ mm × 60 mm 至尺寸要求，倒角 1 × 45°。

③ 调头垫铜皮夹住 $\phi50$ mm 外圆、长 40 mm 左右，车端面控制总长 90 mm 至尺寸要求。

④ 粗、精车外圆 $\phi48^{-0.038}_{-0.318}$ mm × 25 mm 至尺寸要求，车 5 mm × 2 mm 退刀槽，倒角1 × 45°。

⑤ 粗、精车三角螺纹 M48 × 2、长 25 mm 至尺寸要求。

2. 评分标准

评分标准见表 1-9。

表 1-9 评分标准

序号	操作内容与要求	分值	评分细则	实测记录	得分
1	刀具的选择与安装	10	刀尖高度、角度和刀杆长度调整不当各扣 5 分,刀具装夹不牢固扣 5 分		
2	工件装夹	5	未找正、装夹不牢固不得分		
3	切削用量选择	5	切削用量选择不当扣 3 分		
4	机床调整	5	调整操作不正确扣 5 分		
5	对刀方法	5	试切试量不正确扣 5 分		
6	车端面、车外圆	10	操作不正确扣 2 分		
7	切槽	10	操作不正确扣 5 分		
8	车螺纹	25	加工方法不当扣 5 分,进刀方法不对扣 5 分		
9	工件质量检测	20	尺寸一处不符合要求扣 2 分		
10	安全文明操作	5	违反一次否决		

3. 容易出现的问题和注意事项

① 初学车削螺纹时,应采用低速,并做好空行程练习。

② 使用提按开合螺母车削螺纹时,开合螺母按下,应与丝杠吻合到位,如感到未吻合好,应立即提起开合螺母,重新进行。

③ 车铸铁螺纹时,径向进刀不要太大,否则会将螺纹牙尖车裂。在车最后几刀时,采取微量进刀,以车光螺纹侧面。

④ 车无退刀槽的螺纹时,应特别注意螺纹收尾要在 1/2 圈左右,要达到此要求,必须先退刀后起开合螺母且每次退刀要均匀一致,否则会撞掉刀尖。

⑤ 车刀安装应对准工件旋转中心,且用样板把刀对正。中途换刀或磨刀应对刀,以防乱牙。

⑥ 车螺纹进刀时,必须注意中滑板手柄刻度盘不要多摇一圈,否则会发生危险或损坏刀具、工件。

⑦ 用倒、顺车车削螺纹时,换向不能太快,否则机床会受瞬时冲击,容易损坏机件。在卡盘与主轴连接处,必须安装保险装置,以防卡盘反转时从主轴上脱落。

⑧ 当工件旋转时,不准用手摸或用棉纱去擦螺纹,以防伤手。

⑨ 检查或调整交换齿轮时,必须切断电源,停车后进行调整,调整后要装好防护罩。

知识链接一 螺纹的加工方法

1. 卧式车床(以 CA6140 型卧式车床为例)上螺纹的车削加工

螺纹可看作一平面图形(如三角形等)绕一柱体做螺旋运动形成的螺旋体,该螺旋体即为螺纹。螺纹车削加工相当于螺纹车刀相对于工件做螺旋运动(工件旋转一周,刀具在其表面沿轴向移动一个导程),刀刃的运动轨迹则形成螺纹表面。在卧式车床上进行螺纹车削加工,主轴(工件)的旋转运动是主运动,进给运动是传动链使刀架实现纵向运动。进给运动传动链的两末端件是主轴和刀架,如图 1-15 所示,是内联系传动链,即主轴每转一转,刀具移动一个螺纹导程。其运动平衡式应为

$$1_{主轴} \times u_x \times P_{丝杠} = P_{螺纹} \tag{1-6}$$

式中,u_x——机床主轴至丝杠之间的总传动比;

$P_{丝杠}$,$P_{螺纹}$——分别为车床丝杠和被加工螺纹的导程,在 CA6140 中,$P_{丝杠}=12$ mm。

CA6140 型卧式车床能加工的 4 种标准螺纹的螺距、导程换算关系如表 1-10 所示。表中 k 为螺纹头数。在车削螺纹时,根据螺纹的种类和导程,通过调整传动链实现加工要求。

表 1-10 螺距、导程换算关系

螺纹种类	螺距参数	螺距/mm	导程/mm
米制	螺距 T/mm	T	$P=kT$
模数制	模数 m/mm	$T_m=\pi m$	$P_m=kT_m$
英制	每英寸牙数 a/(牙/in)	$T_a=25.4/a$	$P_a=kT_a=25.4/a$
径节制	径节 DP/(牙/in)	$T_{DP}=25.4\pi/DP$	$P_{DP}=kT_{DP}=25.4k\pi/DP$

(1)车削米制、模数制螺纹

传动路线表达式如下:

$$主轴Ⅵ-\left\{\begin{array}{l}(正常螺距)\qquad\qquad \dfrac{58}{58} \\ (增大螺距)\dfrac{58}{26}-Ⅴ-\dfrac{80}{20}-Ⅳ-\left\{\begin{array}{c}\dfrac{80}{20}\\ \dfrac{50}{50}\end{array}\right\}-Ⅲ-\dfrac{44}{44}-Ⅷ-\dfrac{26}{58}\end{array}\right\}-Ⅸ-$$

$$\left\{\begin{array}{l}(右螺纹)\dfrac{33}{33} \\ (左螺纹)\dfrac{33}{25}-Ⅹ-\dfrac{25}{33}\end{array}\right\}-Ⅺ-\left\{\begin{array}{l}(米制螺纹)\dfrac{63}{100}\times\dfrac{100}{75} \\ (模数制螺纹)\dfrac{64}{100}\times\dfrac{100}{97}\end{array}\right\}-Ⅻ-\dfrac{25}{36}-$$

$$ⅩⅢ-u_{基}-ⅩⅣ-\frac{25}{36}\times\frac{36}{25}-ⅩⅤ-u_{倍}-ⅩⅦ-M_5-ⅩⅧ(丝杠)-刀架$$

在传动路线中,通过改变挂轮就可以实现米制螺纹与模数制螺纹的加工转换。由传动路线可得加工米制螺纹的运动平衡式,化简后为

$$1_{主轴} \times 7 \times u_{基}\, u_{倍} = P_{螺纹} \tag{1-7}$$

加工模数制螺纹的运动平衡式为

$$P_m = k\pi m = 1_{主轴} \times \frac{58}{58} \times \frac{33}{33} \times \frac{64}{100} \times \frac{100}{97} \times \frac{25}{36} \times u_{基} \times \frac{25}{36} \times \frac{36}{25} \times u_{倍} \times 12 \tag{1-8}$$

其中,$\dfrac{64}{100}\times\dfrac{100}{97}\times\dfrac{25}{36}\approx\dfrac{7\pi}{48}$。化简后为

$$1_{\text{主轴}} \times 7 \times u_{\text{基}} u_{\text{倍}} / (4k) = m \tag{1-9}$$

式中，m——模数制螺纹的模数；

　　k——模数制螺纹的头数。

（2）车削英制、径节制螺纹

英制螺纹是用每英寸长度上的螺纹牙数表示螺距的，车削英制螺纹时必须对传动路线进行调整。首先，改变XIII轴、XIV轴的主从动关系，从而使基本组的传动比变为原来的倒数；其次，在传动链中改变部分传动副的传动比，使之包含特殊因子25.4。其传动路线表达式如下：

$$\text{主轴VI}—\left\{\begin{array}{l}(\text{正常螺距})\qquad \dfrac{58}{58}\\ (\text{增大螺距})\dfrac{58}{26}\text{V}—\dfrac{80}{20}—\text{IV}—\left\{\begin{array}{c}\dfrac{80}{20}\\ \dfrac{50}{50}\end{array}\right\}—\text{III}—\dfrac{44}{44}—\text{VIII}—\dfrac{26}{58}\end{array}\right\}—\text{IX}—$$

$$\left\{\begin{array}{l}(\text{右螺纹})\dfrac{33}{33}\\ (\text{左螺纹})\dfrac{33}{25}—\text{X}—\dfrac{25}{33}\end{array}\right\}—\text{XI}—\left\{\begin{array}{l}(\text{英制螺纹})\dfrac{63}{100}\times\dfrac{100}{75}\\ (\text{径节制螺纹})\dfrac{64}{100}\times\dfrac{100}{97}\end{array}\right\}—\text{XII}—M_3—\text{XIV}—$$

$$\frac{1}{u_{\text{基}}}—\text{XIII}—\frac{36}{25}—\text{XV}—u_{\text{倍}}—\text{XVII}—M_5—\text{XVIII}(\text{丝杠})—\text{刀架}$$

同理，通过改变挂轮可以实现英制螺纹与径节制螺纹的转换。加工英制螺纹时，其运动平衡式为

$$P_a = \frac{25.4k}{a} = 1_{\text{主轴}} \times \frac{58}{58} \times \frac{33}{33} \times \frac{63}{100} \times \frac{100}{75} \times \frac{1}{u_{\text{基}}} \times \frac{36}{25} \times u_{\text{倍}} \times 12 \tag{1-10}$$

其中，$\frac{63}{100} \times \frac{100}{75} \times \frac{36}{25} \approx \frac{25.4}{21}$。简化后为

$$1_{\text{主轴}} \times 7ku_{\text{基}} / (4u_{\text{倍}}) = a \tag{1-11}$$

式中，a——螺纹每英寸长度上的牙数。

加工径节制螺纹时，运动平衡式为

$$1_{\text{主轴}} \times 7ku_{\text{基}} / u_{\text{倍}} = DP \tag{1-12}$$

式中，DP——径节制螺纹的导程主参数（径节数）。

在加工非标准螺纹和精密螺纹时，可将 M_3，M_4，M_5 全部啮合，主轴的运动经过挂轮后，由XII轴、XIV轴、XVII轴直接传给丝杠。被加工螺纹的导程通过调整挂轮的传动比来实现。这时，传动路线缩短，传动误差减小，螺纹精度可以得到较大的提高。其运动平衡式为

$$1_{\text{主轴}} \times u_{\text{挂}} \times 12 = P \tag{1-13}$$

（3）车削螺纹的特点及运用范围

车削螺纹是螺纹加工常用的基本方法，螺纹车刀结构简单、通用性强，可在各类车床上使用。车削螺纹方法可用于加工各种尺寸、牙型和精度要求的非淬火工件的内外螺纹，特别适用于加工大直径、大螺距螺纹，适用范围非常广泛。车削螺纹的加工精度可以

达到 GB/T 197—2003 规定的 4 ~ 6 级精度，螺纹表面粗糙度轮廓值一般为 $Ra0.8 \sim 3.2$ μm。普通车床上螺纹车削加工的生产效率较低，一般用于单件、小批量生产；但在专用车床或数控机床上可进行螺纹的高速切削加工，适用于大批量生产加工。

2. 用丝锥和板牙切削螺纹

用丝锥在内孔表面上切削加工内螺纹的方法称为攻螺纹，用板牙在外圆表面上切削加工外螺纹的方法称为套螺纹。攻、套螺纹的加工过程既可以手工完成，也可以在相应机床上完成。通常手动加工效率低，适用于单件、小批量生产；机加工效率较高，适用于中批、大批量生产。例如，在普通钻床、专用多轴攻丝机、自动螺母攻丝机上进行成批大量生产内螺纹；在建筑行业钢筋混凝土施工中梁柱钢筋采用管螺纹连接时，工程现场使用专用套丝机成批加工钢筋外螺纹等。

(1) 用丝锥攻螺纹

手动攻螺纹用的工具有丝锥和铰杠，机床上攻螺纹的工具有机用丝锥和保险夹头，丝锥是切削加工刀具，铰杠和保险夹头是刀具的夹持及传力装置。

① 攻螺纹前底孔直径的确定

对钢和塑性大的材料：

$$D_{孔} = D - P \tag{1-14}$$

对铸铁和塑性小的材料：

$$D_{孔} = D - (1.05 \sim 1.1)P \tag{1-15}$$

式中，$D_{孔}$——螺纹底孔钻头直径，mm；

D——螺纹大径，mm；

P——螺距，mm。

② 非通孔螺纹攻螺纹前底孔深度的确定

$$H_{深} = h_{有效} + 0.7D \tag{1-16}$$

式中，$H_{深}$——底孔深度，mm；

$h_{有效}$——螺纹有效长度，mm；

D——螺纹大径，mm。

③ 攻螺纹工作流程

计算底孔直径及深度→选择钻头→钻底孔→底孔倒角→选择丝锥→装夹工件→攻内螺纹。

手动攻螺纹时，用一只手的掌心按住扳手中部并沿丝锥轴线下压，用另一只手配合做顺时针方向旋进。攻入一定深度后，两手握住铰杠两端，均匀施加压力，并将丝锥顺时针方向旋进，确保丝锥中心与孔中心线重合，不使其歪斜，并经常倒转 1/4 ~ 1/2 圈，断屑并避免切屑堵塞而卡住丝锥。攻非通孔螺纹时，要经常退出丝锥，排除孔中的切屑。当将要攻到孔底时，更应及时排出孔底积屑，以免攻到孔底丝锥被卡住。当螺纹的切削部分全部进入工件时，就不再施加轴向压力。攻螺纹时，必须以头攻、二攻、三攻的顺序攻削至标准尺寸。攻塑性材料的螺孔时，要加切削液。一般用机油或浓度较大的乳化液，要求高的螺孔也可用菜油或二硫化钼等。

（2）用板牙套螺纹

套螺纹的工具有板牙、板牙铰杠和板牙架。板牙是切削刀具，板牙铰杠是手工套螺纹时的辅助传力工具，板牙架是板牙的夹持辅具，通常和扳手做成一体。

① 套螺纹前圆杆直径的确定

套螺纹前圆杆直径必须要首先计算确定，其计算公式为

$$d_{杆} = D - 0.13P \qquad (1\text{-}17)$$

式中，$d_{杆}$——套螺纹前圆杆直径，mm；

D——螺纹大径，mm；

P——螺距，mm。

② 套螺纹工作流程

计算圆杆直径→选择板牙→装夹工件→套外螺纹。

为使板牙容易对准工件和切入工件，圆杆端部要倒成圆锥斜角为 15°～20°的锥体。锥体的最小直径可以略小于螺纹小径，使切出的螺纹端部避免出现锋口和卷边而影响螺母的拧入。起套时，可用一只手的掌心按住扳手中部沿工件轴线下压，另一只手配合做顺时针方向旋进。两手握住扳手两端，均匀施加压力，并将板牙按顺时针方向旋进一段后，再按逆时针旋 1/4～1/2 圈，避免铁屑阻塞而卡住板牙，并确保板牙中心与工件中心线重合，不使其歪斜。在钢件上套螺纹时要加切削液，以延长板牙的使用寿命，减小螺纹的表面粗糙度轮廓值。

例 1-3 螺纹加工实例。

现需加工一零件，具体要求如图 1-48 所示，如零件材料是 45 钢，试在 CA6140 型卧式车床上加工出此零件。

首先，应进行零件分析，确定毛坯形式并下料；其次，应拟出工艺方案；再次，应完成螺纹加工前各道工序；最后，调整机床进行螺纹加工。此处调整机床加工螺纹前的分析、方案确定及各道工序的完成不再赘述，仅对机床的调整和螺纹的切削加工加以分析。

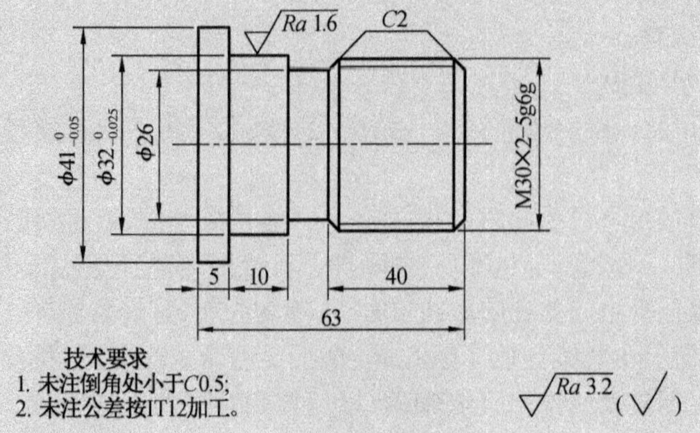

图 1-48 螺纹加工例图

1. 车螺纹时传动路线中齿轮的搭配计算

根据式(1-7)知:

$$1_{主轴} \times 7 \times u_{基} u_{倍} = P_{螺纹}$$

式中,$u_{基}$ 可变换 8 种不同的传动比,$u_{倍}$ 可变换 4 种不同的传动比(见表 1-11)。由上式可知,合理选择 $u_{基}$ 和 $u_{倍}$,就可以车削出 1 ~ 12 mm 各种螺距的米制螺纹。$u_{基}$ 和 $u_{倍}$ 的组合关系见表 1-11。

表 1-11 车床车削米制螺纹表

P/mm ($u_{基}$ / $u_{倍}$)	$u_{基1}=\frac{26}{28}$	$u_{基2}=\frac{28}{28}$	$u_{基3}=\frac{32}{28}$	$u_{基4}=\frac{36}{28}$	$u_{基5}=\frac{19}{14}$	$u_{基6}=\frac{20}{14}$	$u_{基7}=\frac{33}{21}$	$u_{基8}=\frac{36}{21}$
$u_{倍1}=\frac{18}{45}\times\frac{15}{48}=\frac{1}{8}$	—	—	1	—	—	1.25	—	1.5
$u_{倍2}=\frac{28}{35}\times\frac{15}{48}=\frac{1}{4}$	—	1.75	2	2.25	—	2.5	—	3
$u_{倍3}=\frac{18}{45}\times\frac{35}{28}=\frac{1}{2}$	—	3.5	4	4.5	—	5	5.5	6
$u_{倍4}=\frac{28}{35}\times\frac{35}{28}=1$	6.5	7	8	9	—	10	11	12

由此可见,本例中螺纹加工机床的传动路线表达式为

$$主轴Ⅳ—\frac{58}{58}—Ⅸ—\frac{33}{33}—Ⅺ—挂轮(\frac{63}{100}\times\frac{100}{75})—Ⅻ—\frac{25}{36}—XIII—u_{基3}(\frac{32}{28})—$$

$$XIV—\frac{25}{36}\times\frac{36}{25}—XV—u_{基2}(\frac{28}{35}\times\frac{15}{48})—XVII—M_5—P_{丝杠}—刀架$$

按照以上传动路线进行机床的调整。

2. 螺纹车刀的装夹

选择合适的螺纹车刀,本例选 60°高速钢外螺纹车刀。装夹车刀时,刀尖位置应对准工件中心。车刀刀尖角的对称中心线必须与工件轴线垂直,装刀时可用样板来对刀,如果车刀装歪,就会产生牙型歪斜。刀头伸出不要过长,一般为 20 ~ 25 mm(约为刀杆厚度的 1.5 倍)。

3. 车削螺纹

手动掌握中滑板刻度盘(吃刀深度),车出一条有痕螺旋线,到螺纹退刀槽时退刀(收尾在 2/3 圈之内),用钢直尺或螺纹规检查螺距。检查无误后,采用直进法车削螺纹,此时螺纹车刀刀尖及左右两侧刀刃都参加切削工作。每次切削由中滑板做径向进刀,随着螺纹深度的加深,背吃刀量相应减小。这种切削方法操作简单,可以得到比较正确的牙型,适用于螺距小于 2.5 mm 和脆性材料的螺纹切削。

车削螺纹时,尽可能采用开倒顺车的方法,以避免乱牙。如果采用高速钢车刀,必须加切削液,若毛坯是钢料,则粗车螺纹时可采用乳化液。精车螺纹时可采用硫化切削液或浓度为75% ~90%的2号或3号锭子油加10% ~25%的菜籽油。若毛坯材料为铸铁,则切削液应选煤油。

4. 检验螺纹

按照图样要求,采用综合螺纹精度检测法进行检测。

知识链接二 螺纹刀具

1. 常用螺纹车刀

(1) 常用螺纹车刀的结构特点和运用场合

螺纹车刀是在车削加工机床上进行螺纹切削加工的一种刀具。螺纹车刀分为内螺纹车刀和外螺纹车刀两大类,有焊接式螺纹车刀、高速钢螺纹车刀、高速钢梳刀、机夹式螺纹车刀及可转位螺纹车刀等,机夹式螺纹车刀目前被广泛使用。机夹式螺纹车刀分刀杆和刀片两部分,刀杆上装有刀垫,用螺钉压紧,刀片安装在刀垫上,刀片又分为硬质合金刀片(用来加工有色金属,如铝、铝合金、铜、铜合金等材料)和硬质合金涂层刀片(用来加工钢材、铸铁、不锈钢、合金材料等)。各类螺纹车刀的结构特点和运用场合参见表1-12。

表1-12 各类螺纹车刀的结构特点和运用场合

刀具材料	螺纹刀具类型及结构图示			特点与运用
高速钢	平体螺纹车刀	单齿	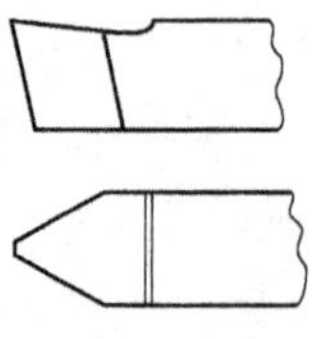	结构简单,制造容易,刃磨方便,用于单件小批量生产中车削4~6级的内、外螺纹
		多齿	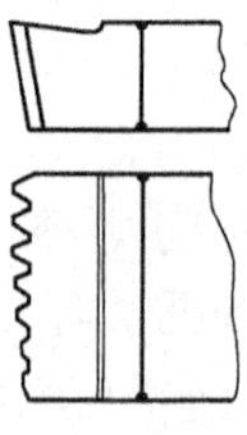	用于大批生产中车削6级精度的单线、多线外螺纹

续表

刀具材料	螺纹刀具类型及结构图示			特点与运用
高速钢	棱体螺纹车刀	单齿	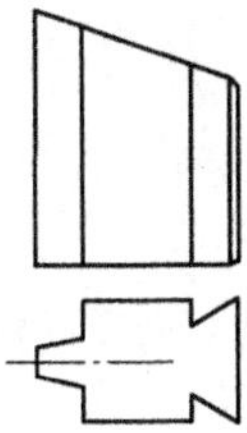	重磨简单，重磨次数较多，用于成批生产中车削 4～6 级精度的外螺纹
		多齿	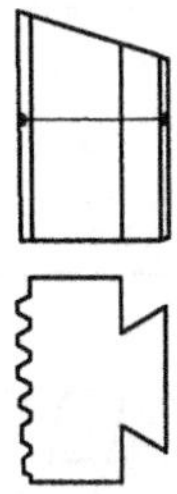	重磨简单，重磨次数较多，用于成批生产中车削 6 级精度的外螺纹
	圆体螺纹车刀	单齿	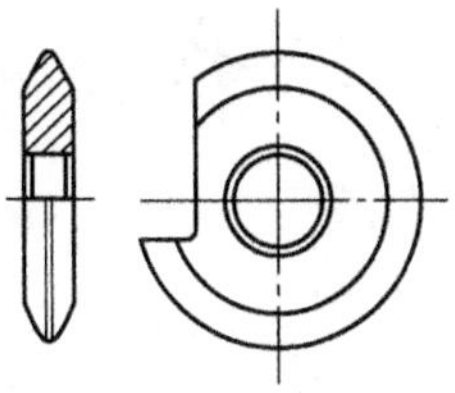	刃磨简单，重磨次数比棱体车刀要多，用于大批生产中车削 6 级精度的内、外螺纹
		多齿	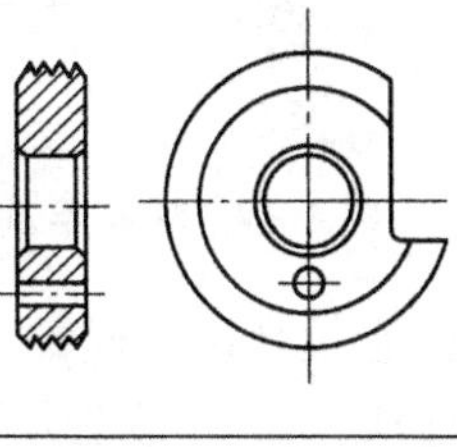	
硬质合金	焊接式螺纹车刀		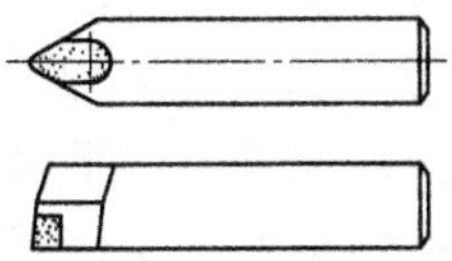	刀具特点与外螺纹车刀相同，制造简单，重磨方便，用于高速车削和强力车削普通螺纹、梯形螺纹
	机械夹固式螺纹车刀		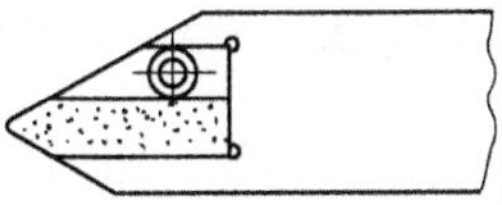	刀片未经加热焊接，寿命长，刀杆可多次使用，可重磨，但不能转位，用于高速车削螺纹

续表

刀具材料	螺纹刀具类型及结构图示			特点与运用
硬质合金	可转位式螺纹车刀	侧压式	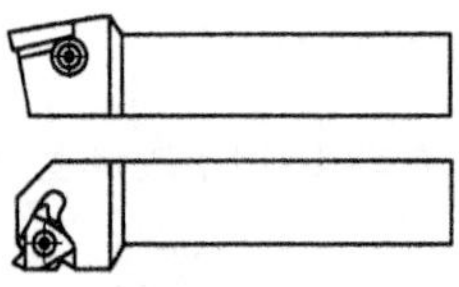	刀具制造复杂，但刀具寿命长，换刃方便，不需对刀，生产效率高。大批生产中用于高速车削普通螺纹
		上压式	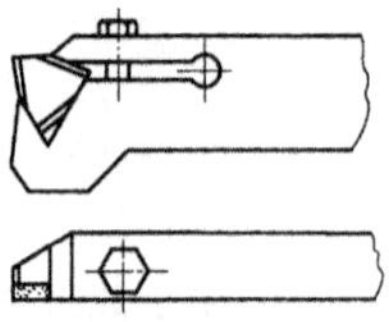	

(2) 螺纹车刀的几何参数

螺纹车刀的几何参数如图 1-49 所示。

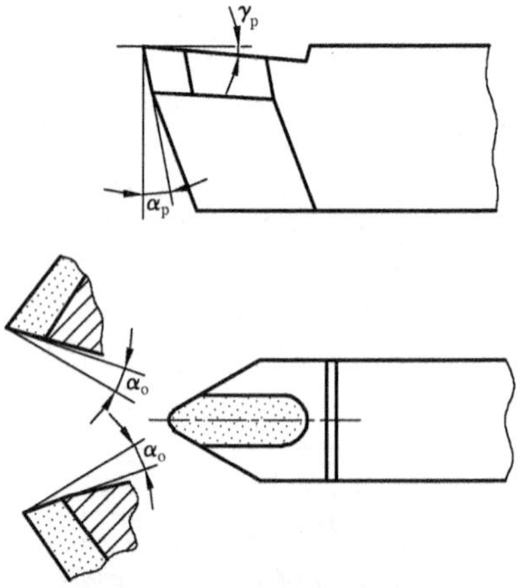

图 1-49 螺纹车刀的几何参数

2. 丝锥

(1) 丝锥的材料及种类

丝锥主要用于加工小孔径的内螺纹。丝锥的材质主要有工具钢、高速钢、硬质合金等。工具钢丝锥只适用于手工攻螺纹和小批量生产的场合，现在已很少使用。钼系高速钢与钨系高速钢相比，钼系高速钢的高硬度碳化物晶粒小，韧性好，用这种材料做刀具可以获得锋利刃口，而且不易崩刃和断裂，所以钼系高速钢作为丝锥材料得到了广泛的应用。硬质合金丝锥主要用于灰口铸铁件、铝合金压铸件、热硬化树脂及高速钢丝锥难以加工的硬度在 50 HRC 以上的高硬度钢等。用作丝锥材料的硬质合金以其抗弯强度大的超细晶粒型为主流。切削灰口铸铁件时，硬质合金丝锥的寿命是高速钢丝锥的 10 倍以上。

丝锥有不同的分类方法。按使用方法不同，丝锥可分为手用丝锥和机用丝锥两大类，两者的制造材料不同，基本结构尺寸是相同的。钳工攻螺纹多用手用丝锥，根据螺距的不同，丝锥一般由两支(或三支)组成一套。攻螺纹时，按顺序依次使用，这样有利于切削余量的合理分配；也可以交替使用，进行分段切削，以减小切削阻力。按其用途不同，丝锥又可以分为普通螺纹丝锥、英制螺纹丝锥、圆柱管螺纹丝锥、圆锥管螺纹丝锥、板牙丝锥、螺母丝锥、校准丝锥及特殊螺纹丝锥等。其中，普通螺纹丝锥、圆柱管螺纹丝锥和圆锥管螺纹丝锥是常用的 3 种丝锥。

(2) 丝锥的结构组成

丝锥由工作部分和柄部组成，其工作部分实际上相当于开了槽的外螺纹。工作部分包括切削部分和校准部分，丝锥的切削部分呈圆锥形，起主要切削作用；校准部分起修光螺纹和引导丝锥的作用。切削部分磨出锥角;校准部分具有完整的齿形,柄部有方榫,如图 1-50 所示。

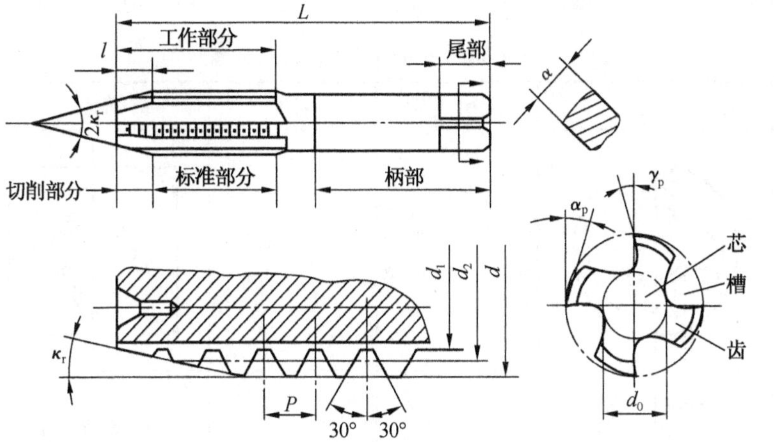

图 1-50　丝锥的结构及参数

常用丝锥的规格尺寸可查阅机械加工工艺手册中螺纹加工的相关内容。

(3) 普通螺纹丝锥几何参数的选择

普通螺纹丝锥几何参数主要有前角 γ_p、后角 α_p、主偏角 κ_r 等,选择时可参考机械加工工艺手册螺纹加工中普通螺纹丝锥的相关内容。但在具体选择时应考虑以下基本原则:

① 对于标准丝锥,要满足使用上的广泛性,一般取 $\gamma_p = 8° \sim 10°$,$\alpha_p = 4° \sim 6°$。

② 对于批量和大量生产用的丝锥,其前角、后角应根据被加工材料的类别和具体性质进行选择。

③ 主偏角 κ_r 应根据螺纹的加工精度、表面粗糙度轮廓值和丝锥类别进行综合选择。加工精度高,主偏角宜选小值。

④ 为保证切屑能顺畅排出,对标准直槽丝锥切削部分可磨出刃倾角 λ_s,一般取 $5° \sim 15°$,这部分的前角为 $12° \sim 15°$。

(4) 丝锥的磨钝标准

丝锥的磨损主要发生在切削锥刀刃的后刀面,通常根据平均磨损量确定磨钝标准,加工 6H 级内螺纹时,丝锥的磨钝标准参见表 1-13。

表 1-13　螺纹丝锥的磨钝标准　　mm

螺距	1	1.25	1.5	1.75	2	2.5
磨钝标准	0.25	0.35	0.5	0.6	0.6	0.6

3. 板牙的种类及应用范围

板牙是加工外螺纹的工具,常用合金工具钢或高速钢制成。它由切削部分、校准部分和排屑孔组成。圆板牙就相当于一个圆螺母,在它上面钻有几个孔而形成切削刃,板牙的外圆柱面上有 4 个圆锥坑,两个用于将板牙夹持在板牙架内并传递扭矩,另外两个相对板牙中心有些偏移。当板牙磨损后，可沿板牙 V 形槽锯开，拧紧板牙架上的调整螺钉，可使板牙螺纹孔做微量缩小，以补偿磨损的尺寸。板牙的种类及应用范围参见表 1-14。用于加工普通粗牙螺纹的圆板牙的几何尺寸参见 GB/T 970.1—2008。

表 1-14　板牙的种类及应用范围

名称	简图	应用范围	名称	简图	应用范围
固定式圆板牙	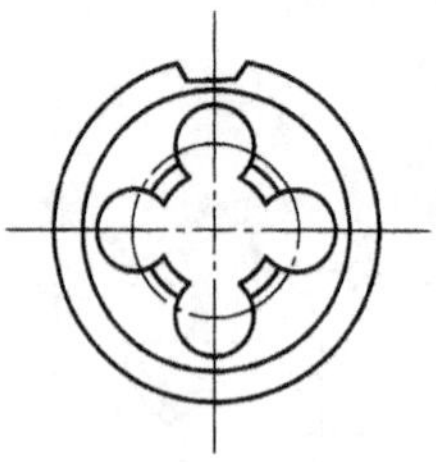	用于加工普通螺纹和锥形螺纹。手动或机床上套螺纹	方板牙	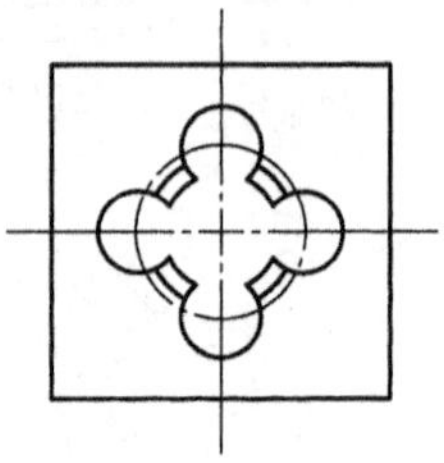	用于扳手手动套螺纹
六角板牙	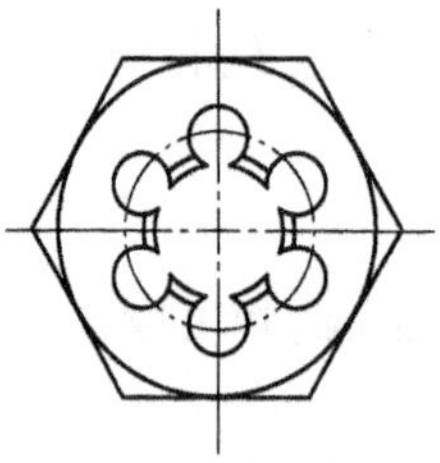	用方角扳手手动套螺纹	可调式圆板牙	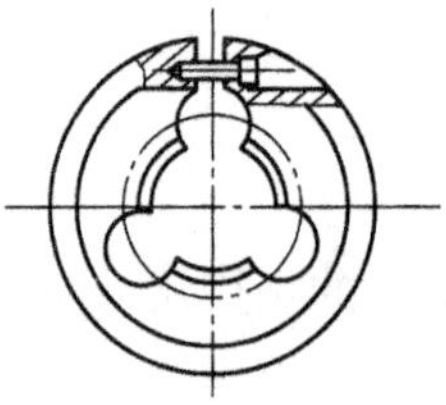	手动或机床上套螺纹
管形板牙	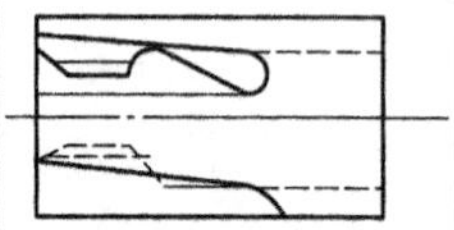	转塔车床和自动车床上套螺纹	钳工板牙	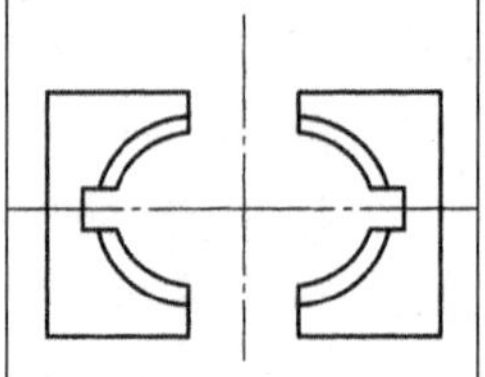	用钳工板牙架手动套螺纹

知识链接三　金属切削过程

金属切削过程是指通过切削运动，刀具从工件上切下多余金属层，形成切屑和已加工表面的过程。在这个过程中会产生一系列现象，如切削变形、切削力、切削热和切削温度、刀具磨损等。学习这些规律，对于合理选择金属切削条件，分析解决切削加工中的质量、效率等问题具有重要意义。

1. 金属切削过程的基本概念

(1) 金属切削过程的基本运动

金属切削过程是刀具与工件相互运动、相互作用的过程。刀具与工件的相对运动可以分解为两个方面：一个是主运动，另一个是进给运动。主运动一般只有一个，进给运动可以有几个，可以是连续运动，也可以是间歇运动。

(2) 切削层及相关参数

切削层是指由切削部分的一个单动作（或指切削部分走过工件的一个单程，或指只产生一圈过渡表面的动作）所切除的工件材料层。以车削加工为例，如图 1-51 所示，工件转一转,车刀沿工件轴向移动一个进给量f(单位为 mm/r)。这时,切削刃从加工表面Ⅰ的位置移至相邻的加工表面Ⅱ的另一个位置上,Ⅰ,Ⅱ两表面之间由车刀切削刃切下的一层金属称为切削层。在与切削速度方向垂直的切削层截面内度量的切削参数称为切削层参数。切削层参数有以下几个:

① 切削层公称厚度 a_c

过切削刃选定点垂直于过渡表面度量的切削层尺寸为切削层公称厚度,简称切削厚度,单位为 mm。

$$a_c = f\sin \kappa_r$$

② 切削层公称宽度 a_w

沿着过渡表面度量的切削层尺寸为切削层公称宽度,简称切削宽度,单位为 mm。

$$a_w = a_p / \sin \kappa_r$$

可见,在f与a_p一定的条件下,主偏角κ_r越大,切削厚度a_c越大,切削宽度a_w越小;κ_r越小时,a_c越小,a_w越大;当$\kappa_r = 90°$时,$a_c = f$,$a_w = a_p$,切削层为一矩形。因此,在切削用量中f和a_p两个要素又称为切削层的工艺参数。图1-51 中表示了κ_r不同时a_c,a_w的变化情况。

③ 切削层公称横截面积 A_c

主切削刃上在基面的切削层投影图形的面积为切削层公称截面积,简称切削面积,单位为 mm²。

$$A_c = a_c a_w = f a_p$$

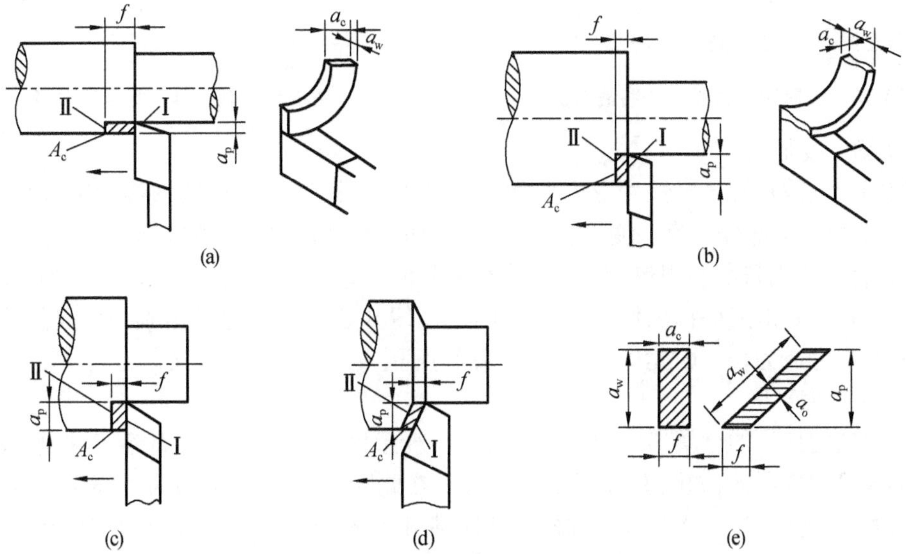

图 1-51　切削层参数

切削层参数是切削过程研究的重要参数,切削过程的各种物理现象也主要发生于切削层内。掌握切削层的基本概念和物理实质,对研究切削过程中的切屑变形、刀具磨损等有着重要的意义。

2. 金属切削过程基本规律

1）金属切削变形过程

在刀具的作用下，切削层材料经过一系列复杂的过程变成切屑。在这一过程中，出现了一系列的物理现象，如切削变形、切削力、切削热、刀具磨损等。其中最根本的是切削过程中的变形。它直接影响切削力、切削热、刀具磨损等的大小，是研究、阐述切削过程的基础。

金属切削过程中也有弹性变形，金属切削过程实际是被切削金属层在刀具的挤压下发生剪切滑移的塑性变形过程，但与塑性变形相比，产生的积屑瘤可以忽略。

（1）金属切削过程的变形

金属在加工过程中会发生剪切和滑移，图 1-52 表示了金属的滑移线和流动轨迹，其中横向线是金属流动轨迹线，纵向线是金属的剪切滑移线。图 1-53 表示了金属的滑移过程。由图可知，金属切削过程的塑性变形通常可以划分为 3 个变形区，各区特点如下：

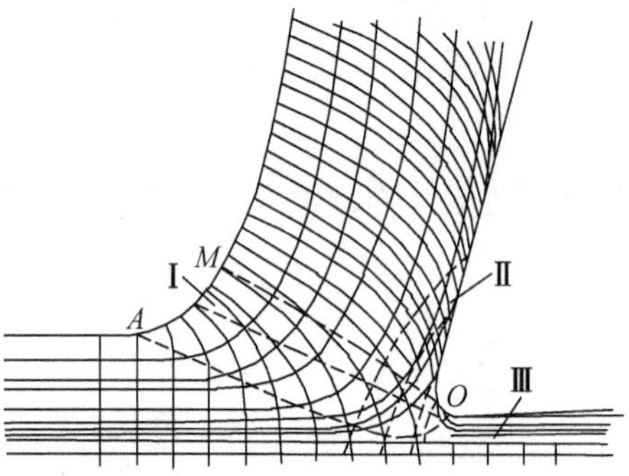

图 1-52　金属切削过程中滑移线与流线

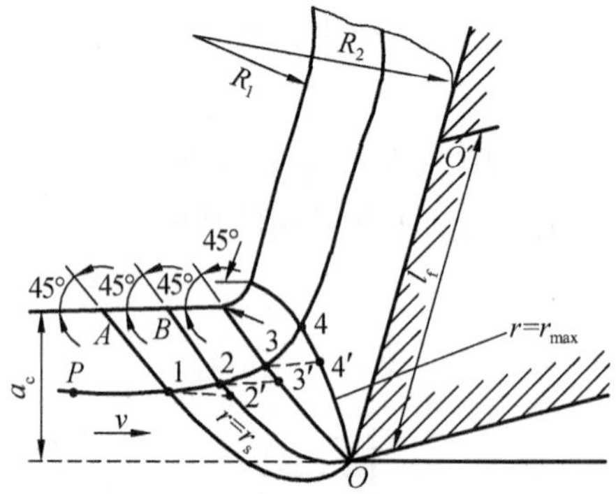

图 1-53　第一变形区金属滑移

① 第一变形区

切削层金属从开始塑性变形到剪切滑移基本完成，这一过程区域称为第一变形区，如图 1-52 所示Ⅰ部分。第一变形区是金属切削变形过程中最大的变形区，在这个区域内，金属将产生大量的切削热，并消耗大部分功率。此区域较窄，宽度仅 0.02 ~ 0.2 mm。工件材料在刀具前刀面挤压作用下，从图中 *OA* 线开始发生塑性变形到 *OM* 线晶格的剪切滑移基本完成为止。因此这一区域是切削过程中的主要变形区，又称剪切区。

② 第二变形区

产生塑性变形的金属切削层材料经过第一变形区后沿刀具前刀面流出，在靠近前刀面处形成第二变形区，如图 1-52 所示Ⅱ部分。在此区域，切屑沿前刀面滑移排出时，紧贴前刀面的底层金属进一步受前刀面的挤压阻滞和摩擦，再次剪切滑移变形而纤维化。因其变形主要是摩擦引起的，故这一区域又称摩擦变形区。

③ 第三变形区

金属切削层在已加工表面受刀具刀刃钝圆部分的挤压与摩擦而产生塑性变形部分的区域称为第三变形区，如图 1-52 所示Ⅲ部分。已加工表面受到切削刃钝圆部分与后刀面的挤压、摩擦和回弹，造成纤维化和加工硬化。第三变形区直接影响已加工表面的质量和刀具的磨损。

以上对金属切削层在切削过程中 3 个变形区域变形的特点进行了介绍,如果将这 3 个区域综合起来,可以看作如图 1-54 所示过程。当金属切削层进入第一变形区时,金属发生剪切滑移,并且金属纤维化,该切削层接近刀刃时,金属纤维更长并包裹在切削刃周围,最后在 O 点断裂成两部分,一部分沿前刀面流出成为切屑,另一部分受到刀刃钝圆部分的挤压和摩擦成为已加工表面,表面金属纤维方向平行于已加工表面,这层金属具有与基体组织不同的性质。

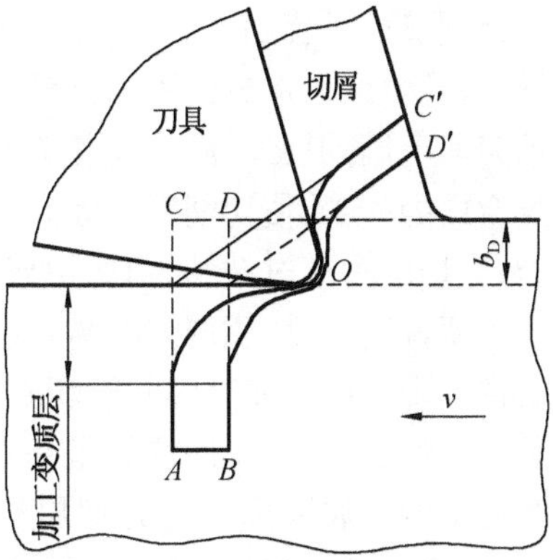

图 1-54　刀具的切削完成过程

(2) 积屑瘤的形成及对加工的影响

积屑瘤是在切削塑性金属材料时,由被加工工件的材料在前刀面上近切削刃处堆积形成的楔块,它是由切屑在前刀面上粘结摩擦形成的,如图 1-55 所示。

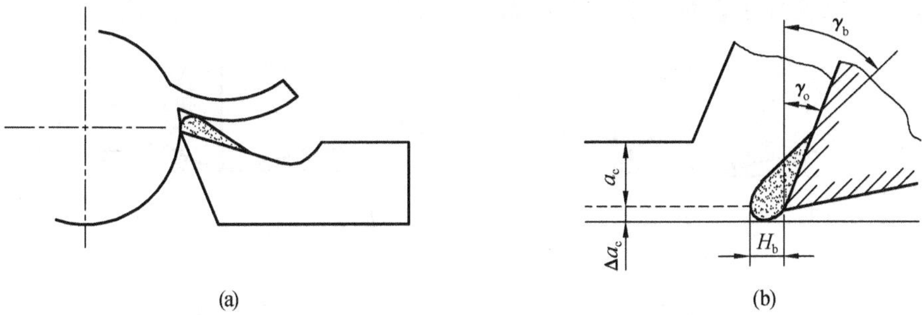

图 1-55　积屑瘤

积屑瘤的产生不但与材料的加工硬化有关,而且与刀刃前区的温度和压力有关。一般材料的加工硬化性越强,越容易产生积屑瘤;温度与压力太低不会产生积屑瘤,温度太高也不会产生积屑瘤。

积屑瘤硬度很高,是工件材料硬度的 2 ~ 3 倍,能同刀具一样对金属进行切削。它对金属切削过程会产生如下影响:

① 实际刀具前角增大。刀具前角增大可减小切削力,对切削过程有积极的作用。而且,切削瘤的高度 H_b 越大,实际刀具前角也越大,切削更容易。

② 实际切削厚度增大。

③ 加工后表面粗糙度轮廓值增大。

④ 切削刀具的使用寿命降低。

(3) 鳞刺现象

用高速钢、硬质合金或陶瓷刀具,在较低的切削速度下切削一些常用的塑性金属材料时,以及在车、刨、插、钻、拉、滚齿、车螺纹、铰螺纹、板牙套螺纹等加工工序中,都可能出现鳞刺。鳞刺对零件表面质量有严重影响,使零件表面层产生残余应力,进而使零件表面产生微裂纹,降低零件的疲劳强度。对于装配零件,装配后,实际接触表面减小、接触刚度降低,影响机器的工作精度。

鳞刺形成过程如图 1-56 所示,可以看出,金属材料尤其是塑性金属材料在切削加工过程中,导致鳞刺形成的原因是前刀面与切屑摩擦形成粘结层并逐渐堆积,切屑在刀具的前刀面上周期性地停滞,代替刀具的前刀面挤压切削层,加剧了金属的塑性变形。切削层金属的积聚,使切削层增大并向切削线以下延伸,导致切削刃前方的加工面上产生导裂,当切削力超过粘结力时,切屑流出并被切离而导裂层残留在已加工表面上形成鳞刺。需要说明的是,积屑瘤对鳞刺也有影响:金属在切削加工过程中,常常有一些从切屑或工件上带来的金属冷焊并层积在前刀面上,形成硬度很高的金属块,它能代替刀面和刀刃进行切削,这一小硬块就是积屑瘤。由于积屑瘤使用其圆钝的前端挤压切削层,使切削层中的金属大部分成为切屑流出,而很小一部分周期地冷焊和层积在积屑瘤的前端,层积到一定高度后,便被积屑瘤刮顶而成为鳞刺。从另一个方面讲,积屑瘤的存在,导致刀具的切削角度变化,由积屑瘤代替切削刃切削,刀具的锋利程度下降,刀具变钝,更容易造成切削层在刀具的前刀面上层积,增大切削抗力,致使切削表面撕裂,形成鳞刺,如图 1-58 所示,积屑瘤周期地形成鳞刺并使积屑瘤前端周期地破碎,因此积屑瘤加剧了鳞刺的形成,使加工表面质量严重下降。

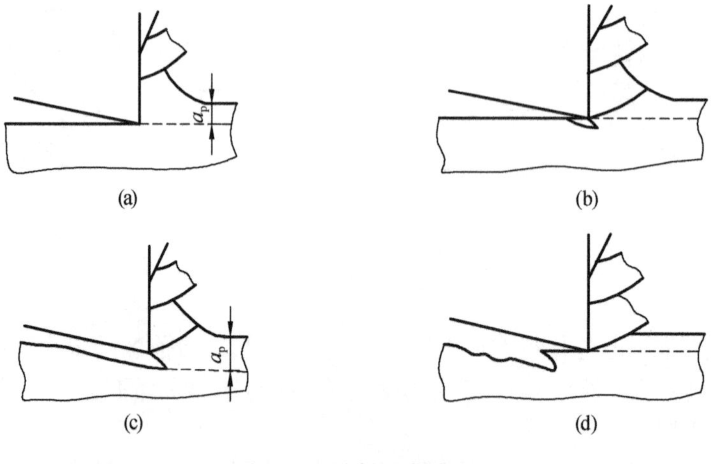

图 1-56 鳞刺形成过程

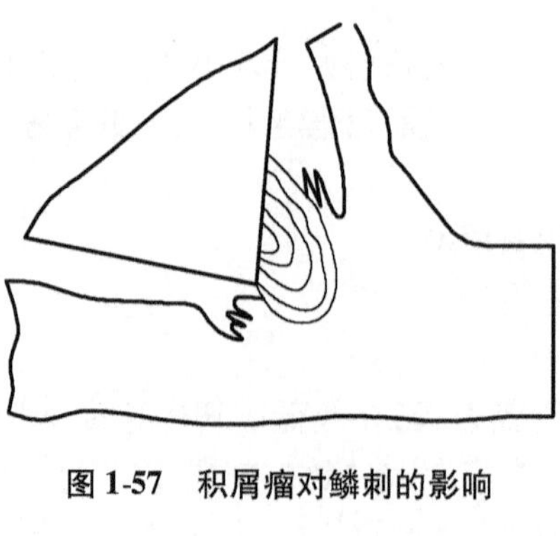

图 1-57 积屑瘤对鳞刺的影响

（4）影响切削变形的因素

① 工件材料

工件材料的硬度、强度越高，切屑与刀具之间的平均摩擦系数就越小，切削变形系数就减小；另一方面，材料的性能也会通过对积屑瘤的影响而影响切削变形，塑性大的材料在切削时易于产生积屑瘤，从而增大了刀具的实际工作前角，减小了切削变形。

② 刀具几何参数

a．前角。前角直接影响剪切角 ϕ。前角 γ_o 增大，剪切角也增大，变形减小；前角还通过摩擦角 β 影响剪切角。

b．刀尖圆弧半径。当刀尖圆弧半径增大时，切削刃上参加切削的曲线刃的长度增加，使平均切削厚度减小，变形增大；另外，由于圆弧切削刃上各点的切屑流出方向不同，相互干涉也增大了切屑的附加变形，使切削变形增大。

③ 切削用量

a．切削速度。切削速度影响金属材料塑性变形的速度。当切削速度提高时，切削层金属变形不充分，第Ⅰ变形区后移，剪切角增大，切削变形减小。另一方面，切削速度通过对积屑瘤的影响来影响切削变形。如图1-58所示，在积屑瘤的增长阶段（$v_c < 20$ m/min），随切削速度的提高，积屑瘤增大，刀具实际前角增大，切削变形减小。而在积屑瘤的减小阶段（20 m/min $< v_c <$ 40 m/min），随速度的提高，积屑瘤高度减小，实际前角变小，切削变形又增大。在高速切削阶段（$v_c >$ 40 m/min），积屑瘤已基本不能产生，随着切削速度的增大，切削温度越来越高，金属的塑性越来越好，切削变形越来越小。

b．进给量。进给量的增大，使切削厚度 a_c 增大，摩擦系数 μ 减小，剪切角增大，从而使切削变形系数减小。

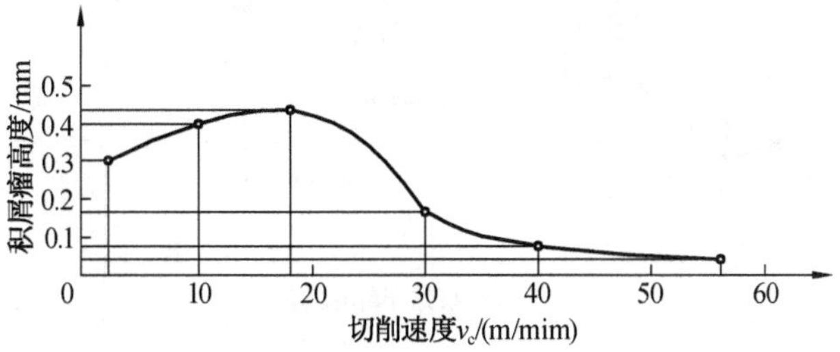

(a)

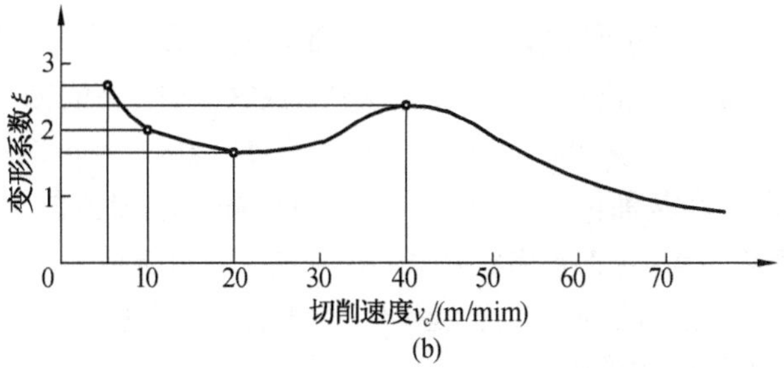

(b)

图1-58　切削速度对切削变形的影响

2）切削力

切削过程中由工件作用在刀具上的切削抗力称为切削力。切削力的来源有两个：一是切削层金属、切屑和工件表面层金属的弹性、塑性变形而产生的抗力；二是刀具与切屑、工件表面间的摩擦阻力。

（1）切削合力和分力

如图 1-59 a 所示，直角自由切削时，作用在前刀面上的力有弹、塑性变形抗力 $\boldsymbol{F}_{n\gamma}$ 和摩擦力 $\boldsymbol{F}_{f\gamma}$；作用在后刀面上的力有弹、塑性变形抗力 $\boldsymbol{F}_{n\alpha}$ 和摩擦力 $\boldsymbol{F}_{f\alpha}$。它们的合力 $\boldsymbol{F}_{r}$ 作用在前刀面上靠近切削刃处。直角非自由切削时，由于副切削刃的影响，使直角自由切削时的 $\boldsymbol{F}_{r}$ 改变了方向。为了便于测量和应用，将合力分解成 3 个互相垂直的分力。

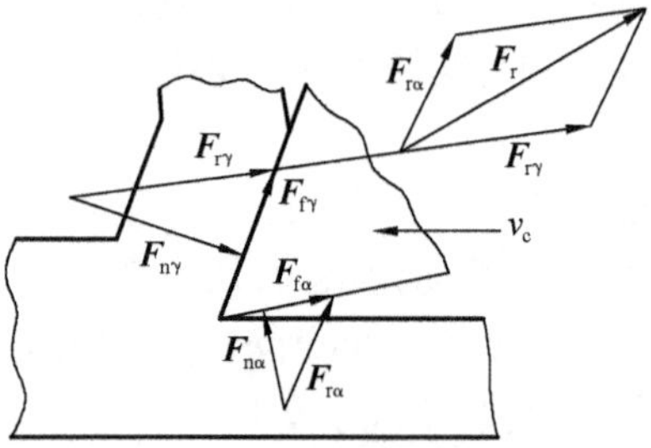

(a) 直角自由切削

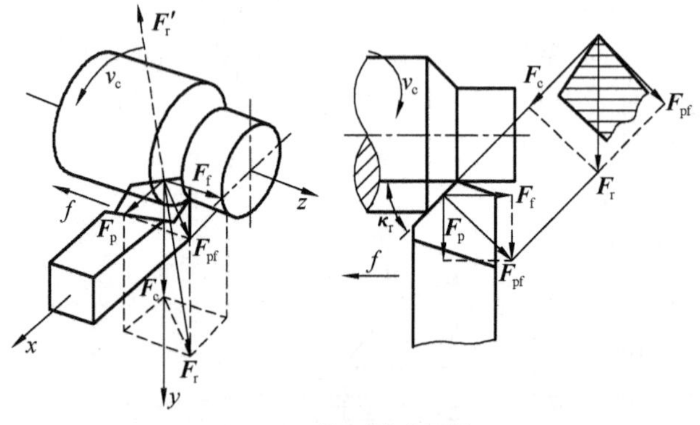

(b) 直角非自由切削

图 1-59　切削力的来源和分力

① 主切削力 F_{c}。垂直于基面，与主切削速度方向一致的分力。它是最大的一个分力，是设计及使用刀具、计算机床功率、设计主传动系统的主要依据，也是夹具设计及切削用量选择的依据。

② 吃刀抗力 F_{p}。在基面内，与进给方向相垂直，即沿吃刀方向上的分力。吃刀抗力影响工艺系统的变形，会引起工艺系统振动，影响加工表面质量。

③ 进给抗力 F_{f}。在基面内，与进给运动方向平行，即沿进给方向上的分力。它是验算机床进给系统零件强度的依据。

由图 1-59 b 可知，合力与各分力之间的关系为

$$F_{r}=\sqrt{F_{c}^{2}+F_{pf}^{2}}=\sqrt{F_{c}^{2}+F_{p}^{2}+F_{f}^{2}} \tag{1-18}$$

$$F_p = F_{pf}\cos\ \kappa_r \tag{1-19}$$

$$F_f = F_{pf}\sin\ \kappa_r \tag{1-20}$$

式中，F_{pf}——合力 F_r 在基面上的分力。

在一定的切削条件下，利用测力仪可以测出各个切削分力。将测量数据加以适当处理，可以得到切削力的经验公式。实验结果表明，切削力与切削用量呈幂函数关系，其表达式如下：

主切削力 $$F_c = C_{F_c} a_p^{x_{F_c}} f^{y_{F_c}} v_c^{n_{F_c}} K_{F_c} \tag{1-21}$$

吃刀抗力 $$F_p = C_{F_p} a_p^{x_{F_p}} f^{y_{F_p}} v_c^{n_{F_p}} K_{F_p} \tag{1-22}$$

进给抗力 $$F_f = C_{F_f} a_p^{x_{F_f}} f^{y_{F_f}} v_c^{n_{F_f}} K_{F_f} \tag{1-23}$$

式中，$C_{F_c}, C_{F_p}, C_{F_f}$——影响系数，其大小与实验条件有关；

$x_{F_c}, x_{F_p}, x_{F_f}$——背吃刀量 a_p 对切削各分力的影响指数；

$y_{F_c}, y_{F_p}, y_{F_f}$——进给量 f 对切削各分力的影响指数；

$n_{F_c}, n_{F_p}, n_{F_f}$——切削速度 v_c 对切削各分力的影响指数；

$K_{F_c}, K_{F_p}, K_{F_f}$——实验条件与计算条件不同时的修正系数。

一般说来，$y_{F_c} < x_{F_c} < n_{F_c}$。所以在粗车时，尽量使用较大的进给量。

公式（1-21）~（1-23）中的系数和指数可以根据切削条件从工艺手册中查出。

（2）单位切削力

用单位切削力 p 来计算主切削力较为简易直观。单位切削力是指切除单位切削层面积所产生的主切削力，用 p 表示：

$$p = \frac{F_c}{A_c} = \frac{F_c}{a_p f} = \frac{F_c}{a_c a_w} \tag{1-24}$$

式中，A_c——切削面积，mm^2；

a_w——切削宽度，mm；

a_c——切削厚度，mm。

（3）切削功率和单位切削功率

切削功率 P_c 指在切削过程中消耗的功率，它是各分力方向上所消耗功率的和。由于主运动方向的功率消耗最大，通常用主运动消耗的功率表示切削功率 P_c（kW）：

$$P_c = \frac{F_c v_c \times 10^{-3}}{60} \tag{1-25}$$

其中，F_c 单位是 N，v_c 单位是 m/min。则机床电动机所需功率 P_E（kW）：

$$P_E = \frac{P_c}{\eta} \tag{1-26}$$

式中，η——机床的传动效率，一般取 $\eta = 0.75 \sim 0.85$。

式（1-26）是校核和选取机床电动机的主要依据。

单位切削功率 P_s（$kW/(mm^3/s)$）是指单位时间内切除金属层单位体积所消耗功率：

$$P_s = \frac{P_c}{E_w} \tag{1-27}$$

式中，E_w——单位时间内切除的金属量，mm^3/s。

则

$$P_s = \frac{p a_p f v_c \times 10^{-3}}{1\,000 a_p f v_c} = p \times 10^{-6} \tag{1-28}$$

(4) 影响切削力的因素

① 工件材料

工件材料的强度、硬度越高,材料的剪切屈服强度 τ_s 越大,虽然变形系数 ξ 有所下降,但单位切削力增大。强度、硬度相近的材料,塑性或韧性越大,切屑越不易折断,使切屑与前刀面间的摩擦增加,故切削力越大。

② 切削用量

背吃刀量 a_p 和进给量 f 增大,分别会使切削宽度 a_w 和切削厚度 a_c 增大,即切削层面积 A_c 增大,变形抗力和摩擦力增加,使切削力增大。但两者对切削刀的影响程度不同。a_p 加大,a_w 和 A_c 增大,但变形系数不变,使切削力成正比增大;f 加大,a_c 和 A_c 增大,但变形系数 ξ 有所下降,使切削力不成正比增大。因而,在切削加工中,如果从切削力和切削功率的角度来考虑,加大进给量比加大背吃刀量有利,这样既可提高效率又减小了单位切削力。

如图 1-60 所示,加工塑性金属材料(如用 YT15 车刀加工 45 钢)时,在中速和高速(v_c >40 m/min)下,切削力一般随着切削速度的增大而减小。切削脆性材料,如灰铸铁、黄铜等时,因其塑性变形很小,切屑和前刀面的摩擦也很小,所以切削速度对切削力没有显著影响。

③ 刀具几何参数

前角 γ_o 加大,被切金属的变形减小,切削力显著下降。一般地,加工塑性较大的金属材料时,前刀面对切削力的影响比加工塑性较小的金属材料更显著。例如,车刀前角每增加 1%,加工 45 钢的 F_c 降低约 1%,加工紫铜的 F_c 降低约 2% ~ 3%,而加工铅黄铜的 F_c 仅降低 0.4%。图 1-61 所示为前角对切削力的影响。

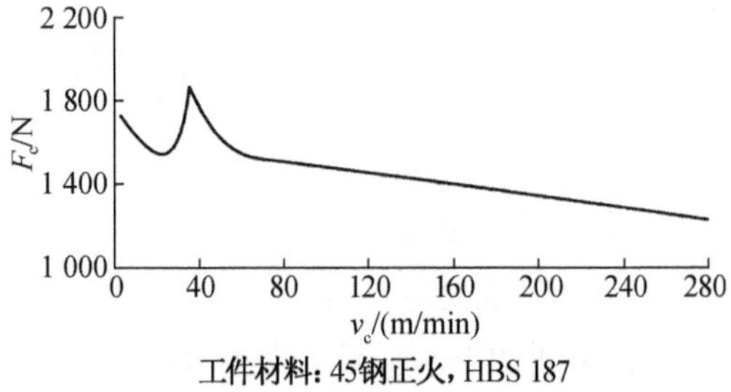

图 1-60 切削速度对切削力的影响

主偏角 κ_r 从 30°增大至 60°时,切削厚度增加,切削变形减小,使主切削力减小;但随着 κ_r 增大,在 60° ~ 90°时,刀尖圆弧半径也增大,挤压摩擦加剧,使主切削力又增大,如图 1-62 所示。一般地,主偏角 κ_r 在 60° ~ 75°范围内时,主切削力最小。但车细长轴类零件时,往往采用 90°的主偏角以减小吃刀抗力 F_p。

刃倾角 λ_s 的绝对值增大时,使主切削刃参加工作长度增加,摩擦加剧;但在法向剖面中刃口圆弧半径减小,刀刃锋利,切削变形减小。上述因素综合作用的结果是使 F_c 变化较小。当刃倾角由正值向负值变化时,吃刀抗力 F_p 增大,进给抗力 F_f 减小。通常刃倾角每增加 1°,吃刀抗力增减 2% ~ 3%。因此,切削时不宜选用过大的刃倾角。图 1-63 所示为刃倾角对切削力的影响。

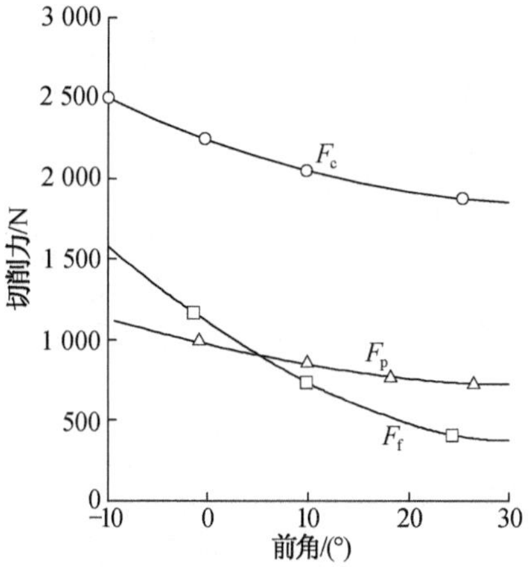

图 1-61　前角对切削力的影响

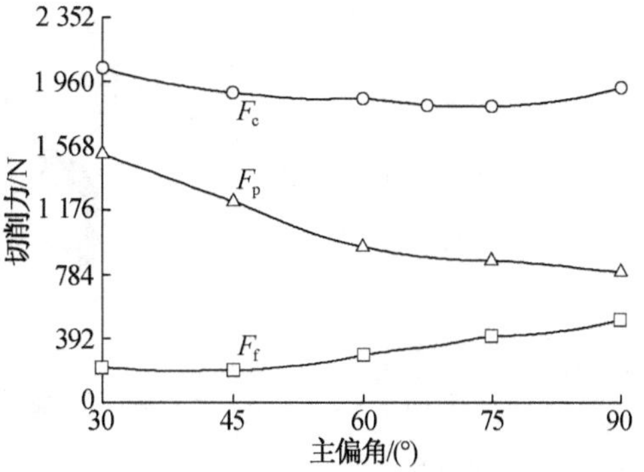

图 1-62　主偏角对切削力的影响

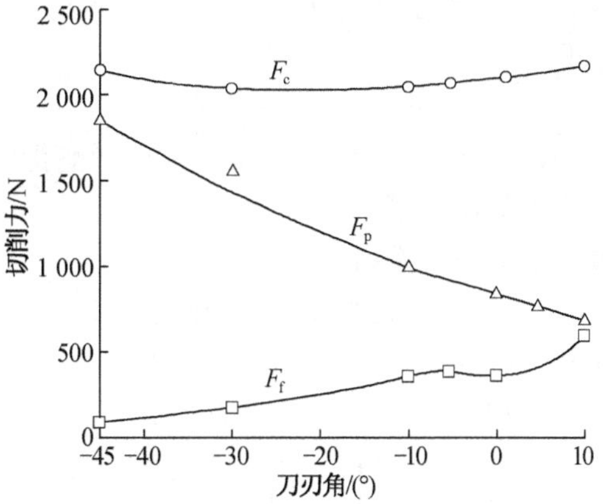

图 1-63　刃倾角对切削力的影响

刀尖圆弧半径增大，使切削力增大，它主要对 F_p 和 F_f 影响较大，而对 F_c 影响较小。例如，圆弧半径由 0.25 mm 增大到 1 mm 时，F_p 可增大 20%，易引起振动。

此外，由于刀具材料不同，刀具与工件之间的摩擦系数不同，因此对切削力的影响也不同。在同样的切削条件下，陶瓷刀具切削力最小，高速钢刀具切削力最大。刀具的磨损会加剧后刀面与工件的摩擦，增大切削力。使用切削液能改变刀具与工件的摩擦状况，从而影响切削力。

3）切削热与切削温度

（1）切削热

如图 1-64 所示，切削过程中切削区的变形和摩擦所消耗的能量转化产生的热称为切削热。其中包括剪切区变形功形成的热 Q_P、切屑与前刀面摩擦功形成的热 $Q_{\gamma f}$，已加工表面与刀具后刀面摩擦功形成的热 $Q_{\alpha f}$。切削热又分别通过切屑、刀具、工件和周围介质传散，各部分所传出的热量分别为 Q_{ch}，Q_c，Q_w 和 Q_f。显然有：

$$Q_P + Q_{\gamma f} + Q_{\alpha f} = Q_{ch} + Q_c + Q_w + Q_f \tag{1-29}$$

影响热传导的主要因素是工件和刀具材料的导热能力及周围介质的状况。一般情况下，切削热大部分由切屑带走和传入工件。

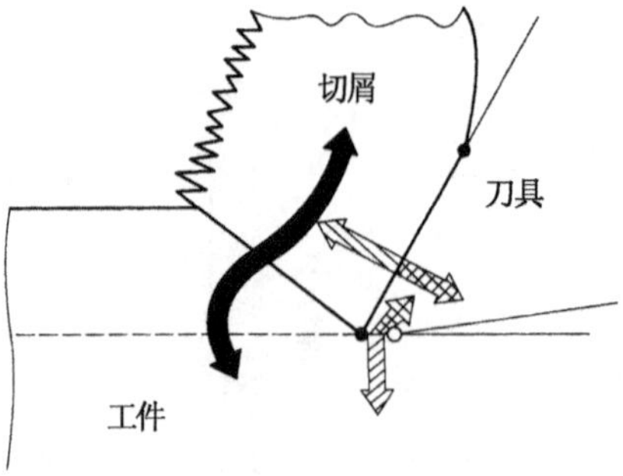

图 1-64　切削热的来源和传散

（2）切削温度

切削温度一般指切屑与前刀面接触区域的平均温度，是切削热在工件与刀具上作用的结果，切削温度的高低，取决于切削热的多少和传播的快慢。

切削温度实验公式如下：

$$\theta = C_\theta v_c^{z_\theta} f^{y_\theta} a_p^{x_\theta} K_\theta \tag{1-30}$$

式中，x_θ，y_θ，z_θ——分别表示切削用量中 a_p，f，v_c 对温度的影响指数；

C_θ——与实验条件有关的影响系数；

K_θ——切削条件改变后的修正系数。

刀具上温度最高点是前刀面上靠近切削刃处，这是由于剪切变形热及切屑连续摩擦热作用，以及刀楔处热量集中不易散发所致。图 1-65 是前刀面上切削温度分布的实验结果。由图可见，刀尖最容易磨损，因此切削温度较高时，需对刀尖进行冷却。

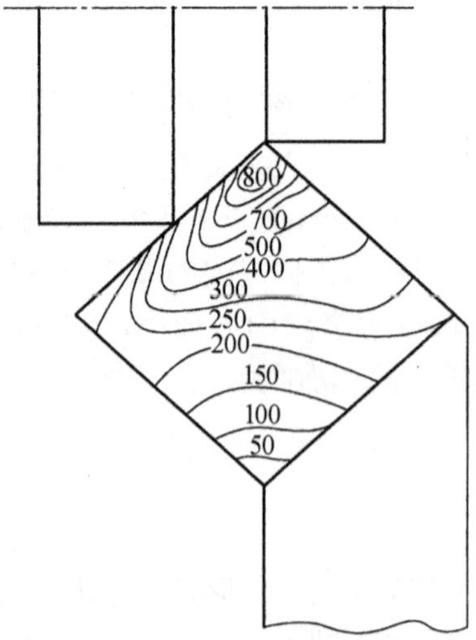

图 1-65　前刀面上的温度分布

（3）影响切削温度的因素

切削热是由切削过程的变形和摩擦功耗转变而来的，所以一方面，影响切削变形、切削力的因素都对切削温度有影响；另一方面，切削温度与切削热传散快慢有关。

① 切削用量

切削用量中,切削速度对切削温度影响最大,进给量次之,背吃刀量影响最小。因为 a_p 增大后,a_w 也增大,切屑与刀具接触面积以相同比例增大,散热条件显著改善;f 增大,a_c 增大,但 a_w 不变,切屑与前刀面接触长度增加,散热条件有所改善;v_c 提高,消耗的功增多,产生的热量增多,而切削面积并没有改变,所以切削速度是影响温度的主要因素。因此,为了不产生很高的切削温度,在需要增大切削用量时,应首先考虑增大背吃刀量,其次是进给量,最后是选择切削速度。

② 刀具几何参数

刀具几何参数中,前角增大,切削变形减小,摩擦减小,则产生的热量少,切削温度就低;如果前角进一步增大,则因刀具的散热体积减小,切削温度不会进一步降低,如图 1-66 所示。

主偏角 κ_r 减小,使切削宽度 a_w 增大,切削厚度减小,因此,切削变形增大,切削温度升高。但随着 κ_r 进一步增大,散热条件改善了,所以切削温度随之下降,如图 1-67 所示。因此,当工艺系统刚性足够大时,可选用小的主偏角以降低切削温度。

刀尖圆弧半径加大,使切削区塑性变形加大,切削温度升高,但大圆弧半径又改善了刀尖处的散热条件,所以增大刀尖圆弧半径,有利于刀尖处局部切削温度的降低。

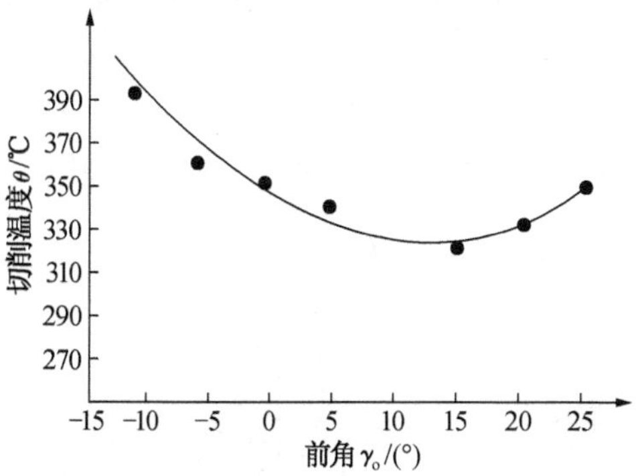

图 1-66　前角对切削温度的影响

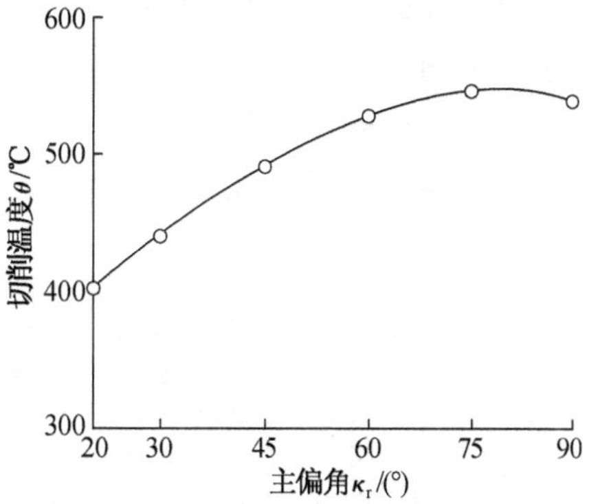

图 1-67　主偏角对切削温度的影响

③ 工件材料

工件材料是通过强度、硬度和导热系数等性能对切削温度产生影响的。材料的强度、硬度高,切削时所耗功率就多,产生的切削热也多,温度就越高。脆性金属的抗拉强度和伸长率都小,切削过程中的塑性变形很小,所以产生的热很少,温度也较低。工件材料导热系数大时,由切屑和工件传导出的热量较多,切削温度就较低,但整个工件的温度升高很快,易使工件因热变形而影响加工精度;如果工件材料导热系数小,则切削区温度较高,又对刀具不利。

此外,合理地使用切削液也是降低切削温度的有效措施。

4）刀具磨损和刀具使用寿命

在切削过程中,刀具与切屑、工件之间产生剧烈的挤压、摩擦,从而产生磨损。刀具的磨损对切削加工的效率、质量和成本有直接的影响。

(1) 刀具磨损的形式

刀具磨损分为正常磨损和非正常磨损。正常磨损是指刀具在设计和使用合理、制造和刃磨质量符合要求的情况下，在切削过程中逐渐产生的磨损。非正常磨损是切削过程中突然或过早产生的损坏现象，如脆性破损（崩刃、碎裂、剥落等）、卷刃等。正常磨损主要有以下几种形式：

① 前刀面磨损

在切削速度较高、切削厚度较大的情况下加工塑性金属材料时，由于摩擦、高温和高压作用，使前刀面上靠近切削刃处磨出一月牙洼，此区域是切削温度最高的地方，磨损最严重。前刀面磨损量用月牙洼深度 *KT* 或宽度 *KB* 表示，图 1-68 b 所示是前刀面月牙洼磨损的形状。

② 后刀面磨损

在切削速度较低、切削厚度较小的情况下切削塑性金属材料或加工脆性金属材料时，刀具的磨损以后刀面的磨损为主。这时会在切削刃附近的后刀面上磨出后角为零的小棱面，这就是后刀面磨损，如图 1-68 a 所示。这是生产中常见的形式。在切削刃参加切削工作的各点上，后刀面磨损是不均匀的。在靠近刀尖处的区域，由于高温高压，散热差，磨损较大，其最大值用 *VC* 表示；在靠近待加工表面处，由于工件表面硬皮的作用，磨成较严重的深沟，其最大磨损量用 *VN* 表示；位于上述两者之间的是较均匀的磨损区，它反映了正常的磨损过程，其磨损量用其平均值 *VB* 表示。

③ 前、后刀面同时磨损

在用中等切削速度和进给量切削塑性金属时，刀具上同时出现前刀面磨损和后刀面磨损。

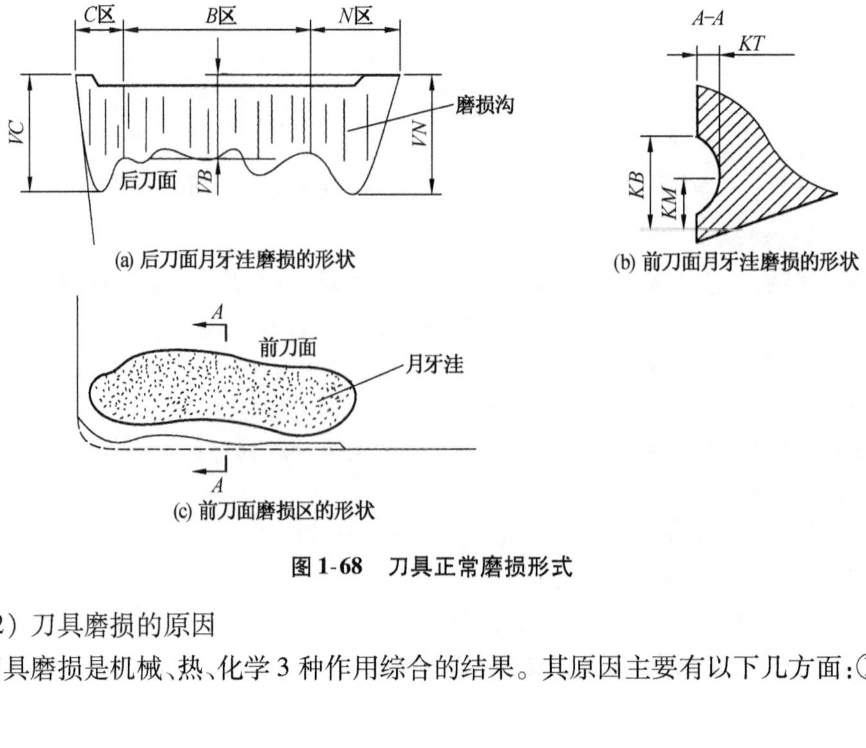

(a) 后刀面月牙洼磨损的形状　(b) 前刀面月牙洼磨损的形状　(c) 前刀面磨损区的形状

图 1-68　刀具正常磨损形式

(2) 刀具磨损的原因

刀具磨损是机械、热、化学 3 种作用综合的结果。其原因主要有以下几方面：① 磨粒磨损;② 粘结磨损;③ 扩散磨损;④ 相变磨损;⑤ 氧化磨损。

(3) 刀具破损的原因

刀具破损主要是由机械冲击力作用或受热后内应力作用造成的。

(4) 磨损过程和磨钝标准

① 磨损过程

正常磨损情况下,刀具的磨损量随切削时间的增加而逐渐扩大。如图 1-69 所示,刀具磨损过程可分为 3 个阶段:

a. 初期磨损阶段(Ⅰ段)。初期磨损阶段时间较短,是刀具表面粗糙不平所引起的磨损。因为后刀面与工件表面实际接触面很小,压强很大,故磨损很快,它与刀具刃磨质量有很大关系。

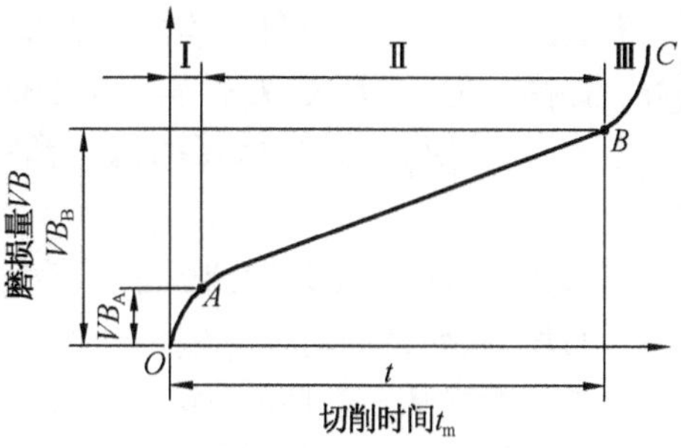

图 1-69 刀具磨损过程

b. 正常磨损阶段(Ⅱ段)。随着切削时间增长,磨损量以较均匀缓慢的速度加大。这是由于经过Ⅰ段后,接触面增大,压强减小所致。这一正常磨损阶段是刀具工作的有效阶段。此段中 *AB* 线段基本上是一条向上倾斜的直线,直线的斜率代表磨损的程度(单位时间内的磨损量称为磨损强度),该强度近似为常数,这是比较刀具切削性能的重要指标之一。

c. 急剧磨损阶段(Ⅲ段)。磨损量达到一定数值后,磨损急剧加速,继而刀具损坏。这是由于切削时间过长,磨损严重,切削温度剧增,刀具强度、硬度降低所致。工作时要尽量避免发生急剧磨损。

② 磨钝标准

为了保证刀具有足够的寿命,必须在刀具的实际磨损量达到急剧磨损阶段之前的某一值时就停止使用,进行刃磨或更换刀刃。所谓磨钝标准就是规定的刀具后刀面磨损带中间部分平均磨损量允许达到的最大值 *VB*。这是衡量刀具是否应该刃磨或更换刀刃的标准。

制定磨钝标准需考虑被加工对象的特点和具体的加工条件。如工艺系统刚性差时,应规定较小的磨钝标准;切削难加工的材料时,也应规定较小的磨钝标准;加工精度及表面质量要求较高时,应减小磨钝标准,以确保加工质量;加工大型工件时,为避免中途换刀,可加大磨钝标准;在自动化生产中使用的刀具,一般都根据工件的精度要求制定刀具磨钝标准。

(5) 刀具使用寿命

刃磨后的刀具,自开始切削直到磨损量达磨钝标准为止的切削工作时间,称为刀具使用寿命,以 *T* 表示。这是确定换刀时间的重要依据。刀具总寿命与刀具使用寿命有着不同的含义。刀具总寿命表示一把新刀用到报废之前总的切削时间,其中包括多次重磨。因此,刀具总寿命等于刀具使用寿命乘以重磨次数。刀具使用寿命也可用达到磨钝标准前的切削路程(单位为 km)或加工的零件数 *N* 表示。

(6) 影响刀具使用寿命的因素

切削温度直接决定刀具的使用寿命,所以影响切削温度的因素都对刀具使用寿命有影响。

根据刀具使用寿命与切削用量的关系可知：v_c 对刀具使用寿命影响最大，f 次之，a_p 最小。所以，在实际生产中，应先选择大的 a_p，最后选小的 v_c。这样既能保持刀具使用寿命，发挥刀具切削性能，又能提高切削效率。

刀具几何参数中，前角 γ_o 增大，变形系数减小，使切削力减小、切削温度降低，刀具使用寿命提高。但 γ_o 太大，刀刃强度会变低，散热也差，易于破损，刀具使用寿命反而下降了。因此，前角对刀具使用寿命的影响呈"驼峰型"，它的峰顶前角是刀具使用寿命最高的前角。

主偏角 κ_r 减小，使刀尖圆弧半径增大，增加了刀具强度和改善了散热条件，所以刀具使用寿命增高，允许的切削速度也会提高。

加工件材料从力学性能、金相组织、化学成分等各方面影响切削过程，其强度、硬度越高，加工时产生的切削力就越大，切削温度也就越高，所以刀具磨损快，刀具使用寿命低。其导热性差，则切削区域温度升高，刀具使用寿命降低。

刀具材料是影响刀具使用寿命的主要因素，其高温硬度越高，越耐磨，刀具使用寿命也越高。改善材料的切削性能，使用新型刀具材料，能使刀具使用寿命成倍提高。

3. 切削过程基本规律的应用

研究金属切削过程的目的是应用这些基本规律解决切削过程的工艺问题，合理地确定切削过程的工艺参数，以保证加工质量和生产效率。

1）切屑的控制

切屑的控制就是要控制切屑的类型、流向、卷曲和折断。切屑的控制对切削过程的正常、顺利、安全进行具有重要意义。在有些情况下，切屑的控制是加工过程能否进行的决定性因素。在数控加工和自动化加工过程中，切屑的控制是工艺系统的重要组成部分。

（1）切屑的种类

切屑是切削层金属经过切削过程的一系列复杂变形过程而形成的。根据切削层金属的变形特点和变形程度不同，切屑可分为4类，如图1-70所示。

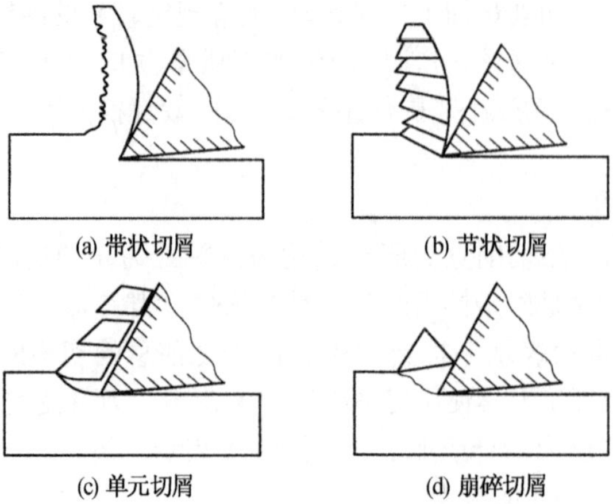

图1-70　切屑的种类

① 带状切屑

此类切屑的特点是形状为带状，内表面比较光滑，外表面可以看到剪切面的条纹，呈毛茸状。它的形成过程如图 1-70 a 所示。这是加工塑性金属时最常见的一种切屑。一般切削厚度较小、切削速度较高、刀具前角较大时，容易产生这类切屑。

② 节状切屑

节状切屑形状与带状切屑差不多，不过它的外表面呈锯齿形，内表面一些地方有裂纹，如图 1-70 b 所示。此类切屑一般在切削速度较低、切削厚度较大、刀具前角较小时产生。此时切削过程不太稳定，切削力波动较大，已加工表面粗糙度轮廓值较大。

③ 单元切屑

在切削速度很低、切削厚度很大的情况下，切削钢等塑性材料时，由于剪切变形完全达到材料的破坏极限，切下的切屑断裂成均匀的颗粒状，则成为梯形的单元切屑，如图 1-70 c所示。这种切屑类型较少。此时切削力波动最大，已加工表面粗糙度轮廓值较大。

④ 崩碎切屑

如图 1-70 d 所示，此类切屑为不连续的碎屑状，形状不规则，而且加工表面也凹凸不平。主要在加工白口铁、高硅铸铁等脆硬材料时产生。不过对于灰铸铁和脆铜等脆性材料，产生的切屑也不连续，由于灰铸铁硬度不大，通常得到片状和粉状切屑，高速切削甚至为松散带状，这种脆性材料产生的切屑可以算中间类型切屑。这时已加工工件表面质量较差，切削过程不平稳。

以上切屑虽然与加工的不同材料有关，但加工同一种材料采用不同的切削条件也将产生不同的切屑。如加工塑性材料时，一般得到带状切屑，但如果前角较小、速度较低、切削厚度较大，将产生节状切屑；如果前角进一步减小，再降低切削速度，或加大切削厚度，则得到单元切屑。掌握这些规律，可以控制切屑形状和尺寸，达到断屑和卷屑的目的。

切削如铸铁等脆性金属材料时，切削层金属未经明显的塑性变形就在弯曲拉应力的作用下脆断，将得到不规则的细粒状切屑。这时已加工工件表面质量较差，切削过程不平稳。

显然，切屑类型是由材料特性和变形程度决定的，加工相同的塑性材料，采用不同的加工条件，可得到不同的切屑。如在形成节状切屑的情况下，进一步减小前角、加大切削厚度，就可得到单元切屑；反之，如加大前角、提高切削速度、减小切削厚度，则可得到带状切屑。生产中常利用切屑类型转化的条件，得到较为有利的切屑类型。

(2) 切屑的流向、卷曲

如图 1-71 所示，在直角自由切削时，切屑在正交平面内流出；在直角非自由切削时，由于刀尖圆弧半径和切削刃的影响，切屑流出方向与正交平面形成一个出屑角 η，η 与主偏角 κ_r 和副切削刃工作长度有关；斜角切削时，切屑的流向受刃倾角 λ_s 影响，出屑角 η 约等于刃倾角 λ_s。

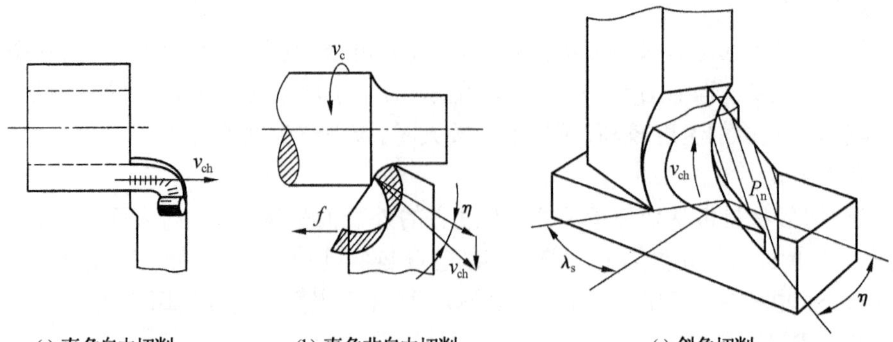

(a) 直角自由切削　(b) 直角非自由切削　(c) 斜角切削

图 1-71　切屑的流向

图 1-72 所示是刃倾角对切屑流向的影响。

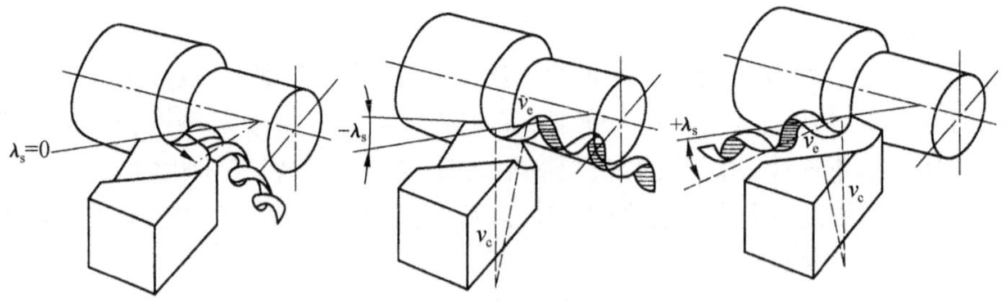

图 1-72　刃倾角对切屑流向的影响

切屑的卷曲是由于切削过程中的塑性和摩擦变形、切屑流出时的附加变形而产生的。通过在前刀面上制出的卷屑槽(断屑槽)、凸台、附加挡块及其他障碍物,可以使切屑产生充分的附加变形。采用卷屑槽能可靠地促使切屑卷曲,切屑在流经断屑槽时,受外力 ***F*** 作用产生力矩 ***M*** 使切屑卷曲。

(3) 影响断屑的因素

① 卷屑槽的尺寸参数

卷屑槽的槽形有折线形、直线圆弧形和全圆弧形 3 种,如图 1-73 所示。槽的宽度 l_{Bn} 和反屑角 δ_{Bn} 是影响断屑的主要因素。宽度减小和反屑角增大,都能使切屑卷曲变形增大,切屑易折断。但 l_{Bn} 太小或 δ_{Bn} 太大,切屑易堵塞,排屑不畅,会使切削力、切削温度升高。

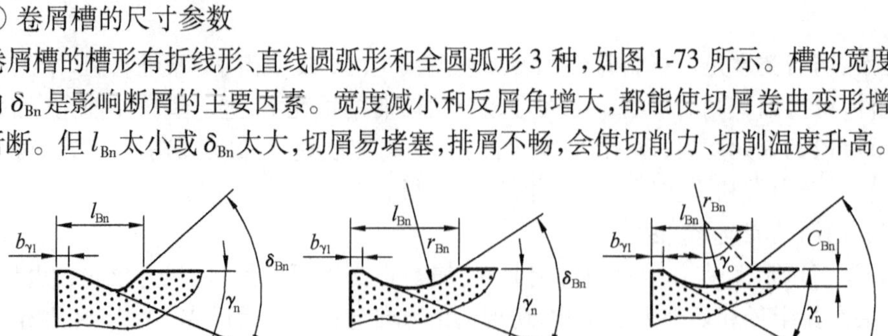

(a) 折线形　(b) 直线圆弧形　(c) 全圆弧形

图 1-73　卷屑槽的槽形

卷屑槽斜角 γ_n 也会影响切屑的流向和屑形,在可转位车刀或焊接车刀上可做成外斜、平行和内斜 3 种槽形。外斜式槽形使切屑与工件表面相碰而形成 C 形屑;内斜式槽形使切屑背离工件流出；平行式槽形在背吃刀量 a_p 变动范围较宽的情况下仍能获得断屑效果。

② 刀具角度

主偏角和刃倾角对断屑影响最明显。κ_r 越大，切削厚度越大，切屑在卷曲时弯曲应力就越大，易于折断。一般来说，κ_r 在 75°～90°范围内较好。刃倾角是控制切屑流向的参数。刃倾角为负值时，切屑流向已加工表面；刃倾角为正值时，切屑流向待加工表面或背离工件。

③ 切削用量

切削速度提高，易形成长带状屑，不易断屑；进给量增大，切屑厚度也按比例增大，切屑卷曲应力增大，容易折断；背吃刀量减小，主切削刃工作长度变小，副切削刃参加工作比例变大，使出屑角 η 增大，切屑易流向待加工表面碰断。当 a_c/a_w 值较小时，切屑薄而宽，断屑较困难；反之，a_c/a_w 值较大时，较易断屑。

生产中，应综合考虑各方面因素，根据加工材料和已选定的刀具角度和切削用量，选定合理的卷屑槽结构和参数。

2）材料的切削加工性

材料的切削加工性是指对某种材料进行切削加工的难易程度。研究材料加工性的目的是为了寻找改善材料切削加工性的途径。

（1）衡量切削加工性的指标

① 刀具使用寿命指标

刀具性能与材料切削加工性关系最为密切。在相同的加工条件下切削某种材料时，若一定切削速度下刀具使用寿命 T 较高或在相同刀具使用寿命下的切削速度 v_{cT} 较大，则该材料的切削加工性较好；反之，其切削加工性较差。

在切削普通材料时，用刀具使用寿命达到 60 min 时所允许的切削速度 v_{c60} 来衡量材料加工性的好坏。

以切削正火状态 45 钢的 v_{c60} 作为基准，记作 $(v_{c60})_j$，而将其他各种材料的 v_{c60} 与它相比，比值 K_v 称为材料的相对加工性。凡 $K_v>1$ 的材料，其加工性较好；$K_v<1$ 的材料，加工性较差。常用的 K_v 分为 8 级，如表 1-15 所示。

表 1-15 材料的相对加工性等级

加工性等级	名称及品种		K_v	代表性材料
1	很容易切削材料	一般有色金属	>3.0	铜铅合金、铝铜合金、铝镁合金
2	容易切削材料	易切削钢	2.5～3.0	退火 15Cr、自动机钢
3		较易切削钢	1.6～2.5	正火 30 钢
4	普通材料	一般钢及铸铁	1.0～1.6	45 钢、灰铸铁
5		稍难切削材料	0.65～1.0	2Cr13 调质、45 钢
6	难切削材料	较难切削材料	0.5～0.65	45Cr 调质、65Mn 调质
7		难切削材料	0.15～0.5	50CrV 调质、1Cr18Ni9Ti、钛合金
8		很难切削材料	<0.15	某些钛合金、铸造镍基高温铸铁

例如，一般有色金属的 $K_v>3$，较易加工；而高锰钢、不锈钢、钛合金、耐热合金、淬火钢等的 $K_v\leqslant 0.5$，为难加工材料。

② 切削力、切削温度指标

在相同切削条件下，凡切削力大、切削温度高的材料难加工，即加工性差；反之，则加工性好。如铜、铝加工性比钢好，灰铸铁加工性比冷硬铸铁好，正火 45 钢加工性比淬火 45 钢好。此外，切削力大，则消耗功率多。因此，在粗加工或工艺系统刚性较差时，也可用切削功率作为加工性指标。

③ 加工表面质量指标

精加工时，常以此作为切削加工性指标。凡容易获得好的加工表面质量（包括表面粗糙度轮廓、冷作硬化程度及残余应力等）的材料，其切削加工性较好；反之则较差。例如，低碳钢切削加工性不如中碳钢，纯铝的切削加工性不如硬铝合金。

④ 断屑难易程度指标

凡切屑容易控制或容易断屑的材料，其切削加工性较好；反之则较差。在自动线和数控机床上，常以此作为切削加工性指标。

（2）常用材料的切削加工性及其改善措施

① 普通金属材料

硬度低、韧性高的材料，如黄铜、铝合金及低碳钢等，在切削时断屑困难，易产生积屑瘤，影响加工表面质量。可采用增大刀具前角，提高切削速度或增大前角、低速加切削液；或在刀具上磨制断屑槽控制卷屑槽断屑；或对材料进行热处理，如用冷变形方法提高铝合金硬度，对低碳钢进行正火处理以细化晶粒等，来改善材料的切削加工性。

对于硬度高、韧性差的材料，如高碳钢、碳素工具钢及灰铸铁等，切削时产生的切削力大，消耗功率多，刀具易磨损。可采用耐磨性高的刀具，减小前角和主偏角，降低切削速度及对材料进行热处理等，改善材料的切削加工性。

② 难加工材料

对于硬度、强度和延伸率均很高的高合金钢，加工时切削力大，消耗功率多，切削温度高，断屑困难，加工表面质量也差，刀具磨损严重。对此类综合加工性指标均很差的材料进行加工，最好用涂层硬质合金刀片，通过采用大前角（$10°\sim20°$）、大主偏角（$45°\sim75°$）、负刃倾角（$-10°\sim-5°$）、大刀尖圆弧半径，磨制断屑槽，降低切削速度（<100 m/min）等措施来减小切削力，提高刀具强度。也可通过退火、回火及正火处理来改善其加工性。

对于硬度、强度不高，但塑性和韧性特别高的高锰钢，如 Mn13，40Mn18Cr3，50Mn18Cr4 等，其加工硬化特别严重，硬度会提高两倍多，工件表面上还会形成高硬度氧化层（Mn_2O_3）；其导热系数很小，是 45 钢的 1/4，切削温度高；其切削力大，比切削 45 钢增大 60%。高锰钢比高合金钢更难加工。加工高锰钢应选用硬度高、有一定韧性、导热系数较大、高温性能好的刀具。粗加工时，采用 YG 类、YGA 类或 YW 类硬质合金；精加工时，可采用 YT14，YG6X 等合金。实践证明，用复合氧化铝陶瓷刀具高速精车高锰钢，效果很好，且切削速度可提高 2～3 倍。若要提高切削刃强度和改善散热条件，前角应选小值。但为使切削变形不致过大，前角又不宜过小，一般取 $\gamma_o=-3°\sim3°$，$\alpha_o=8°\sim12°$，$\lambda_s=-5°\sim0°$，切削速度较低。背吃刀量 a_p 和进给量 f 应选大值，以使切削层超过表面硬化层,防止刀具磨损加大。此外,可高温回火处理高锰钢,使其切削加工性得以改善。

对于以铬为主的不锈钢,经常在淬火、回火或退火状态下加工,综合力学性能适中,切削加工一般不难。以铬、镍为主的不锈钢,淬火后切削加工性比较差,加工后硬化很严重,易生成积屑瘤而使加工表面质量恶化;导热系数为45 钢的1/3,切削温度也高,硬质夹杂物易与刀具发生粘结,使刀具使用寿命降低。因此,不适宜采用YT类刀具,一般用YG类(最好采用添加钽、铌的YG6A)或YW类,以及采用特殊基体如陶瓷涂TiN和Al_2O_3的涂层刀片,采用较大前角($\gamma_o = -15° \sim 30°$)、较大后角,以减小切削变形;采用大主偏角κ_r、负刃倾角λ_s,以减小切削力,增大刀头强度;采用中等切削速度;也可采用高性能高速钢刀具。

冷硬铸铁的硬度极高是其难加工的主要原因。它的塑性很低,切削力和切削热都集中在切削刃附近,因而刀刃很容易崩损。冷硬铸铁零件的结构尺寸和加工余量一般都较大,因而进一步加大了加工难度。应选用硬度、强度都好的刀具材料,一般采用细晶粒或超细晶粒的YG类硬质合金、复合氧化铝或氮化硅陶瓷刀具对冷硬铸铁进行精加工、半精加工。前角取小值,$\gamma_o = -4° \sim 0°$,且取$\alpha_o = 4° \sim 6°$,$\lambda_s = 0° \sim 5°$,以提高切削刃和刀尖的强度,主偏角也应适当减小。

3) 切削液

合理选用切削液可以改善切屑、工件与刀具间的摩擦情况,抑制积屑瘤的产生,从而降低切削力和切削温度,减小工件热变形和刀具磨损,提高刀具使用寿命和加工精度,改善已加工表面质量。

(1) 切削液的作用

① 冷却作用

切削液浇注到切削区域后,可以使切屑、刀具和工件上的热量散逸而起到冷却作用,降低切削温度,从而提高刀具使用寿命和加工质量。在刀具材料的耐热性和导热性较差,以及工件材料的热膨胀系数较大、导热性较差的情况下,切削液的冷却作用显得更为重要。

② 润滑作用

金属切削时,切屑、工件与刀具间的摩擦可分为干摩擦、流体润滑摩擦和边界摩擦3大类。当切屑、工件与刀具界面间存在切削液油膜,形成流体润滑摩擦时,能得到比较好的效果。

③ 清洗作用

当金属切削中产生碎屑或磨粉时,要求切削液具有良好的清洗作用,以防止划伤加工表面和机床导轨面。清洗性能的好坏,与切削液的渗透性、流动性和使用的压力有关。加入大剂量的表面活性剂和少量矿物油,可提高其清洗效果。为了提高冲刷能力,使用中往往给予一定的压力,并保持足够的流量。

④ 防锈作用

为了减少工件、机床、刀具等受周围介质(空气、水分等)的腐蚀,要求切削液具有一定的防锈作用。其作用的好坏取决于切削液本身的性能和加入的防锈添加剂的作用。在气候潮湿地区,对防锈作用的要求显得更为突出。

除以上4方面外,对切削液还有价廉、配制方便、性能稳定、不污染环境、不易燃、对人体无害等要求。

(2) 切削液的添加剂

为了改善切削液的性能(如防腐防臭、防锈)所加入的化学物质,称为添加剂。它包括以下几类:

① 油性添加剂

单纯矿物油与金属的吸附力差,润滑效果不好,如在矿物油中添加油性添加剂,将改善润滑作用。

② 极压添加剂

这种添加剂主要利用添加剂中的化合物,在高温下与所加工金属快速反应形成化学吸附膜,从而起固体润滑剂的作用。

③ 表面活性剂

表面活性剂是一种有机化合物,它使矿物油微小颗粒稳定分散在水中,形成稳定的水包油乳化液。

(3) 切削液的种类和选用

切削加工中最常用的切削液分为水溶性切削液和非水溶性切削液两大类。

① 水溶性切削液

主要有水溶液、乳化液、化学合成液及离子型切削液等。

a. 水溶液。在水中加入防锈剂、清洗剂、油性添加剂。其冷却、清洗作用较好,广泛用于磨削和粗加工。

b. 乳化液。其是在水中加乳化油搅拌而成的乳白色液体。乳化油是由矿物油与表面活性乳化剂配置成的一种油膏。按乳化油的含量可配置成不同浓度的乳化液。低浓度乳化液主要起冷却作用;高浓度乳化液主要起润滑作用,适用于精加工和复杂工序加工。乳化油中也常添加防锈剂、极压添加剂来提高乳化液的防锈、润滑性能。

c. 化学合成液。由50%的水和50%的乳化剂、油酸钠、三乙醇胺和亚硝酸钠组成。它是新型的高性能切削液,具有良好的冷却、润滑、清洗和防锈性能,常用于高速磨削,可提高生产率、砂轮使用寿命和磨削表面质量。

d. 离子型切削液。其是由阴离子型、非离子型表面活性剂和无机盐配置成的母液加水稀释而成。切削时,由于摩擦产生的静电荷,可与母液在水溶液中离解成的各种强度的离子迅速反应而消除,降低切削温度。常用于磨削和粗加工。

② 非水溶性切削液

a. 切削油。有矿物油、动物油、动植物混合油。动植物混合油易变质,较少使用。

机油用于普通车削、攻螺纹;煤油或与机油的混合油用于精加工有色金属和铸铁;煤油或与机油的混合油用于普通孔或深孔加工;蓖麻油或豆油也用于螺纹加工;轻柴油用于自动机床上,作自身润滑液和切削液用。

b. 极压切削油。在切削油中加入硫、氯和磷极压添加剂,形成非常结实的润滑膜,能显著提高润滑效果和冷却效果。

c. 固体润滑剂。用二硫化钼、硬脂酸和石蜡做成蜡棒,涂在刀具表面,切削时可减小摩擦,起润滑作用。

(4) 切削液的使用方法

① 浇注法

切削加工时,将切削液直接浇注到切削区。此时,浇注量应充足,浇注位置应尽量接近切削区。深孔加工时,应使用大流量、高压力的切削液,以达到有效地冷却、润滑和排屑的目的。

② 喷雾冷却法

利用入口压力为 0.29 ~ 0.59 MPa 的压缩空气使切削液雾化,并高速喷向切削区。喷离喷嘴的雾状液滴因压力减小,体积骤然膨胀,温度有所下降,从而进一步提高了它的冷却效果,这种方法叫作喷雾冷却法。

③ 高压内冷却法

高压内冷却是在高压作用下使切削液通过刀体内部的通道直接流向切削区,起到充分冷却的作用。

例 1-4 典型轴类零件的加工实例。

图 1-74 所示为某传动轴,工件材料为 45 钢,生产纲领为小批或中批生产。

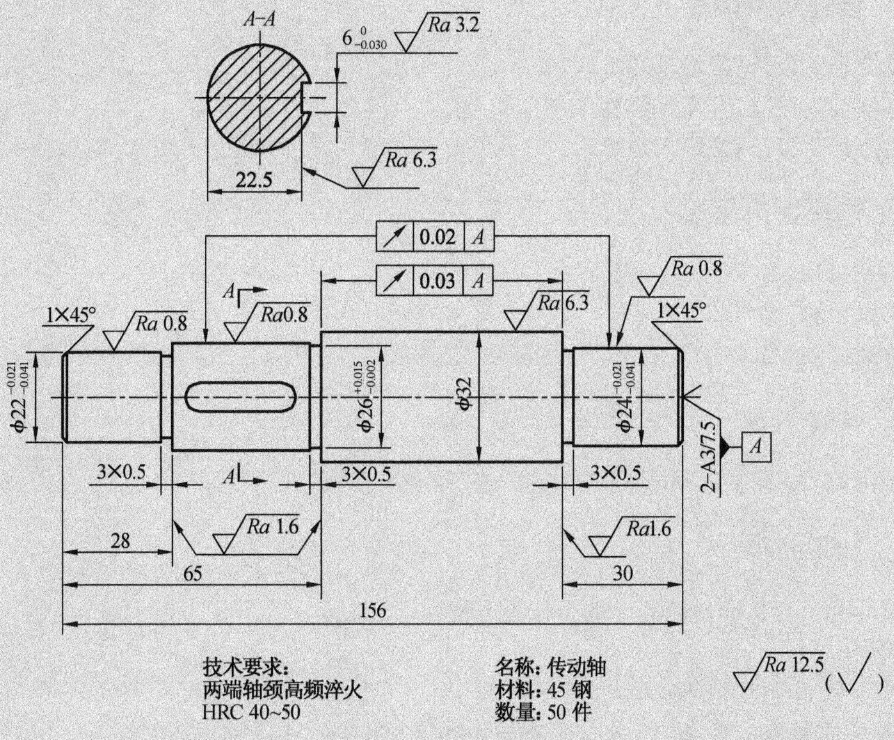

图 1-74 传动轴加工例图

1. 阶梯轴的结构和技术要求分析

该传动轴为普通的实心阶梯轴,大多是回转面,主要是采用车削和外圆磨削。由于该轴的 $\phi22$ mm、$\phi26$ mm、$\phi24$ mm 外圆面是轴颈和装传动零件的配合轴颈表面,公差等级较高,表面粗糙度轮廓值较小,精加工应采用磨削加工。该轴加工划分为 3 个加工阶段,其他外圆面采用粗车、半精车、精车加工的加工方案。

2. 划分加工阶段

粗车各外圆面、钻中心孔，半精车各处外圆和修研中心孔等，粗、精磨 ϕ22 mm，ϕ26 mm，ϕ24 mm 段外圆。各加工阶段大致以热处理工序为界。

该轴的加工工艺路线：毛坯及其热处理→平两端面及钻两中心孔→车削外圆→铣键槽→热处理→磨削。

3. 工件的装夹

粗加工时，为了提高工件刚度，常采用一夹一顶的方式，即轴的一端外圆用卡盘夹紧，另一端用尾座顶尖顶住中心孔，此时是以外圆和中心孔同作为定位基面。

精加工时，为了能在一次装夹中加工出多处外圆和端面，并保证各外圆对两中心孔轴线的径向圆跳动及端面对两中心孔轴线的轴向圆跳动要求，采用两顶尖装夹。

4. 选择设备工装

外圆加工设备：普通车床 CA6140。

磨削加工设备：万能外圆磨床 M1432A。

铣削加工设备：铣床 X5032。

5. 选择切削用量

粗车时，取……

半精车时，取……

磨削时，取……

6. 选择刀具

选用 45°端面车刀，90°外圆车刀，3 mm 切槽刀，材料为 YT15。

7. 加工步骤

(1)下料：ϕ35 mm × 160 mm。正火处理。

(2)车削：

① 三爪自定心卡盘装夹毛坯，伸出 30 mm，车端面、钻中心孔。

② 毛坯调头装夹，伸出 30 mm，车另一端面至长 156 mm，钻中心孔。

(3) 车削：

① 一夹一顶，粗车一端外圆分别至 ϕ34 mm × 95 mm，ϕ26 mm × 29 mm。

② 工件调头，一夹一顶，粗车另一端外圆分别至 ϕ28 mm × 64 mm，ϕ24 mm × 27 mm。

③ 切槽 2.5 mm × 0.5 mm。注意控制轴向尺寸。

(4) 车削：

① 双顶尖装夹，半精车各外圆分别至 ϕ26.5 mm，ϕ22.5 mm，ϕ32 mm 和 ϕ24.5 mm。

② 切槽 3 mm × 0.5 mm 三处，至技术要求。

③ 倒角 1 mm×45°。

(5) 铣削键槽,至技术要求。

(6) 热处理。

(7) 钳工操作,校直。

(8) 磨削:

① 两顶尖装夹,磨外圆 ϕ26 mm,ϕ22 mm 分别至技术要求。

② 工件调头,两顶尖装夹,磨外圆 ϕ24 mm×30 mm 至技术要求。

(9) 检验。

思考题

1. 举例说明通用机床、专门化机床和专用机床的主要区别。它们各自的适用范围是什么?

2. 试说明下列机床型号的含义:CM6132,CK6150A,B2316,MG1432。

3. 机床运动按其功用可分为哪两类运动?

4. 对刀具切削部分的材料有什么要求?目前常用的刀具材料有哪几类?

5. 试比较硬质合金和高速钢性能的主要区别。常用牌号有哪些?各用于什么场合?

6. 目前超硬刀具材料有哪些?简述各自的特点及应用场合。

7. 如图 1-75 所示,用端面车刀车削端面时,试标注出过渡表面、待加工表面、已加工表面。

8. 试画出图 1-75 所示端面车刀的正交平面参考系几何角度。已知:$\kappa_r = 60°$,$\kappa'_r = 15°$,$\gamma_o = 15°$,$\lambda_s = 5°$,$\alpha_o = \alpha'_o = 8°$。

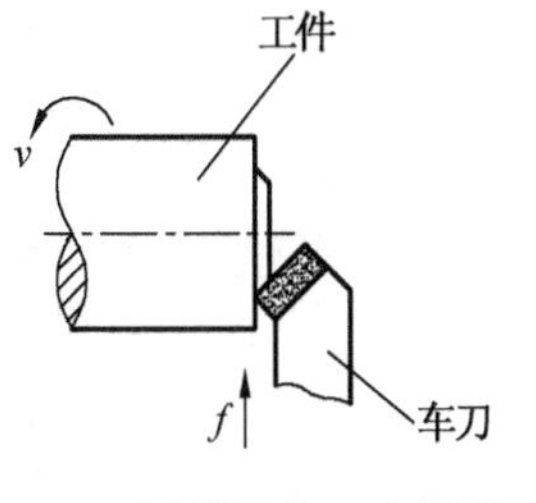

图 1-75 用端面车刀车削端面

9. 当车刀的 $\lambda_s \neq 0$ 时,车刀切削刃各点的工作前角和工作后角是否相等,为什么?

10. 切削过程的 3 个变形区各有何特点,它们之间有什么联系?

11. 积屑瘤是如何形成的?其形成的条件有哪些?它对切削过程产生哪些影响?

12. 加工硬化是怎样形成的?

13. 简述切削速度 v_c 和进给量 f 对切削变形的影响。

14. 影响切削力和切削温度的主要因素有哪些?

15. 什么叫刀具使用寿命?试分析切削用量三要素对刀具使用寿命的影响。

16. 切削用量的选择原则是什么?为什么要按一定顺序来选取?

17. 选用切削液时应考虑哪些因素?

18. 在 CA6140 型车床上车削下列螺纹:(1) 米制螺纹 $P = 3$ mm,$P = 8$ mm,$k = 2$;(2) 英制螺纹 $a = 412$ 牙/in。

试写出其传动路线表达式,并说明车削这些螺纹时可采用的主轴转速范围及其理由。

19. 欲在 CA6140 型车床上车削 $L=10$ mm 的米制螺纹,试指出能够加工这一螺纹的传动路线有哪几条?

20. 在进给系统中,为何既有光杠又有丝杠来实现刀架的直线运动?可否单独设置丝杠或光杠,为什么?

21. 在主轴箱中,主轴前后轴承的间隙怎样调整?作用在主轴上的轴向力是怎样传递到箱体上的?

22. 为什么在滑板箱中要设置互锁机构?丝杠传动与纵向、横向机动进给能否同时接通?纵向和横向机动进给之间是否需要互锁,为什么?

项目二

2

铁削、刨削加工

任务一　铣平面

一、任务书

在铣床上加工出如图 2-1 所示的零件。毛坯料为 105 mm × 105 mm × 75 mm 的 45 钢。

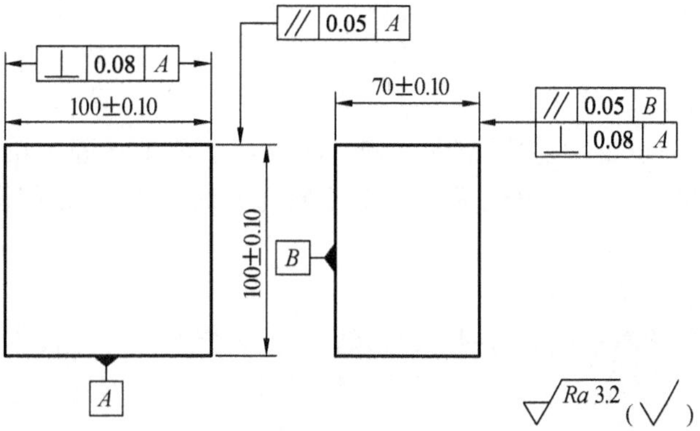

图 2-1　方钢

二、任务说明

图 2-1 所示的零件几何公差要求较严，是加工中的重点和难点，尺寸要求较松。加工时可以与 *B* 面相邻的 *A* 面为粗基准，使之与定钳口贴合，首先加工 *B* 面（此时不可以用锤子敲击 *B* 面），并用加工好的 *B* 面作为加工其余各面时的基准面。这个基准面 *B* 在加工过程中应靠向定钳口面或钳体导轨面，以保证其余各加工面与这个基准面的垂直度、平行度要求。图中的零件可选用设计基准 *B* 面作为定位基准。

三、任务实施

1. 工件装夹

根据工件的工艺要求，选用立式铣床，并校正立铣头零位。装夹之前检查坯料的尺寸及几何公差是否符合坯料图的要求，校正机床用平口虎钳，固定钳口面与纵向进给方向平行后紧固。

2. 刀具选用

选用一 ϕ80 mm 的高速钢面铣刀。

3. 切削用量选择

侧吃刀量大于等于 75 mm；背吃刀量粗铣时为 2. 2 mm，精铣时为 0. 3 mm；铣削速度为 60 m/min。

4. 工艺过程

(1) 铣基准面 1

装夹工件时将较平的面作为基准与固定钳口贴合，在工件下面垫平行垫铁，使工件露出钳口 7 ~ 10 mm，在活动钳口与工件之间放置一根圆铁棒，调整圆棒，使其处于中间水平位置后预紧工件，用锤子敲实工件，夹紧。开车对刀，纵向退出工件，上升调整 a_p = 2 mm，纵向进给逆粗铣加工面 1。将工件放松，重新夹紧工件，调整 a_p = 0. 3 mm，机动进给铣面 1，并检验。

(2) 铣垂直面 2

选用磨石推磨固定钳口、去毛刺并擦净。将铣好的面 1 与固定钳口贴合，垫好平行垫铁、利用圆棒夹紧。纵向进给铣垂直面 2，步骤与铣面 1 相同，铣好面 2 应立即卸下工件进行检验。

(3) 铣垂直面 3

装夹工件时，仍用基准面 1 与固定钳口贴合，面 2 朝下装夹，先试铣，测量面 3 的加工余量，调整 a_p = (加工余量 - 0. 5) mm，纵向进给粗铣，再准确测量对边尺寸，调整 a_p 后再精铣，保证对边尺寸公差。

(4) 铣平面 4

夹紧工件 2,3 两面。用(3)的方法铣好平面 4，保证尺寸公差，注意将工件落实在平行垫铁上(可用 0. 2 mm 塞尺检查)。

(5) 铣端面 5

擦净平口虎钳钳面夹 2,3 两面，找正后夹紧。若工件露出钳口较高，可适当减小 a_p，降低铣削进给量，以防止铣削振动。

(6) 铣端面 6

步骤同上，并保证长度尺寸公差。

5. 评分标准

评分标准见表2-1。

表2-1 评分标准

序号	操作内容与要求	分值	评分细则	实测记录	得分
1	刀具的安装	10	刀具安装不正确扣5分		
2	工件的安装	10	未找正、装夹不牢固不得分		
3	切削用量选择	10	切削用量选择不当扣5分		
4	机床调整	10	调整操作不正确扣5分		
5	对刀方法	10	试切试量不正确扣2分		
6	粗铣各面	10	操作不正确扣5分		
7	精铣各面	10	操作不正确扣5分		
8	工件质量检测	25	尺寸一处不符合要求扣2分		
9	安全文明操作	5	违反一次否决		

6. 工件测量

长度尺寸用钢尺或游标卡尺测量。

四、拓展训练

根据工件形状及设备条件可在立式铣床上用端铣刀或在卧式铣床上用圆柱铣刀来铣平面。

1. 用端铣刀铣平面

目前铣削平面多采用镶硬质合金刀头的端铣刀在立铣或卧铣上进行。由于端铣刀铣削时切削厚度变化小,同时进行切削的刀齿较多,因此切削较平稳。而且,端铣刀的柱面刃承受着主要的切削工作,而端面刃又有刮光作用,因此加工工件表面粗糙度轮廓值较小。

2. 用圆柱铣刀铣平面

圆柱形铣刀的切削刃分布在圆周上,因此简称周铣法。根据铣刀旋转方向与工作台移动方向的关系,又可分为逆铣和顺铣两种铣削方式。

铣刀旋转方向与工件进给方向相反的铣削称为逆铣,方向相同的铣削则称为顺铣。如果铣床丝杠和其上的螺母间有间隙,顺铣时过大的切削力会使每齿进给量突然增加和工作时发生窜动,严重时将会损坏铣刀,造成工件报废。因此采用顺铣时,要求机床有间隙调整装置,否则,在一般情况下多采用逆铣法。

知识链接一　金属切削铣床

1. 铣削的加工特点

铣削是平面加工中应用最普遍的一种方法，利用各种铣床、铣刀和附件，可以铣削平面、沟槽、弧形面、螺旋槽、齿轮、凸轮和特性面，如图 2-2 所示。经过粗、精铣后，加工件尺寸精度一般为 IT9 ~ IT7，表面粗糙度轮廓值一般为 $Ra3.2 \sim 1.6\ \mu m$。

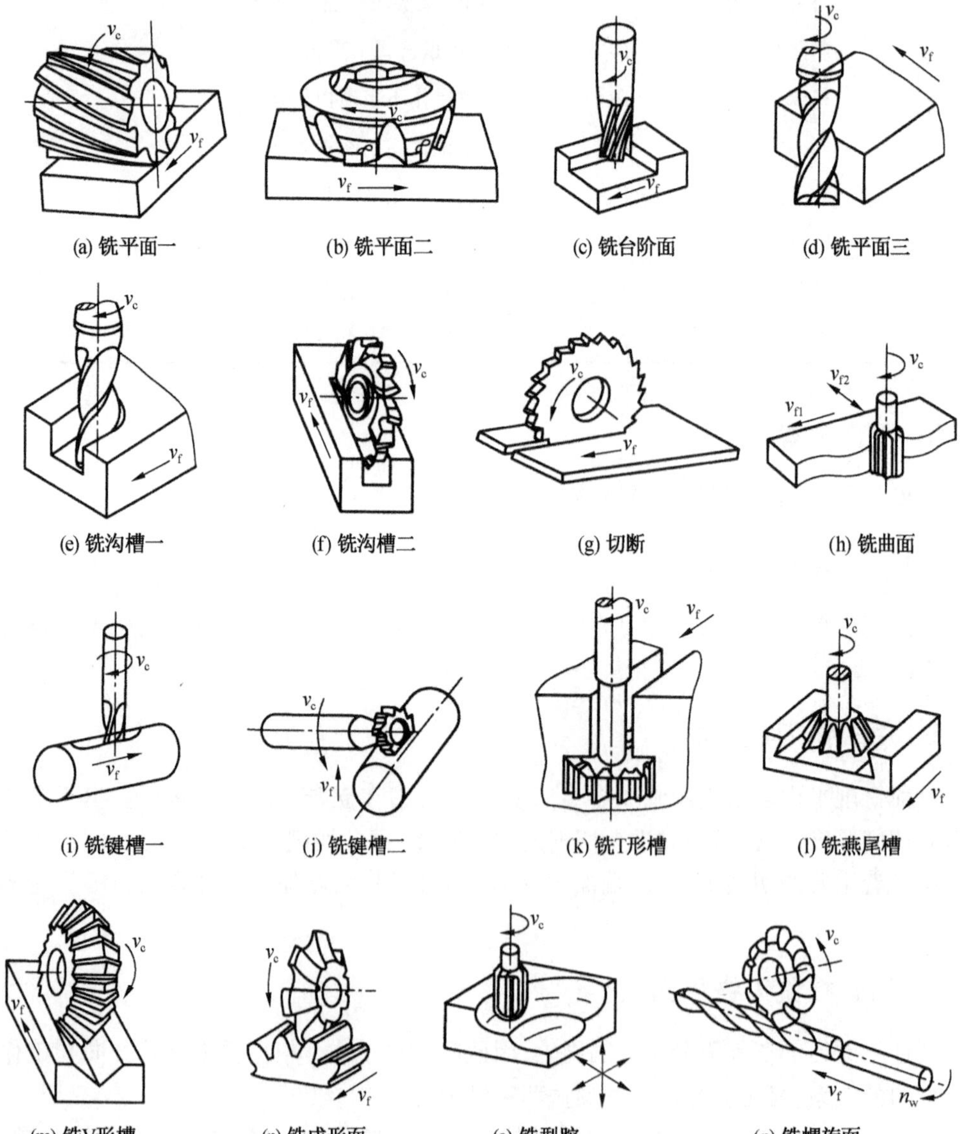

(a) 铣平面一　(b) 铣平面二　(c) 铣台阶面　(d) 铣平面三
(e) 铣沟槽一　(f) 铣沟槽二　(g) 切断　(h) 铣曲面
(i) 铣键槽一　(j) 铣键槽二　(k) 铣T形槽　(l) 铣燕尾槽
(m) 铣V形槽　(n) 铣成形面　(o) 铣型腔　(p) 铣螺旋面

图 2-2　铣削加工的应用

铣削加工具有以下特点：

① 生产效率高但不稳定。由于铣削属于多刃切削，且可提高切削速度，故铣削效率较高。但有很多原因能导致刀齿负荷不均匀，磨损不一致，从而引起机床的振动，造成切削不稳，影响工件的表面粗糙度轮廓值。

② 断续切削。铣削时，每个刀齿依次切入和切出工件，形成断续切削，切入和切出时会产生冲击和振动。此外，高速铣削时刀齿还会经受周期性的温度变化即热冲击的作用。这种热和力的冲击会降低刀具的使用寿命，振动还会影响已加工表面的粗糙度轮廓值。

③ 容屑和排屑。由于铣刀是多刃刀具，相邻两刀齿之间的空间有限，但要求每个刀齿切下的切屑必须有足够的空间容纳并能够顺利排出，否则会造成刀具破坏。

④ 同一个被加工表面可以采用不同的铣削方式、不同的刀具，来适应不同工件材料和其他切削条件的要求，以提高切削效率和刀具使用寿命。

2. 铣床的分类

铣床是一种用途广泛的机床，它的特点是以多齿刀具的旋转运动为主运动，而进给运动可根据加工要求，由工件在相互垂直的 3 个方向上，做某一方向的运动来实现。铣床的种类很多，主要有升降台铣床、工作台不升降铣床、龙门铣床、工具铣床等。此外，还有仿形铣床、仪表铣床和各种专门化铣床。随着数控技术的应用，数控铣床和以铣削、镗削为主要功能的铣镗加工中心的应用也越来越普遍。

(1) 升降台铣床

升降台铣床是铣床中应用最广泛的一种类型。图 2-3 所示为卧式升降台铣床，它在结构

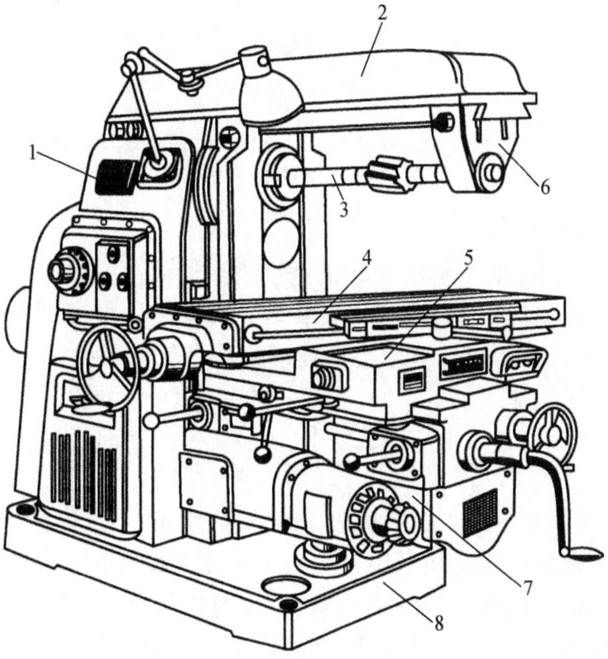

1—床身；2—悬梁；3—铣刀轴；4—工作台；5—滑座；6—悬梁支架；7—升降台；8—底座

图 2-3 卧式升降台铣床

上的特征是,安装工件的工作台可在相互垂直的3个方向上调整位置,并可在各个方向上实现进给运动,安装铣刀的主轴所做的旋转运动为主运动。升降台铣床可用来加工中小型零件的平面、沟槽,配置相应的附件可铣削螺旋槽、分齿零件等,因而广泛用于单件小批量生产车间、工具车间及机修车间。根据主轴的布置形式,升降台铣床可分为卧式和立式两种。

立式升降台铣床与卧式升降台铣床的主要区别在于其安装铣刀的机床主轴垂直于工作台面,主要适用于单件及成批生产中,用面铣刀或立铣刀加工平面、沟槽、台阶;若采用分度头或圆形工作台等附件,还可铣削齿轮、凸轮及铰刀和钻头等刀具上的螺旋面。立式升降台铣床很适合加工模具型腔和凸轮成形表面,故在模具加工中应用广泛。

图2-4 所示为常见的立式升降台铣床,其工作台3、床鞍4 和升降台5 的结构与卧式升降台铣床相同。铣头1 可以在垂直平面内调整角度,主轴可沿其轴线方向进给或调整位置。

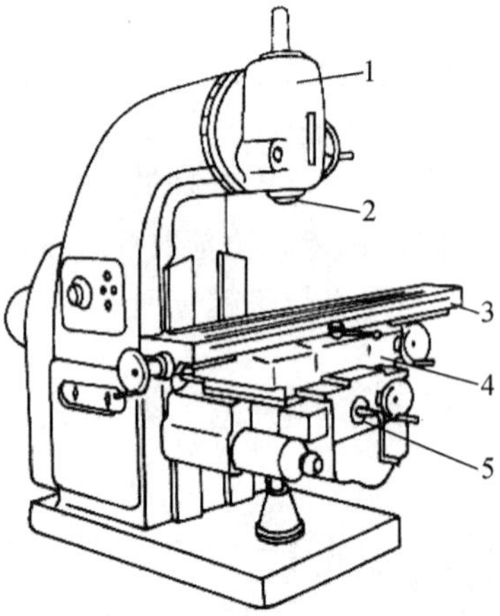

1—铣头;2—主轴;3—工作台;4—床鞍;5—升降台

图2-4 立式升降台铣床

(2) 工作台不升降铣床

这类铣床工作台不做升降运动,机床的垂直进给运动由安装在立柱上的主轴箱做升降运动完成,这样可以增加机床的刚度。工作台不升降铣床根据机床工作台面的形状可分为圆形工作台式和矩形工作台式两类。圆形工作台铣床通常在工作台上安装几套夹具,工作台每转一个工位加工一个工件,装卸工件的辅助时间与加工时间重合,因而生产效率较高。它适用于成批大量生产中铣削中、小型工件的平面。

(3) 龙门铣床

龙门铣床是一种大型的高效通用机床,如图2-5 所示。它在结构上呈框架式结构布局,具有较高的刚度及抗振性。在横梁及立柱上均安装有铣削头,每个铣削头都是一个独立的主运动部件,其中包括单独的驱动电机、变速机构、传动机构、操纵机构及主轴等部分。加工时,工作台带动工件做纵向进给运动,其余运动由铣削头实现。

龙门铣床主要用于大、中型工件的平面、沟槽加工,可以对工件进行粗铣、半精铣,也可以进行精铣加工。由于龙门铣床可以用多把铣刀同时加工几个表面,所以它的生产效率很高,在成批和大量生产中得到广泛的应用。

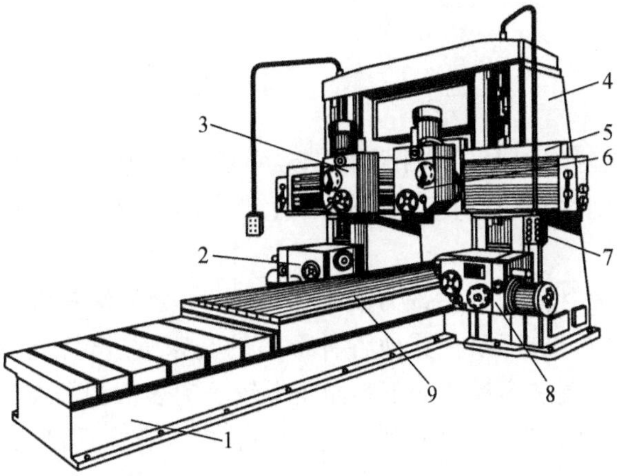

1—床身;2,8—铣侧头;3,6—立铣头;4—立柱;5—横梁;7—操纵箱;9—工作台

图 2-5 龙门铣床结构

(4) 万能工具铣床

万能工具铣床的横向进给运动由主轴座的移动来实现,纵向及垂直方向进给运动由工作台及升降台的移动来实现。如图 2-6 所示,万能工具铣床除了能完成卧式铣床和立式铣床的加工外,配备万能角度工作台、可倾斜工作台、回转工作台、平口钳、分度头、立铣头、插削头等附件后,可大大增加机床的万能性。它适用于工具、刀具及各种模具加工,也可用于仪器、仪表等行业加工形状复杂的零件。

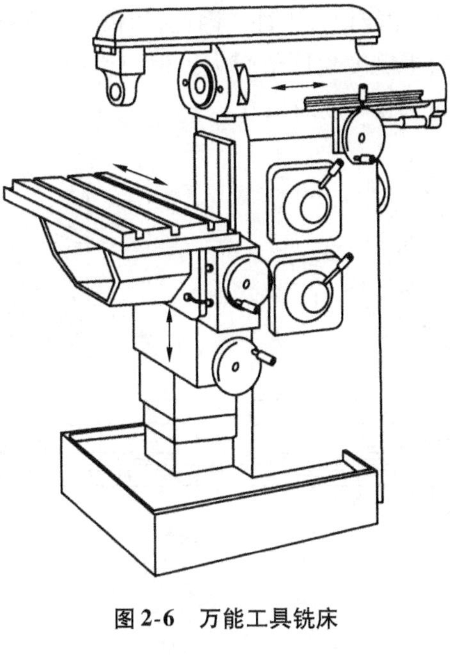

图 2-6 万能工具铣床

知识链接二　升降台铣床

1. 铣削方式

铣削方式是指铣削时铣刀相对于工件的运动和位置关系，它对铣刀寿命、工件加工表面粗糙度轮廓、铣削过程平稳性及切削加工生产率都有较大的影响。

（1）端铣和周铣

如前所述，铣平面时根据所用铣刀的类型不同，可分为端铣和周铣两种方式。端铣一般在立式铣床上进行，也可以在其他各种形式的铣床上进行；周铣通常只在卧式铣床上进行。与周铣相比，端铣容易使加工表面获得较小的表面粗糙度轮廓值和较高的生产率。因为端铣时，副切削刃具有修光作用；而周铣时，只有主切削刃切削。此外，端铣时主轴刚性好，并且面铣刀易于采用硬质合金可转位刀片，因而所用切削用量大，生产效率高。所以在平面铣削中，端铣基本上代替了周铣。但周铣可以加工成形表面和组合表面。

（2）逆铣和顺铣

圆周铣削有逆铣和顺铣两种方式，如图 2-7 所示。

① 逆铣

如图 2-7 a 所示，铣刀刀齿在工件切入处的切削速度 v_c 的方向与工件的进给速度 v_f 的方向相反时称为逆铣。

逆铣时，切削厚度从零逐渐增大，由于切削刃钝圆半径的影响，刀齿在工件表面上打滑、挤压和摩擦一段距离后，才能切入工件。因此，刀齿容易磨损，刀具寿命短，工件表面会产生严重的冷硬层，表面粗糙度轮廓值较大。但刀齿不与工件待加工表面发生撞击，不易崩刃，因此逆铣适合加工有硬皮的工件。

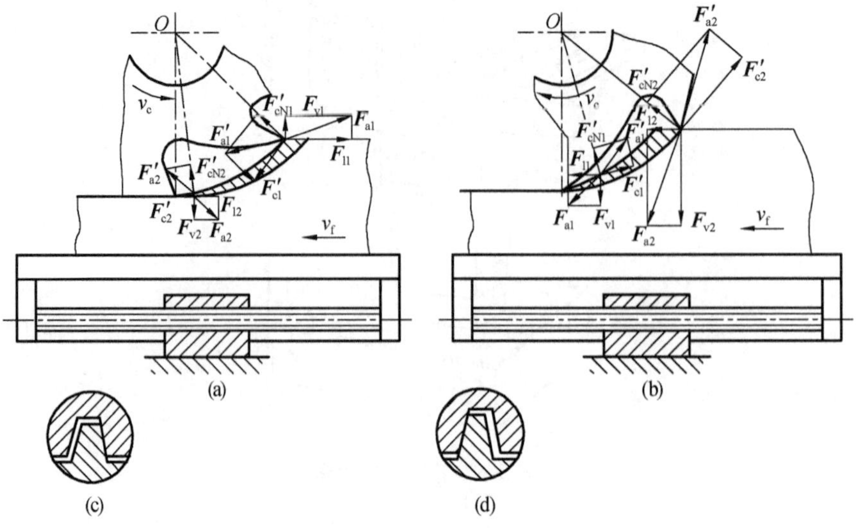

图 2-7　逆铣和顺铣

逆铣时，作用在工件上的垂直分力 F_v，在刀齿的不同切削位置，其大小和方向是变化的，当 F_v 向上时，将工件上抬，对工件夹紧不利。但作用在工件上的纵向分力 F_l 与进给运动方向相反，铣床工作台丝杠与螺母始终是一边接触，如图 2-7 c 所示，工作台不会产生窜动现象，使铣削过程较平稳。因此，当铣床进给机构有间隙时，应采用逆铣。

② 顺铣

如图 2-7 b 所示，铣刀刀齿在工件切出处的切削速度 v_c 的方向与工件的进给速度 v_f 的方向相同时称为顺铣。

顺铣时，刀齿的切削厚度从最大逐渐递减至零，没有逆铣时的刀齿滑行现象，冷硬程度大为减轻，已加工表面质量较高，刀具使用寿命比逆铣时高。但不适用于有硬皮的工件加工。与逆铣相比，顺铣时，刀齿在不同位置(瞬时)作用在工件上的垂直分力 F_v 始终将工件压向工作台，避免了上下振动，在垂直方向铣削比较平稳。另一方面，大小变化的纵向分力 F_l 始终与进给方向相同，如果在丝杠与螺母传动副中存在较大间隙，当纵向分力 F_l 大于工作台摩擦力时，则 F_l 有可能使工作台连同丝杠一起沿 v_f 方向移动，使得丝杠与螺母的接触如图 2-7 d 所示。这样，在顺铣过程中就可能出现工作台带动丝杠在纵向左、右窜动和进给不均匀的现象，严重时会使铣刀崩刃。因此，如采用顺铣，必须要求铣床工作台进给丝杠螺母副有消除侧向间隙的机构。

(3) 对称铣削和不对称铣削

端铣时，根据铣刀与工件相对位置的不同，可分为对称铣削、不对称逆铣和不对称顺铣 3 种方式，如图 2-8 所示。

① 对称铣削

如图 2-8 a 所示，铣削时面铣刀轴线始终位于铣削弧长的对称中心位置，上面的顺铣部分等于下面的逆铣部分，此种铣削方式称为对称铣削。

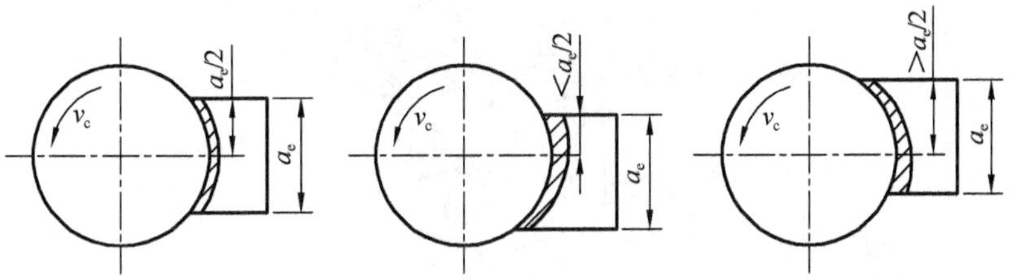

(a) 对称铣削　(b) 不对称逆铣　(c) 不对称顺铣

图 2-8　端铣的 3 种方式

② 不对称逆铣

如图 2-8 b 所示，铣削时面铣刀轴线偏置于铣削弧长对称中心的一侧，且逆铣部分大于顺铣部分，这种铣削方式称为不对称逆铣。

③ 不对称顺铣

如图 2-8 c 所示，铣削时面铣刀轴线偏置于铣削弧长对称中心的一侧，且顺铣部分大于逆铣部分，这种铣削方式称为不对称顺铣。

对称铣削方式具有最大的平均切削厚度，可避免铣刀切入时对工件表面的挤压、滑行，铣刀使用寿命高，加工表面质量好。一般端铣多用此种铣削方式，尤其适用于铣削淬硬钢。不对称逆铣刀齿切入时切削厚度小,减小了冲击,使得切削平稳,刀具使用寿命和加工表面质量较高,适用于端铣碳钢和低碳合金钢。不对称顺铣刀齿以较大的切削厚度切入,而以较小的切削厚度切出,适合于加工不锈钢等中等强度和高塑性的材料。

2. 万能升降台铣床

万能升降台铣床的主轴为水平布置,它主要用于单件及成批生产中加工平面、沟槽和成形表面。

万能升降台铣床的外形如图 2-9 所示。床身 2 固定在底座 1 上,用于安装和支承机床的其他部件。床身内装有主轴部件、主运动变速传动机构和变速操纵机构等。床身 2 的顶部的燕尾槽导轨上装有悬梁 3,可沿主轴轴线方向前后调整位置。在悬梁的下面安装有刀杆支架 5,用来支承刀杆的悬臂端,以提高刀杆的刚度。升降台 9 安装在床身前面的垂直导轨上,可以沿导轨垂直上下移动,升降台内装有进给机构及其操纵机构。升降台的水平导轨上装有床鞍 8,可沿主轴轴线方向移动(横向移动)。床鞍 8 的导轨上安装有工作台 6,可沿垂直于主轴轴线方向移动(纵向移动)。万能升降台铣床与一般升降台铣床基本相同,主要区别是其在工作台 6 和床鞍 8 之间增有一层回转盘 7,它可以相对床鞍 8 在水平面内调整 ±45°偏转,改变工作台的移动方向,从而可加工斜槽、螺旋槽等。此外,万能升降台铣床还可选配立式铣头、圆工作台等附件,扩大机床的加工范围。

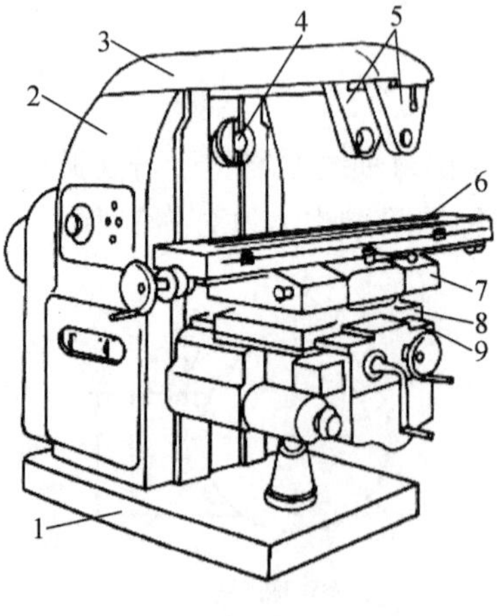

1—底座;2—床身;3—悬梁;4—主轴;5—刀杆支架;6—工作台;7—回转盘;8—床鞍;9—升降台

图 2-9 万能升降台铣床

知识链接三 数控铣削加工

1. 数控铣削加工的工艺基础

(1) 数控铣削加工零件图样分析

① 零件图的尺寸标注应适应数控加工的特点

可采用同基准标注或分散标注,如图 2-10 所示。

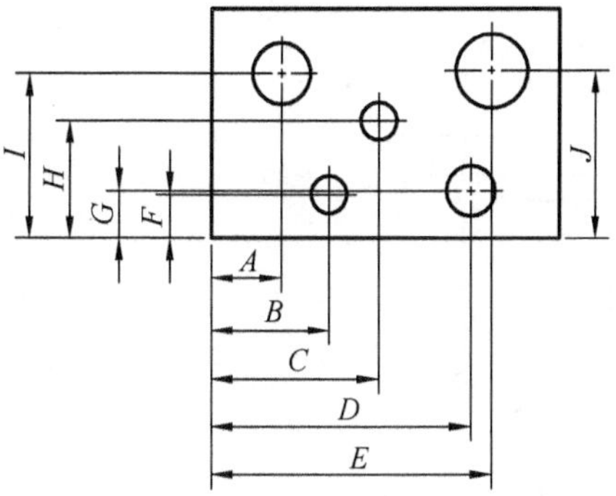

(a) 同基准标注

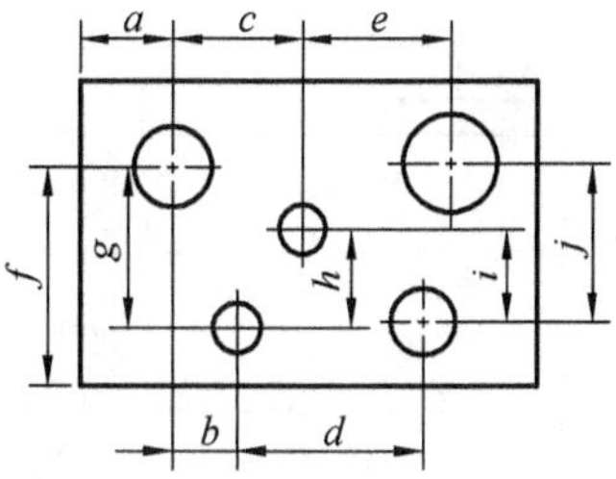

(b) 分散标注

图 2-10 零件图的尺寸标准

② 零件图样尺寸的正确标注

由于加工程序是以准确的坐标点来编制的，因此各图形几何要素间的相互关系（如相切、相交、垂直和平行等）应明确；各种几何要素的条件要充分，应无引起矛盾的多余尺寸或影响工序安排的封闭尺寸等。

（2）数控铣削加工零件工艺性分析

① 在加工同一表面时，应按粗加工—半精加工—精加工的次序完成。对整个零件的加工也可以按先粗加工，然后半精加工，最后精加工的次序进行。

② 当设计基准和孔加工的位置精度与机床的定位精度和重复定位精度相接近时，可采用按同一尺寸基准进行集中加工的原则，这样可以解决多个工位设计尺寸基准的加工精度问题。

③ 对于复合加工（既有铣削又有镗孔）的零件，可以先铣后镗。因为铣削的切削力大，工件易变形，采用先铣后镗孔的方法，可使工件有一段时间的恢复，以减少变形对精度的影响。相反，如果先镗孔再进行铣削，会在孔口处产生毛刺、飞边，从而影响孔的精度。如对于图 2-11 所示零件，应先铣阶梯面，后铰 ϕ 20 的 6 个孔。

④ 在孔类零件加工时，刀具在 *XY* 平面内的运动路线，主要考虑：

a. 定位要迅速。

b. 定位要准确。

⑤ 加工中如果受重复定位误差影响较大，必须一次定好位，按顺序连续换刀加工，先完成同轴孔的加工，然后再加工其他坐标位置的孔，以提高孔系的同轴度。

⑥ 应采取相同工位集中加工的方法，尽量就近加工，以缩短刀具的移动距离，减少空运行时间。

⑦ 按刀具划分工步。在不影响精度的前提下，为了减少换刀次数、空行程时间、不重要的定位误差等，要尽可能用同一把刀完成同一个工位的加工。

⑧ 在一次装夹中要尽可能完成较多表面的加工。

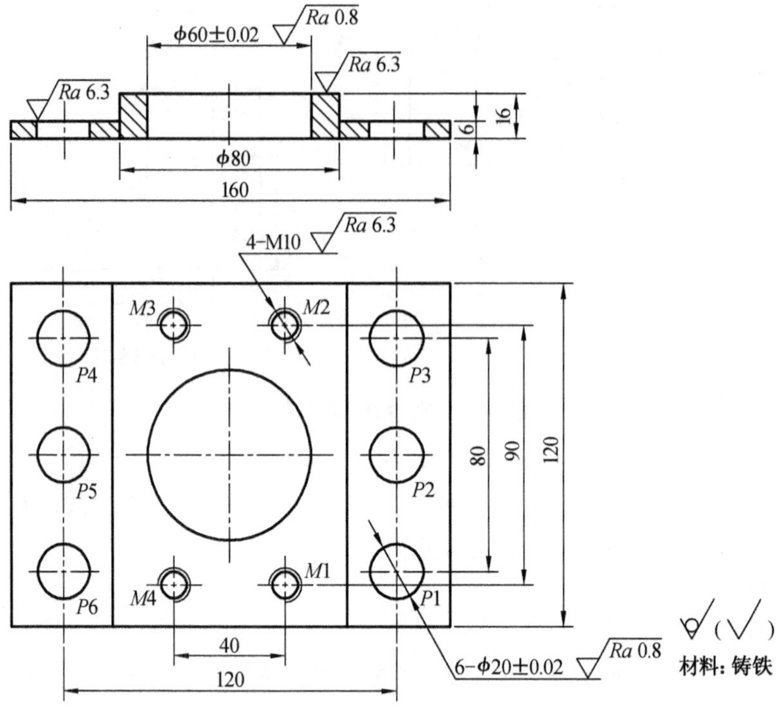

图 2-11　被加工零件

（3）铣刀的选用

① 从结构上选择，有整体式、镶嵌式、减振式、内冷式和特殊型式（复合刀具、可逆攻螺纹刀具）。

② 从制造所用的材料上选择，有高速钢刀具、硬质合金刀具、陶瓷刀具、立方氮化硼刀具和金刚石刀具。

③ 从切削工艺分，有车削刀具（外圆、内孔、攻螺纹等）、钻削刀具（小孔、深孔、铰孔等）、镗削刀具、铣削刀具（面铣、立铣、模具铣、键槽铣刀、成形车刀等）。

④ 特殊型刀具有带柄自紧夹头、强力弹簧夹头刀柄、可逆式（自动反向）攻螺纹夹头刀柄、增速夹头刀柄、复合刀具和接杆类。

（4）切削用量的选择

从刀具使用寿命出发，切削用量的选择方法如下：先选取背吃刀量或侧吃刀量，其次确定进给速度，最后确定切削速度。

（5）数控机床常用夹具及装夹方式

① 夹具的刚度和夹紧力都要满足大切削力的要求。

② 夹具结构不要妨碍刀具对工件各部位的多面加工。

③ 夹具的定位要可靠，定位元件应具有较高的定位精度，定位部位应便于清屑，无切屑积留。

④ 对刚度小的工件，应保证最小的夹紧变形。

通用夹具有：① 机用虎钳；② 三爪自定心卡盘；③ 数控铣床工作台；④ 角铁和 V 形

铁;⑤ 组合夹具。

(6) 数控加工工艺路线的设计

① 数控加工工艺内容的选择

a. 通用机床无法加工的内容应作为优先选择内容。

b. 通用机床难加工,质量也难以保证的内容应作为重点选择内容。

c. 通用机床加工效率低、工人手工操作劳动强度大的内容,可在数控机床尚存在富裕加工能力时选择。

② 工序的划分

划分方法如下:

a. 按安装次数划分工序。

b. 按所用刀具划分工序。

c. 按粗、精加工划分工序。

d. 按加工部位划分工序。

③ 加工顺序的安排

a. 上道工序的加工不能影响下道工序的定位与夹紧,中间穿插有通用机床加工工序的也应综合考虑。

b. 先进行外形加工,后进行内腔加工。

c. 以相同定位、夹紧方式加工或用同一把刀具加工的工序,最好连续加工,以减少重复定位次数、换刀次数与改变装夹次数。

④ 数控加工工序与普通工序的衔接

普通工序是指常规的加工工序、热处理工序和检验等辅助工序。例如,是否预留加工余量,若留,留多少;定位基准的要求;零件的热处理等。

2. 数控铣床

数控铣床是一种用途广泛的机床。目前,三坐标立式数控铣床占多数。一般都可以进行三个坐标联动加工,也有部分机床只能进行三个坐标中的任意两个坐标联动、第三个坐标周期性进给的加工,即两轴半加工。一般情况下,在数控铣床上适合加工平面曲线轮廓。但对于有些功能较强的数控铣床,配置一些附件,可以加工像螺旋槽、叶片等复杂型面的零件。数控铣床特别适合各种模具、凸轮、板类及箱体类零件的加工。

(1) 数控铣床的分类

数控铣床通常分为立式数控铣床、卧式数控铣床和立卧两用数控铣床 3 类。

立式数控铣床是数控铣床中数量最多的一种,主要用于水平面内的型面和简单的立体型面加工,也可以附加数控转盘,在圆柱面上加工曲线沟槽等。

卧式数控铣床主要用于垂直平面内的各种型面加工,为了扩大加工范围和扩充功能,卧式数控铣床通常配置万能数控转盘来实现四、五坐标加工。这样不但可以加工工件侧面上的连续回转轮廓,而且还可以在一次安装中加工工件的 4 个侧面。尤其是采用万能数控转盘后,可以省去很多专用夹具或专用角度的成形铣刀。

立卧两用数控铣床既可以进行立式加工,又可以进行卧式加工。若采用数控万能主轴(主轴头可以任意转换方向)或数控回转工作台,则可进一步提高其加工能力。

XKA5750 型铣床就是一种带有万能铣头的立卧两用数控铣床。该机床是半闭环控制,三坐标联动,配置数控转台后,可实现四坐标加工。可以铣削凸轮、样板、叶片、模具内腔弧形槽等具有复杂曲线、曲面轮廓的零件。下面以该机床为例,介绍数控铣床的组成、传动系统及主要部件。

(2)数控铣床的组成

图 2-12 所示是 XKA5750 型数控铣床的外形图。图中,1 为底座,5 为床身,工作台 13 由交流伺服电动机 15 驱动在升降滑座 16 上做纵向(X 轴)移动;交流伺服电动机 2 驱动升降滑座 16 做垂直(Z 轴)移动;滑枕 8 做横向(Y 轴)移动,实现横向进给运动,可获得较大的工作行程。机床主运动由交流伺服电动机驱动,万能铣头 9 不仅可以将铣头主轴调整到垂直和水平位置,还可以在前半球面内使主轴中心线处于任意空间角度。纵向行程限位挡铁 3,14 起限位保护作用,6 和 12 分别为横向和纵向限位开关,4 和 10 分别为强电柜和数控柜,悬挂按钮站 11 上集中了机床全部操作的控制键与开关。

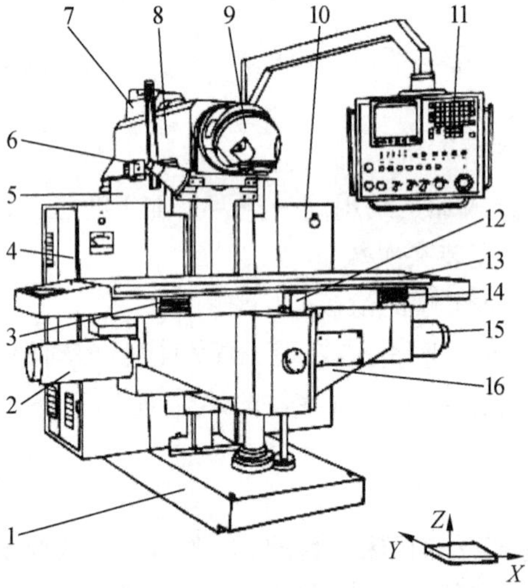

1—底座;2,15—伺服电动机;3,14—行程限位挡铁;4—强电柜;5—床身;6—横向限位开关;7—壳体;8—滑枕;9—万能铣头;10—数控柜;11—按钮站;12—纵向限位开关;13—工作台;16—升降滑座

图 2-12 XKA5750 型数控铣床

(3)数控铣床的传动系统

图 2-13 所示是 XKA5750 型数控铣床的传动系统图。

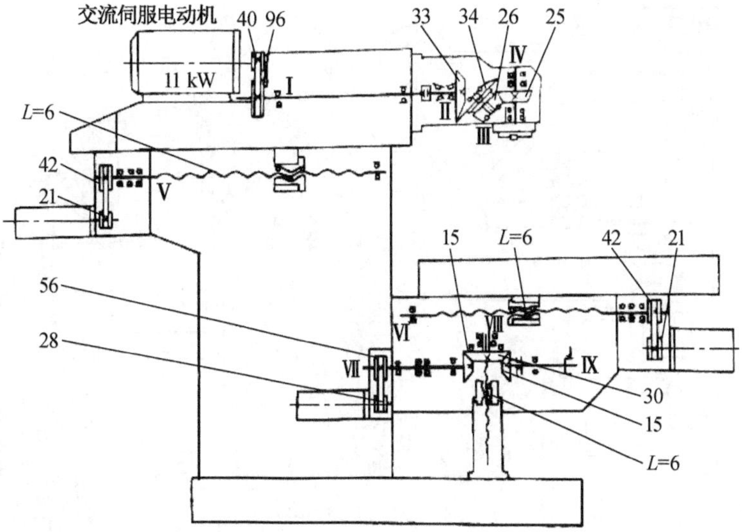

图 2-13 XKA5750 型数控铣床传动系统图

① 主运动传动

XKA5750 型数控铣床的主运动是主轴的旋转运动，由装在滑枕后部的主轴交流伺服电动机驱动，电动机的运动通过一对弧齿同步齿形带轮（40/96）传到轴Ⅰ上，再经过万能铣头的两对弧齿锥齿轮副（33/34，26/25）将运动传到主轴Ⅳ。主轴转速范围为 50 ~ 2 500 r/min（电动机转速范围为 120 ~ 6 000 r/min）。当主轴转速在 625 r/min 以下时为恒扭矩输出；主轴转速在 625 ~ 1 875 r/min 内为恒功率输出；超过 1 875 r/min 后，输出功率下降；达到 2 500 r/min 时，输出功率下降到额定功率的 1/3。

② 进给运动传动

工作台的纵向（X 向）进给和滑枕的横向（Y 向）进给，分别由交流伺服电动机通过一对同步圆弧齿形带轮（21/42）将运动传至导程 $L=6$ mm 的滚珠丝杠Ⅵ和Ⅴ。升降台的垂直（Z 向）进给由交流伺服电动机通过一对同步齿形带轮（28/56）将运动传到轴Ⅶ，再经过一对弧齿锥齿轮（15/30）传到导程 $L=6$ mm 的垂直滚珠丝杠Ⅷ上，驱动升降台运动。垂直滚珠丝杠上的弧齿锥齿轮（$z=30$）还带动轴Ⅸ上的锥齿轮（$z=15$），经单向超越离合器与自锁器相连，防止升降台因自重而下滑。

（4）数控铣床的主要部件

① 万能铣头部件

图 2-14 所示的万能铣头部件主要由前壳体 12、后壳体 5、法兰 3、传动轴Ⅱ和Ⅲ，主轴Ⅳ及两对弧齿锥齿轮组成。

铣削主运动由滑枕上传动轴Ⅰ（见图 2-13）的端面键经连接盘 2（见图 2-14）、平键 1 传到轴Ⅱ，再经轴Ⅱ右端的弧齿锥齿轮与轴Ⅲ上的弧齿锥齿轮 22 啮合传到轴Ⅲ，最后由轴Ⅲ的弧齿锥齿轮 21 与主轴Ⅳ上的弧齿锥齿轮 27 啮合传到主轴。空心主轴下端的 7∶24 内锥孔用于安装刀具，端面键 18 用于给刀具传递扭矩。

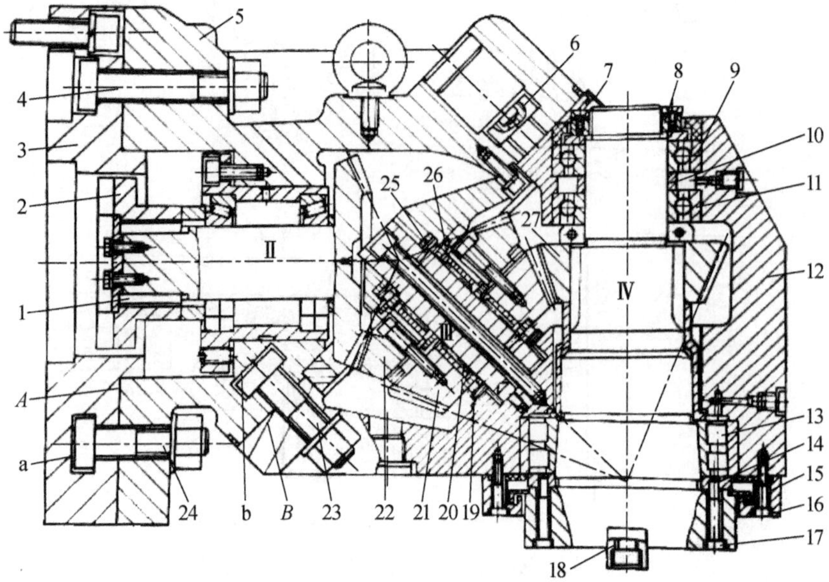

1—键;2—连接盘;3,15—法兰;4,6,23,24—T形螺栓;5—后壳体;7—锁紧螺钉;8—螺母;9,11—角接触球轴承;10—隔套;12—前壳体;13—双列短圆柱滚子轴承;14—半圆环垫片;16,17—螺钉;18—端面键;19,25—推力圆柱滚子轴承;20,26—滚针轴承;21,22,27—弧齿锥齿轮;a,b—T形槽

图2-14　万能铣头部件结构

万能铣头能通过两个互成45°的回转面*A*和*B*调节主轴Ⅳ的方位,松开装在T形槽a和b中的T形螺栓4和24、6和23,后壳体5绕轴Ⅱ转动,主轴Ⅳ绕轴Ⅲ转动,可使主轴在前半球面内调至任意角度。

万能铣头中的3根轴均采用了精度较高的轴承。轴Ⅱ上的两个圆锥滚子轴承既能承受径向力,又能承受两个方向的轴向力;轴Ⅲ上的滚针轴承20和26只承受径向力,而两个方向的轴向力由推力圆柱滚子轴承19和25承受;主轴Ⅳ下端的双列短圆柱滚子轴承13只承受径向力,上端的两个大口相背的角接触球轴承9和11既承受径向力,又分别承受两个方向的轴向力。主轴上下端的间隙消除和预紧需分别调整。下端调整时,拧松锁紧螺钉7和螺母8(使主轴下移),拆下螺钉16、法兰15和螺钉17,取出两个半圆环垫片14,根据间隙大小磨薄垫片,然后再装上,使主轴的锥颈相对轴承锥孔上移,弹性扩张轴承内圈,从而消除径向间隙并预紧。上端调整时,拆下螺钉7、螺母8、轴承9和隔套10,根据调整量大小修磨隔套,重新装上后,使轴承9和隔套10内圈产生相对轴向位移,同时进行径向和轴向间隙消除和预紧。

② 升降台传动机构及自动平衡机构

升降台传动机构如图2-15所示,交流伺服电动机1经一对齿形带轮2和3将运动传到传动轴Ⅶ,再经一对弧齿锥齿轮7和8使滚珠丝杠Ⅷ转动(螺母24和支撑套23固定在机床底座上),驱动升降台升降。传动轴Ⅶ有左、中、右3个支撑,中间支撑用于轴Ⅶ轴向定位。其中螺钉25用于调节轴Ⅶ轴向位置,螺母4、隔套5和6用于两角接触球轴承消隙和预紧。装在滚珠丝杠Ⅷ上的弧齿锥齿轮8通过承受径向载荷的深沟球轴承9和角接触球轴承 10 及承受轴向载荷的推力圆柱滚子轴承 11 与升降台连接。

在图 2-15 中，右边的是升降台平衡机构，由单向超越离合器和自锁器组成，经弧齿锥齿轮 8 和 12 传动。当升降台上升时，外环 14 与轴Ⅸ上的星形轮 21 脱开，不随轴Ⅸ转动，自锁器不起作用；当升降台下降时，滚子 13 楔紧在星形轮和外环之间，使外环随轴Ⅸ转动。外环两端与固定的摩擦环 15 和 22 产生摩擦力，其摩擦力由碟形弹簧 19 调节，大小应能平衡升降台的重力，以保证电动机断电后升降台不下滑，处于平衡状态。

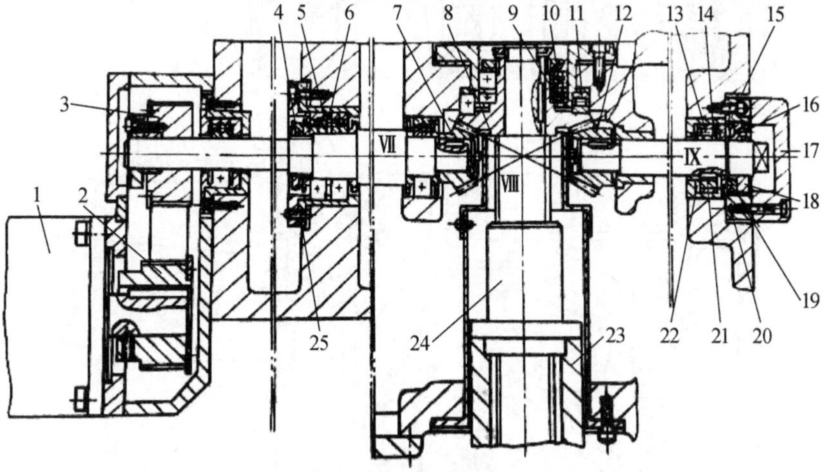

1—交流伺服电动机；2，3—齿形带轮；4，18，24—螺母；5，6—隔套；7，8，12—弧齿锥齿轮；9—深沟球轴承；10—角接触球轴承；11—推力圆柱滚子轴承；13—滚子；14—外环；15，22—摩擦环；16，25—螺钉；17—端盖；19—碟形弹簧；20—防转销；21—星形轮；23—支撑套

图 2-15 升降台升降传动部分

③ 数控回转工作台

数控回转工作台主要用于零件的回转表面和多面加工。图 2-17 所示为既可立式安装又可卧式安装的立卧式数控回转工作台。工作台的转动由尾部装有码盘（用于半闭环控制）的直流伺服电动机 17 经两对消隙齿轮副和一对蜗杆蜗轮副 21 和 20 传动。蜗杆蜗轮副采用变齿厚双导程蜗杆消隙。调整时，松开锁紧螺钉 24 和螺母 25，转动螺纹套 23，使蜗杆轴向移动，改变其与蜗轮的啮合部位，从而消除侧隙。

数控回转工作台的松开、回转和夹紧动作受气液转换装置 14 控制。工作时，气液转换装置驱动活塞杆 15 缩回，使油腔 13 和与其相通的夹紧液压缸 1 上腔的油压下降，由弹簧推动活塞 2 和拉杆 3 上移，松开工作台。同时，触头 12 在弹簧的作用下退回，松开夹紧信号开关 9，压下松开信号开关 10。此时，伺服电动机开始驱动工作台回转（或分度）。回转结束（或分度到位）后，气液转换装置驱动活塞杆 15 伸出，使油腔 13 和液压缸 1 上腔油压上升，推动活塞 2 和拉杆 3 下移，将工作台压紧在底座 8 上。同时，触头 12 在油压的作用下向外伸出，脱开松开信号开关 10，压下夹紧信号开关 9。工作台完成一个工作循环后，零位信号开关（图 2-16 中未画出）发出信号，使工作台返回零位。手摇脉冲发生器 11 可用于工作台手动微调。

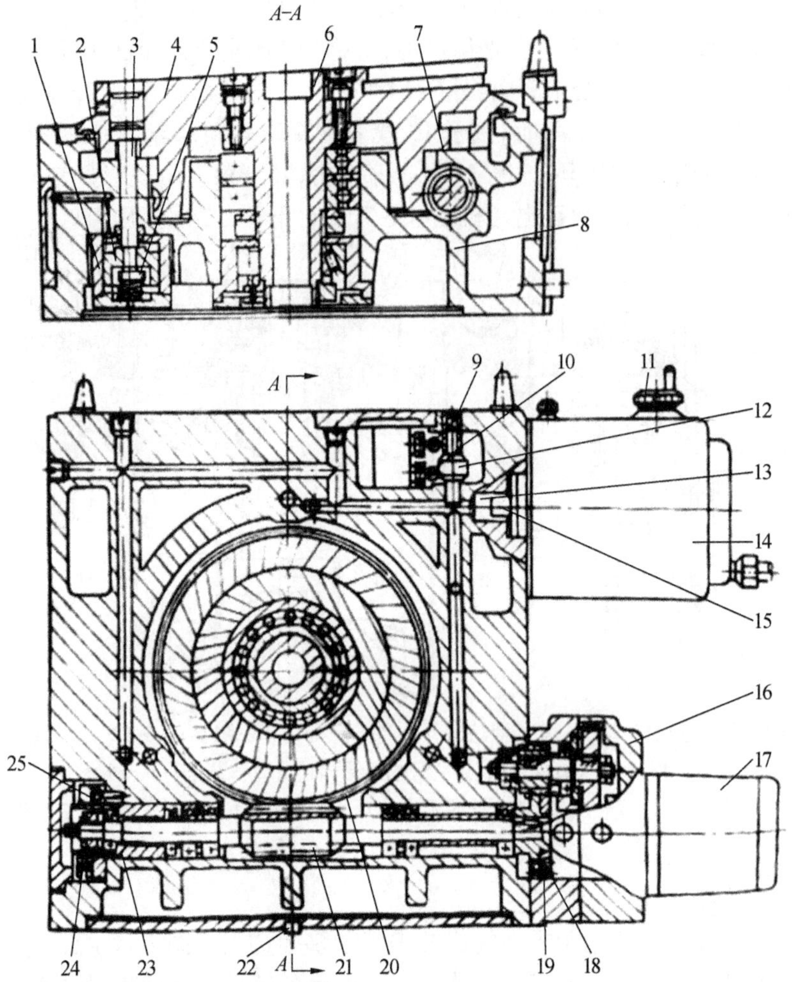

1—夹紧液压缸；2—活塞；3—拉杆；4—工作台；5—弹簧；6—主轴孔；7—工作台导轨面；8—底座；9，10—信号开关；11—脉冲发生器；12—触头；13—油腔；14—气液转换装置；15—活塞杆；16—法兰盘；17—直流伺服电动机；18，24—螺钉；19—齿轮；20—蜗轮；21—蜗杆；22—定位键；23—螺纹套；25—螺母

图 2-16　立卧式数控回转工作台

任务二 铣沟槽

一、任务书

加工出如图 2-17 所示零件的槽形孔,毛坯为 45 钢。

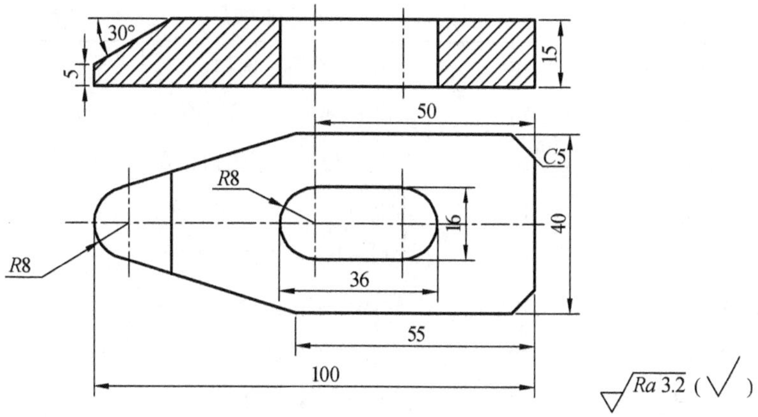

图 2-17 槽形板

二、任务说明

加工的主要尺寸为长度 36 mm、宽度 16 mm、两端为半径 8 mm 的半圆沟槽,尺寸精度要求和几何公差要求按 GB/T1184—K。

工艺过程:粗、精加工在一次装夹中完成。

该零件的加工顺序:钻孔(落刀孔)→粗铣槽孔→精铣槽孔。

三、任务实施

1. 工件装夹

选择 X5032 立式升降台铣床。

工件用机用平口虎钳装夹,工件下面垫两块较窄的平行垫铁,以便立铣刀穿过。

2. 刀具选用

因槽孔尺寸精度要求不高,所以选用一直径等于槽宽 16 mm 的立铣刀,刀齿数为 3。

3. 切削用量选择

主轴转速为 375 r/min,进给速度为 30 mm/min 或手动进给。

4. 加工步骤

① 画线并钻直径 15 mm 的落刀孔。
② 移动工作台和主轴套筒,使铣刀对准落刀孔,紧固套筒,并进行横向夹紧。
③ 上升工作台使铣刀穿过落刀孔,采用纵向进给铣削至图样尺寸。

5. 评分标准

评分标准见表 2-2。

表 2-2 评分标准

序号	操作内容与要求	分值	评分细则	实测记录	得分
1	刀具的安装	10	刀具安装不正确扣 5 分		
2	工件的安装	10	未找正、装夹不牢固不得分		
3	切削用量选择	10	切削用量选择不当扣 5 分		
4	机床调整	10	调整操作不正确扣 5 分		
5	对刀方法	10	试切试量不正确扣 2 分		
6	粗铣各面	10	操作不正确扣 5 分		
7	精铣各面	10	操作不正确扣 5 分		
8	工件质量检测	25	尺寸一处不符合要求扣 2 分		
9	安全文明操作	5	违反一次否决		

6. 工件测量

用游标卡尺测量宽度。

四、拓展训练

铣床能加工的沟槽种类很多,如直槽、键槽、特形沟槽等。特形沟槽如角度槽、V 形槽、T 形槽、燕尾槽等。根据沟槽在工件上的位置又分为敞开式、封闭式、半封闭式 3 种。

根据沟槽的形式和种类,加工时首先要选择相应的铣床,再选择相应的铣刀。通常敞开式直槽用圆盘铣刀;封闭式直槽用立铣刀或键槽铣刀;半封闭直槽则需根据封闭端形式,采用不同的铣刀进行加工。对特形沟槽采用相应的特形铣刀。

1. 铣键槽

敞开式键槽在卧式铣床上加工,所用的圆盘铣刀的宽度应根据键槽的宽度而定。安装时,圆盘铣刀的中心平面应和轴的中心对准,横向调整好工作台。铣刀对准后,将机床横向溜板紧固。铣削时应先试铣,检验槽宽合格后,再铣出全长。

封闭式键槽在立式铣床上加工。若采用立铣刀,因其中央无切削刃,不能向下进刀,故需在键槽端部先钻一个落刀孔,然后再进行铣削;若用键槽铣刀,其端部有切削刃,可以直接向下进刀，但进给量应小些。

2. 铣 T 形槽

其加工方法分两步进行，首先加工出直槽，然后在立式铣床上用 T 形槽铣刀铣削 T 形槽。因 T 形槽铣刀工作时排屑困难，切削用量应小些，同时需加用冷却液。

3. 铣螺旋槽

在加工麻花钻、斜齿轮、螺旋铣刀的螺旋槽时，刀具做旋转运动，工件安装在尾架与分度头之间，一方面随工作台做匀速直线运动，同时又随分度头做匀速旋转运动。根据螺旋线形成原理，要铣削出一定导程的螺旋槽，必须保证当纵向移动距离等于螺旋槽的一个导程时，工件恰好转动一圈。这一点可通过丝杆和分度头之间的配换挂轮来实现。在生产实践中一般只要算出工件的导程或挂轮速比，即可从铣工手册中查出各挂轮的齿数。

为了获得规定的螺旋槽截面形状，还必须使铣床纵向工作台在水平面内转过一个角度，使螺旋槽的槽向与铣刀旋转平面一致。工作台转过的角度应等于螺旋角 β。工作台转动的方向应由螺旋槽的方向来确定。铣右旋螺旋槽时，用右手推工作台；铣左旋螺旋槽时，则用左手推。这时要选 X6132 型万能升降台铣床。

知识链接一 铣刀

1. 铣刀

1）铣刀的类型及应用

（1）铣刀的类型

铣刀是铣削加工所用的刀具，根据加工对象的不同，铣刀有许多不同的类型，是金属切削刀具中种类最多的刀具之一。

① 按用途不同，铣刀可分为圆柱铣刀、面铣刀、盘形铣刀、锯片铣刀、立铣刀、键槽铣刀、模具铣刀、角度铣刀、成形铣刀等。

② 按结构不同，铣刀可分为整体式、焊接式、装配式、可转位式。

③ 按齿背形式不同，铣刀可分为尖齿铣刀和铲齿铣刀。

（2）铣刀的应用

① 圆柱铣刀。如图 2-18 a 所示，圆柱铣刀仅在回转表面上有直线或螺旋线切削刃（螺旋角 $\beta=30°\sim45°$），没有副切削刃。圆柱铣刀一般用高速钢整体制造。它主要用于卧式铣床上加工面积不大的平面。

② 面铣刀。如图 2-18 b 所示，面铣刀主切削刃分布在圆柱或圆锥表面上，端部切削刃为副切削刃。按刀齿材料可分为高速钢和硬质合金两类。面铣刀多制成套式镶齿结构，可用于立式或卧式铣床上加工台阶面和平面，生产效率较高。

③ 立铣刀。如图 2-18 c，d，e，h 所示，立铣刀一般由三四个刀齿组成，圆柱面上的切

削刃是主切削刃，端面上分布着副切削刃，工作时只能沿刀具的径向进给，而不能沿铣刀轴线方向做进给运动。它主要用于加工凹槽、台阶面和小的平面，还可利用靠模加工成形面。

④ 盘形铣刀。盘形铣刀包括三面刃铣刀、两面刃铣刀、槽铣刀。三面刃铣刀如图2-18 f所示，除圆周具有主切削刃外，两侧面也有副切削刃，从而改善了两端面的切削条件，提高了切削效率，但重磨后宽度尺寸变化较大。三面刃铣刀可分为直齿三面刃和错齿三面刃，主要用于加工凹槽和台阶面。直齿三面刃铣刀两副切削刃的前角为零，切削条件较差。错齿三面刃铣刀圆周上刀齿交替倾斜左、右螺旋角β，两侧刀刃形成正前角，它比直齿三面刃切削平稳，切削力小，排屑容易。两面刃铣刀在圆柱表面和一个侧面做有刀齿，用于加工台阶面。

槽铣刀如图2-18 g所示，仅在圆柱表面上有刀齿，侧面无切削刃。为减少摩擦，两侧面磨出1°的副偏角（侧面内凹），并留有0.5～1.2 mm的棱边，重磨后宽度变化较小。可用于加工IT9级左右的凹槽和键槽。

⑤ 键槽铣刀。如图2-18 i，j所示，键槽铣刀只有两个刀瓣，圆柱面和端面都有切削刃。加工时，先轴向进给达到槽深，然后沿键槽方向铣出键槽全长。主要用于加工圆头封闭键槽。

⑥ 角度铣刀。角度铣刀有单角铣刀和双角铣刀两种，如图2-18 l，m所示，主要用于铣削沟槽和斜面。

⑦ 成形铣刀。如图2-18 n，p所示，成形铣刀用于加工成形表面，其刀齿廓形根据被加工工件的廓形来确定。

⑧ 模具铣刀。如图2-18 o所示，模具铣刀主要用于加工模具型腔或凸模成形表面。其头部形状根据加工需要可以是圆锥形、圆柱形球头和圆锥形球头等形式。

上述各种铣刀大部分都是尖齿铣刀，只有切削刃廓形复杂的成形铣刀才制成铲齿铣刀。

尖齿铣刀的齿背经铣制而成，后刀面形状简单，铣刀用钝后只需刃磨后刀面。铲齿铣刀的齿背是经铲制而成，铣刀用钝后只能刃磨前刀面。

2）尖齿铣刀的主要结构尺寸

尖齿铣刀多为带孔结构，直径较小时做成带柄结构。

（1）铣刀直径和齿数的选择

直径d是铣刀的主要结构参数。选择较大的铣刀直径，可增大孔径，使铣刀心轴强度和刚度提高，可获得较小的表面粗糙度轮廓值；刀体大，散热条件好，刀具使用寿命长；可增大容屑空间，改善排屑条件，刀齿强度也较高。但铣刀直径也不宜选得过大，否则不仅增加刀具材料的消耗，而且将增大铣削转矩，增加动力消耗并容易引起振动。

选择铣刀直径的基本原则：在保证刀杆刚度的前提下，选择较小的直径。对于端面铣刀，其直径应大于侧吃刀量a_e，一般取$d=(1.2\sim1.6)a_e$。立铣刀和键槽铣刀的直径应根据工件尺寸确定，铣槽时铣刀直径应等于槽宽。

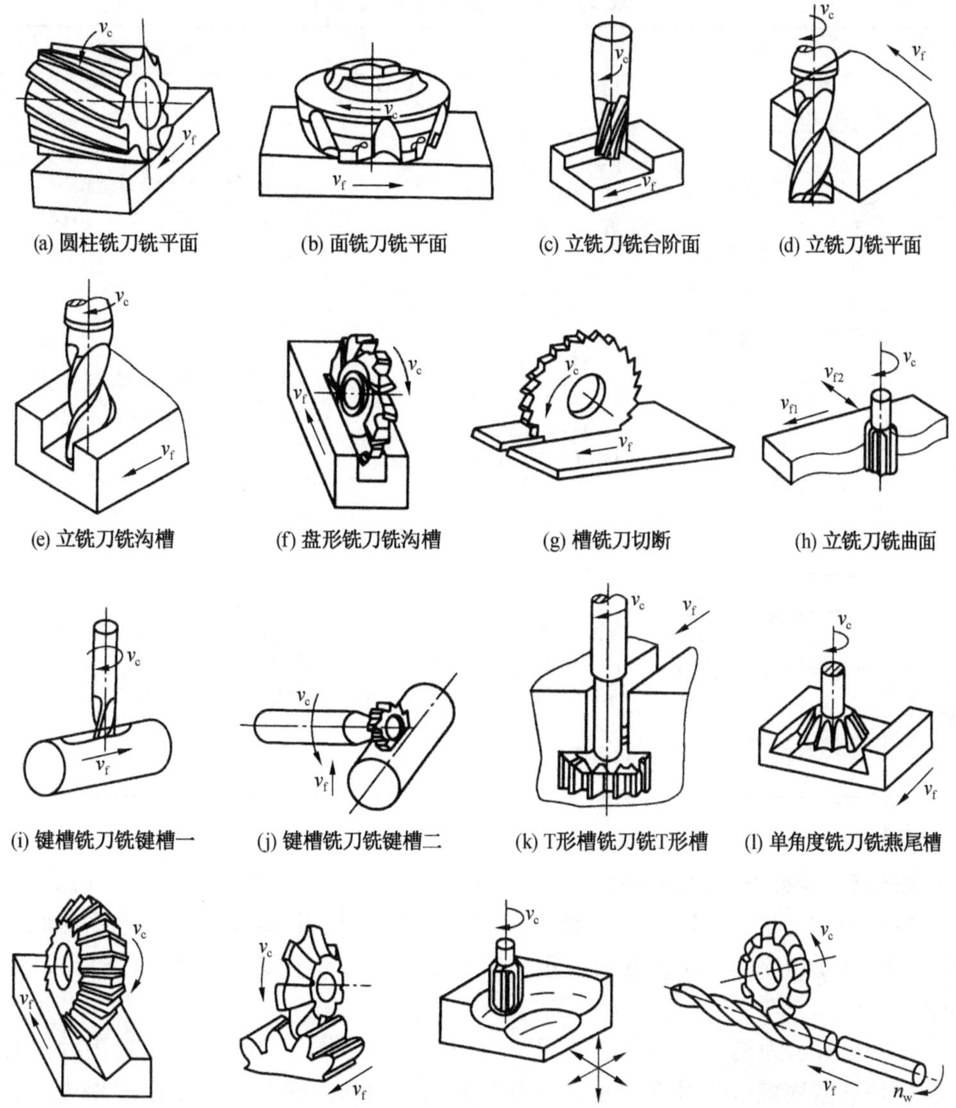

(a) 圆柱铣刀铣平面 (b) 面铣刀铣平面 (c) 立铣刀铣台阶面 (d) 立铣刀铣平面
(e) 立铣刀铣沟槽 (f) 盘形铣刀铣沟槽 (g) 槽铣刀切断 (h) 立铣刀铣曲面
(i) 键槽铣刀铣键槽一 (j) 键槽铣刀铣键槽二 (k) T形槽铣刀铣T形槽 (l) 单角度铣刀铣燕尾槽
(m) 双角度铣刀铣V形槽 (n) 成形铣刀铣成形面 (o) 模具铣刀铣型腔 (p) 成形铣刀铣螺旋面

图 2-18 铣削加工的应用

铣刀齿数的选择主要涉及圆柱形铣刀、立铣刀和可转位面铣刀。铣刀齿数对铣削过程和刀齿强度都有影响，选取时应保证刀齿强度及足够的容屑空间。因此，粗加工铣刀的齿数应少些，精加工铣刀的齿数应多些；加工韧性材料时齿数宜少些，加工脆性材料时齿数宜多些。

（2）铣刀容屑槽形状

齿形应满足刀齿强度和容屑空间的要求，保证排屑畅通和有较多的刃磨次数，也应考虑加工的难易。常见整体式刀齿齿形见表 2-3。

表 2-3　整体式刀齿齿形及应用

齿形	简图	计算公式	结构特点
直线形齿背	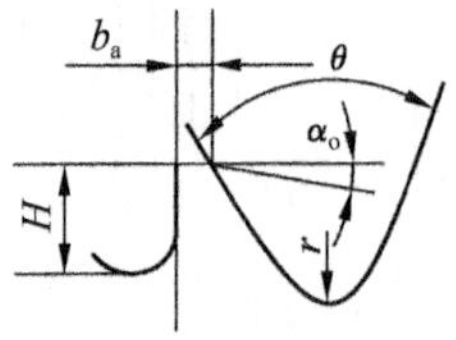	$\theta = 45° \sim 50°$ $r = 0.5 \sim 2$ mm $H = (0.5 \sim 0.65)P$ 圆周齿距 $P = \pi d_0/z$	强度较低,容屑空间小,便于制造,用普通角度铣刀铣槽 一般用于铲齿铣刀、角度铣刀等
折线形齿背	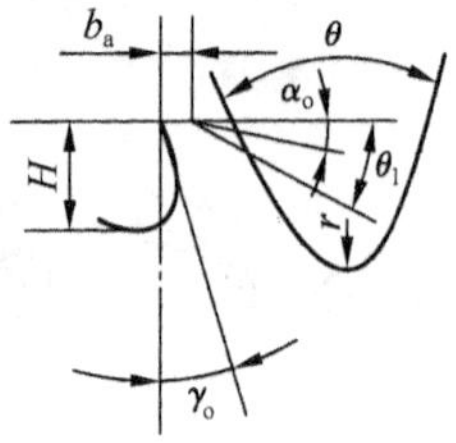	$\theta = 60° \sim 65°$ $\theta_1 = \alpha_o + (10° \sim 20°)$ $r = 1 \sim 4$ mm $H = (0.3 \sim 0.5)P$	刀齿强度高,容屑空间较大。用成形铣刀铣出槽型。用于粗齿铣刀
曲线形齿背	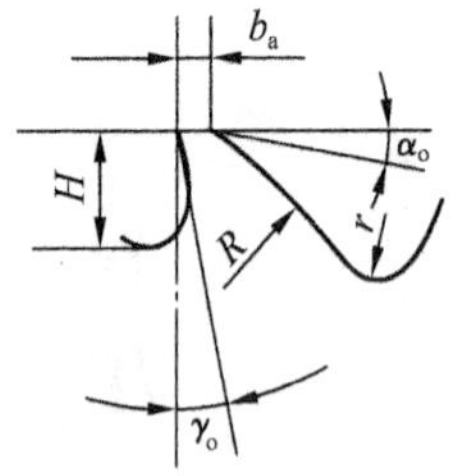	圆弧半径 $R = (0.3 \sim 0.5)d_0$ $r = (0.4 \sim 0.6)H$ $H = (0.3 \sim 0.45)P$	刀齿接近于等强度,有较大的容屑空间。用圆弧成形铣刀一次铣出槽型。用于粗齿铣刀

3）机夹可转位铣刀

这种铣刀是将可转位刀片通过夹紧装置夹固在刀体上,当刀片的一个切削刃用钝后,直接在机床上将刀片转位或更新刀片,而不必拆卸铣刀,从而节省了辅助时间,减少了劳动量,降低了成本,目前得到了极为广泛的应用。下面以可转位面铣刀为例进行说明。

图 2-19 所示为机夹可转位面铣刀结构图。它由刀体、刀片座(刀垫)、刀片、内六角螺钉、楔块和紧固螺钉等组成。刀垫和刀片 1 通过内六角螺钉 2 固定在刀槽内,刀片安放在刀垫上并通过楔块 4 夹紧。

(1）刀片的定位和夹紧

可转位面铣刀刀片最常用的定位方式是三点定位,可由刀片座或刀垫实现,如图2-20所示。图 2-20 a 定位靠刀片座的制造精度保证,其精度要求较高;图 2-20 b 由于定位点可调,铣刀制造精度要求可低些。在制造、检验和使用铣刀时,采用相同的定位基准,以减少误差。

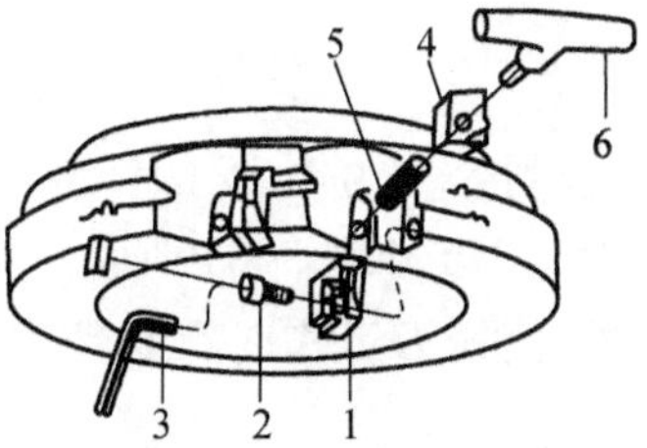

1—刀垫和刀片；2—内六角螺钉；3—内六角扳手；
4—楔形压块；5—紧固螺钉；6—专用锁紧扳手

图 2-19 机夹可转位面铣刀

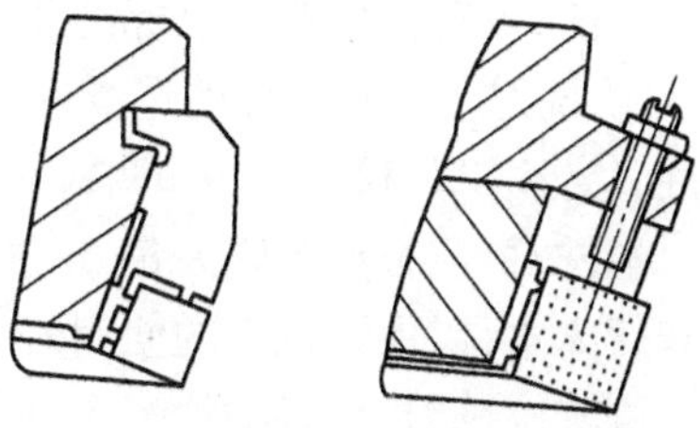

(a) 轴向定位点固定　(b) 轴向定位点可调

图 2-20 刀片的定位

由于铣刀工作在断续切削条件下，切削过程的冲击和振动较大，在可转位结构中，夹紧装置具有极其重要的地位，其可靠程度直接决定铣削过程的稳定性。目前常用的夹紧方法有如下几种：

① 螺钉楔块式。如图 2-21 a，b 所示，楔块楔角为 12°，以螺钉带动楔块将刀片压紧或松开。它具有结构简单、夹紧可靠、工艺性好等优点，目前用得最多。

② 拉杆楔块式。图 2-21 c 所示为螺钉拉杆楔块式，拉杆楔块通过螺母压紧刀片和刀垫。该结构所占空间小，结构紧凑，可增加铣刀齿数，有利于提高切削效果。

图 2-21 d 所示为弹簧拉杆楔块式，刀片的固定靠弹簧力的作用。更换刀片时，只需用卸刀工具压下弹簧刀片即可松开，因此更换刀片非常容易。主要用于细齿可转位面铣刀。

③ 上压式。刀片通过蘑菇头螺钉（见图 2-21 e）或压板（见图 2-21 f）夹紧在刀体上。它具有结构简单、紧凑、零件少、易制造等优点，故小直径面铣刀应用较多。

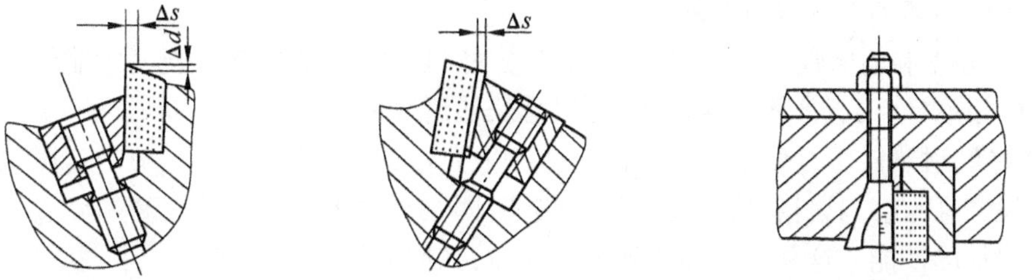

(a) 螺钉楔块前压式　(b) 螺钉楔块后压式　(c) 螺钉拉杆楔块式

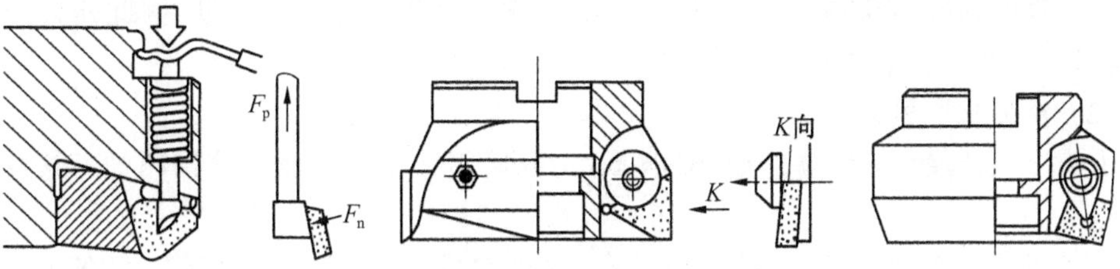

(d) 弹簧拉杆楔块式　(e) 蘑菇头螺钉上压式　(f) 螺钉压板上压式

图 2-21 可转位刀片的夹紧方式

（2）可转位面铣刀的选择和使用

目前，可转位面铣刀已标准化。

① 铣刀直径和齿数的选择。可转位面铣刀直径采用公比为 1.25 的标准直径（mm）系列：16，20，25，32，40，50，63，80，100，125，160，200，250，315，400，500，630。

端铣时，应根据侧吃刀量 a_e 选择适当的铣刀直径，使铣刀工作时有合理的切入接触角和切离角，以保证铣刀的使用寿命。

可转位铣刀有粗齿、细齿和密齿 3 种。粗齿铣刀容屑空间较大，常用于粗铣钢件；粗铣断续表面的铸件和在平稳条件下铣削钢件时，可选用细齿铣刀；密齿铣刀的每齿进给量应很小，适用于加工薄壁铸件。

② 几何角度的选择。可转位面铣刀主要考虑背平面前角 γ_p 和假定工作平面前角 γ_f 的组合搭配及主偏角 κ_r 的选择。前角组合一般有 3 种形式：

a. 正前角形。γ_p 和 γ_f 均为正值，采用带后角的刀片。这种形式切削刃锋利，排屑流畅，切削轻快，但切削刃强度较差。它适用于加工普通钢材、铸铁等。

b. 负前角形。γ_p 和 γ_f 均为负值，采用无后角刀片，刀片两面均能使用。这种形式刀刃强度高，能承受较大的冲击，但铣削时功率消耗多，要求机床刚性好。适用于断续铣削铸钢和高硬度材料。

c. 正负前角形。这种形式综合上述两种形式的优点，刀刃具有足够的耐冲击性，卷屑断屑性能好，排屑顺利，切削力不太大。常用于加工中心加工一般钢材和铸铁。

主偏角 κ_r 在 45°～90°范围内选取，铣削铸铁常用 45°，铣削钢材常用 75°，铣削带凸肩的平面和薄壁零件时要用 90°。

2. 铣刀材料的种类及牌号

（1）铣刀切削部分材料的基本要求

① 高硬度和耐磨性。在常温下，切削部分材料必须具备足够的硬度才能切入工件；具有好的耐磨性，刀具才不快速磨损，可以延长使用寿命。

② 好的耐热性。刀具在切削过程中会产生大量的热量，尤其是在切削速度较高时，温度会很高，因此刀具材料应具备好的耐热性，即在高温下仍能保持较高的硬度，有能继续进行切削的性能。这种具有高温硬度的性质，又称为热硬性或红硬性。

③ 高的强度和好的韧性。在切削过程中，刀具要承受很大的冲击力，所以刀具材料要具有较高的强度，否则易断裂和损坏。由于铣刀会受到冲击和振动，因此铣刀材料还应具备好的韧性，才不易崩刃、碎裂。

（2）铣刀常用材料

① 高速工具钢（简称高速钢、锋钢等）。分通用和特殊用途高速钢两种。其具有以下特点：

a. 合金元素钨、铬、钼、钒的含量较高，淬火硬度可达 62～70 HRC。在 600 ℃高温下，仍能保持较高的硬度。

b. 刃口强度和韧性好，抗振性强，能用于制造切削速度一般的刀具。对于刚性较差的机床，采用高速钢铣刀，仍能顺利切削。

c. 工艺性能好，锻造、加工和刃磨都比较容易，还可以制造形状较复杂的刀具。

d. 与硬质合金材料相比，仍有硬度较低，红硬性和耐磨性较差等缺点。

② 硬质合金。是金属碳化物、碳化钨、碳化钛和以钴为主的金属粘结剂经粉末冶金工艺制造而成的。其主要特点如下：

a. 能耐高温，在 800 ~ 1 000 ℃左右仍能保持良好的切削性能，切削时可选用比高速钢高 4 ~ 8 倍的切削速度。

b. 常温硬度高，耐磨性好。

c. 抗弯强度低，冲击韧性差，刀刃不易磨得很锋利。

常用的硬质合金一般为 3 大类：

a. 钨钴类硬质合金（YG）

常用牌号 YG3，YG6，YG8，其中数字表示含钴量的百分率，含钴量越多，韧性越好，越耐冲击和振动，但会降低硬度和耐磨性。因此，该合金适用于切削铸铁及有色金属，还可以用来切削冲击性大的毛坯和经淬火的钢件和不锈钢件。

b. 钛钴类硬质合金（YT）

常用牌号有 YT5，YT15，YT30，数字表示碳化钛的百分率。硬质合金含碳化钛以后，能提高钢的粘结温度，减小摩擦系数，并能使硬度和耐磨性略有提高，但降低了抗弯强度和韧性，使其变脆，因此该类合金适用于切削钢类零件。

c. 通用硬质合金

在上述两种硬质合金中加入适量的稀有金属碳化物，如碳化钽和碳化铌等，使其晶粒细化，提高其常温硬度和高温硬度、耐磨性、粘结温度和抗氧化性，能使合金的韧性有所增加，因此这类硬质合金刀具有较好的综合切削性能和通用性，其牌号有 YW1，YW2 和 YA6 等。由于其价格较贵，主要用于难加工材料，如高强度钢、耐热钢、不锈钢等。

3. 铣削用量的确定

铣削用量应根据工件的加工精度、铣刀的寿命及机床的刚性来确定。首先是确定背吃刀量或侧吃刀量，其次是确定每齿进给量，最后确定铣削速度。

（1）背吃刀量（端铣）或侧吃刀量（周铣）的确定

背吃刀量 a_p 或侧吃刀量 a_e 的确定主要由加工余量和加工要求来确定。粗铣时，若加工余量小于 5 ~ 6 mm，则一次进刀切除；但当加工余量较大，工艺系统刚性不足或机床动力不足时，可分两次进刀。半精铣时，取吃刀量 a_p 或 a_e 为 1.5 ~ 2 mm。精铣时，周铣取 $a_e = 0.3 \sim 0.5$ mm，端铣取 $a_p = 0.5 \sim 1$ mm。

（2）进给速度的确定

进给速度 v_f 的确定方法是先根据加工条件选择每齿进给量，然后根据铣刀转速 n、刀齿数 z 用式（2-2）计算。每齿进给量 f_z 的选取主要取决于工件材料的力学性能、刀具材料、铣刀种类及工件表面粗糙度轮廓等因素。工件材料的强度和硬度越高，f_z 越小；反之则越大。硬质合金铣刀的每齿进给量高于同类高速钢铣刀，面铣刀的 f_z 可以大于圆柱铣刀和立铣刀。工件表面粗糙度轮廓要求越高，f_z 就越小。每齿进给量的确定可参考表 2-4 选取。工件刚性差或刀具强度低时，f_z 应取小值。

表 2-4　铣刀每齿进给量

工具材料	每齿进给量 f_z/(mm · z^{-1})			
	粗铣		精铣	
	高速钢铣刀	硬质合金铣刀	高速钢铣刀	硬质合金铣刀
钢	0. 10 ~ 0. 15	0. 10 ~ 0. 25	0. 02 ~ 0. 05	0. 10 ~ 0. 15
铸铁	0. 12 ~ 0. 20	0. 15 ~ 0. 30		

(3) 切削速度的确定

切削速度可以用计算的方法确定,也可以查表或凭经验选取。生产中,多采用后两种方法。

铣削的切削速度经验计算公式为

$$v_c = \frac{c_V d^q}{T^m f_z^{y_V} a_p^{x_V} a_e^{p_V} z^{x_V} 60^{1-m}} K_V \tag{2-1}$$

由式(2-1)可知,铣削的切削速度与刀具寿命 T、每齿进给量 f_z、背吃刀量 a_p、侧吃刀量 a_e 及铣刀齿数 z 成反比,而与铣刀直径 d 成正比。其原因为 f_z, a_p, a_e 和 z 增大时,刀刃负荷增加,而且同时工作齿数也增多,使切削热增加、刀具磨损加快,从而限制了切削速度的提高。刀具寿命的提高使允许使用的切削速度降低。但是,加大铣刀直径 d 可改善散热条件,因而可提高切削速度。

式(2-1)中的系数及指数是经过试验求出的,可参考有关切削用量手册选用。表 2-5 是铣削速度 v_c 的推荐值,供选用时参考。

表 2-5　铣削时的切削速度

工件材料	铣削速度 v_c/(m · min^{-1})	
	高速钢铣刀	硬质合金铣刀
20	20 ~ 45	150 ~ 190
45	20 ~ 35	120 ~ 150
40Cr	15 ~ 25	60 ~ 90
HT150	14 ~ 22	70 ~ 90
黄铜	30 ~ 60	120 ~ 200
铝合金	30 ~ 60	400 ~ 600
不锈钢	16 ~ 25	50 ~ 100

注: ① 粗铣时取最小值,精铣时取最大值。

② 工件材料强度和硬度高取最小值,反之取最大值。

③ 刀具材料耐热性好取大值,耐热性差取小值。

知识链接二 铣削原理

1. 铣削要素

铣削时调整机床用的参量称为铣削用量要素，又称铣削要素，如图 2-22 所示。它包括背吃刀量 a_p、侧吃刀量 a_e、铣削速度 v_c 和进给量。

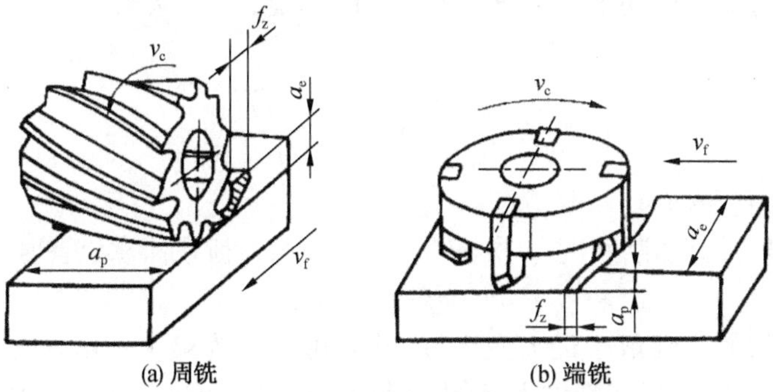

图 2-22 铣削用量要素

① 背吃刀量 a_p。周铣时，a_p 为被加工表面的宽度；端铣时，a_p 为切削层深度。它是平行于铣刀轴线测量的切削层尺寸，单位为 mm。

② 侧吃刀量 a_e。周铣时，a_e 为切削层深度；端铣时，a_e 为被加工表面的宽度。它是垂直于铣刀轴线测量的切削层尺寸，单位为 mm。

③ 铣削速度 v_c。铣削速度是铣刀主运动的线速度，单位为 m/min，其值可按式(2-1)计算。

④ 进给量。铣削进给量有 3 种表示方式：

a. 进给速度 v_f。单位时间内工件与铣刀沿进给方向的相对位移量，单位为 mm/min。

b. 每转进给量 f。铣刀每转一转时，工件与铣刀沿进给方向的相对位移量，单位为 mm/r。

c. 每齿进给量 f_z。铣刀每转一个刀齿时，工件与铣刀沿进给方向的相对位移量，单位为 mm/z。

v_f、f 和 f_z 三者之间的关系见式(2-2)。

$$v_f = n \cdot f = n \cdot f_z \cdot z \tag{2-2}$$

2. 铣削切削层要素

铣削时，铣刀相邻的两个刀齿在工件上先后形成的两个过渡表面之间的一层金属称为切削层，也就是刀齿正在切削的那一层金属，如图 2-23 所示。铣削过程的一些机理，经常通过切削层参数来说明。

① 切削层公称厚度 h_D。它是指在给定瞬间和选定点，铣刀相邻两个刀齿主切削刃所形成的过渡表面间的垂直距离，简称切削厚度，单位为 mm。从图 2-23 a 可看出，在用直齿圆柱形铣刀铣削的过程中，切削厚度是不断地变化的，即在不同瞬间，切削刃上选定

点的切削层局部厚度 h_D 是不等的。h_D 可按下式计算：

$$h_D = f_z \sin \psi \tag{2-3}$$

式中，ψ——瞬时接触角，它是工作刀齿所在位置与起始切入位置的夹角。

在刀齿刚切入时，$\psi = 0$，$h_D = 0$，为最小值；当刀齿切离工件时，$\psi = \delta$，h_D 达到最大值，其大小为

$$h_{Dmax} = f_z \sin \delta$$

一般以 $\psi = \delta/2$ 处的切削厚度作为平均切削厚度 h_{Dav}。从图 2-23 a 中的几何关系可求出

$$h_{Dav} = f_z \sin \frac{\delta}{2} = f_z \sqrt{\frac{a_e}{d}} \tag{2-4}$$

式中，d——铣刀直径，mm。

面铣刀端铣时，其切削厚度 h_D 如图 2-23 b 所示，刀齿在任意位置时的切削厚度为

$$h_D = f_z \cos \psi \sin \kappa_r \tag{2-5}$$

端铣时，刀齿的接触角由最大变为零，然后由零变为最大。因此，刀齿刚切入工件时，切削厚度为最小，以后逐渐增大，到中间位置时，切削厚度为最大，然后又逐渐减小。

② 切削层公称宽度 b_D。它是指在给定瞬间，铣刀作用主切削刃的长度，在基面中测量，简称切削宽度，单位为 mm。直齿圆柱形铣刀的切削宽度等于背吃刀量，即 $b_D = a_p$，在切削过程中，其大小保持不变，如图 2-23 a 所示。

面铣刀端铣时，铣刀的单个刀齿类似于车刀，每个刀齿的切削宽度如图 2-23 b 所示，其值为

$$b_D = \frac{a_p}{\sin \kappa_r} \tag{2-6}$$

其大小也是固定不变的。

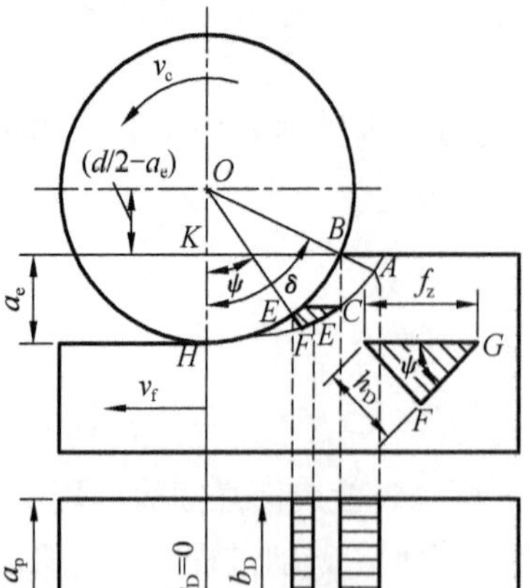

(a) 周铣时的切削厚度

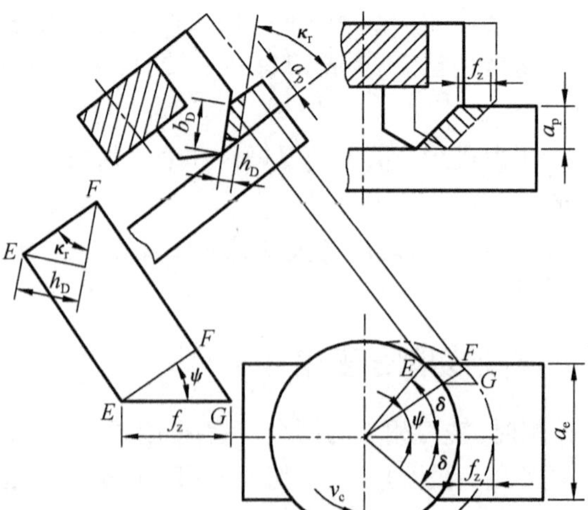

(b) 端铣时的切削厚度

图 2-23　铣削切削层参数

螺旋齿圆柱形铣刀铣削时，铣刀每一个刀齿的切削厚度不仅是不断变化的，而且其切削宽度也是随刀齿的不同位置而变化的，如图 2-24 所示。从图中可以看出，螺旋齿圆柱形铣刀同时切削的齿数有 3 个，h_{D1}，h_{D2}，h_{D3}为 3 个刀齿同时切得的切削厚度；b_{D1}，b_{D2}，b_{D3}为 3 个不同的切削宽度。但对同一刀齿而言，在刀齿切入工件后，切削宽度 b_D 由零逐渐增大到最大值，然后又逐渐减小至零，即无论刀齿切入还是切离工件，都有一个平缓的量变过程，因此螺旋齿圆柱形铣刀比直齿圆柱形铣刀切削过程平稳。

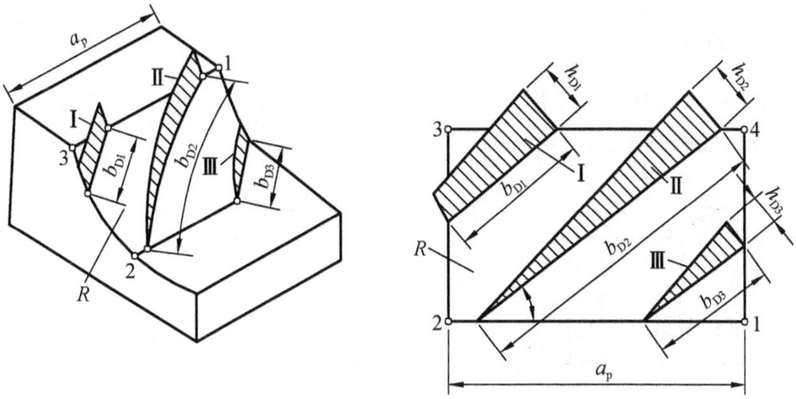

图 2-24 螺旋齿圆柱形铣刀切削层参数

③ 切削层横截面积 A_{Dav}。铣刀每个切削齿的切削层公称横截面积 $A_D = h_D b_D$。铣刀的总切削层横截面积应为同时参加切削的刀齿切削层横截面积之和。但是由于铣削时切削厚度、切削宽度和同时工作的齿数均随时间变化而变化，所以总切削面积也随时间而变化，从而计算较为复杂。为了计算简便，常采用平均切削总面积 A_{Dav} 这一参数，其计算公式如下：

$$A_{Dav} = \frac{Q}{v_c} = \frac{a_e a_p v_f}{\pi d n} \tag{2-7}$$

式中，A_{Dav}——平均切削面积，mm^2；

Q——材料切除率，mm^3/min；

d——铣刀直径，mm；

z——铣刀刀齿数。

任务三 刨 T 形槽

一、任务书

在刨床上加工出如图 2-25 所示零件，表面粗糙度轮廓值为 $Ra6.3\ \mu m$。毛坯是长、宽、高尺寸为 80 mm×80 mm×80 mm 的平板。

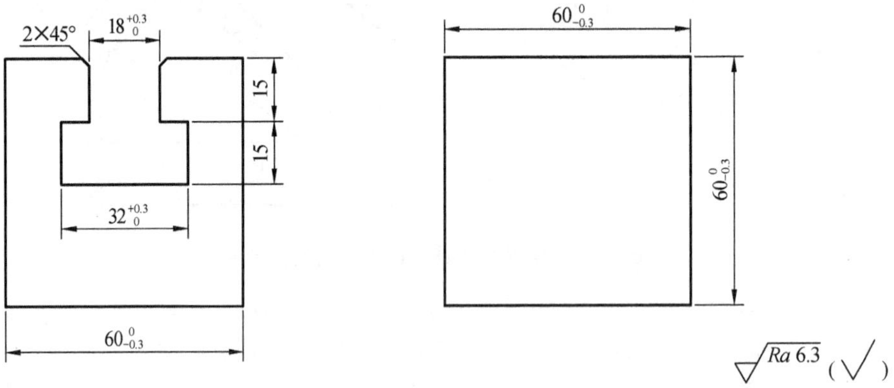

图 2-25 T 形槽

二、任务说明

图 2-25 所示零件的主要特征为 T 形内沟槽，需加工 6 个平面和 1 个 T 形槽。

工艺过程：粗、精加工在一次装夹中完成。

该零件加工的基本步骤：选择机床→选择刀具→选择切削用量→调整机床→装夹工件及刀具→确定刨削工艺→粗加工→精加工。

三、任务实施

1. 刀具选用

(1) 刀具的选择

刨垂直面时选用偏刀，刨平面时选用平面刨刀，刨 T 形槽时选择切刀和弯头切刀。

(2) 刀具刃磨

① 切刀刃磨的几何角度(见表 2-6)

表 2-6 切刀刃磨的几何角度

材料名称	α_o	γ_o	κ_r'	α_o'
铸铁	4°~8°	5°~10°	1°~2°	1°~2°
碳钢	4°~8°	10°~15°	1°~2°	1°~2°

② 刃磨注意事项

a. 切刀的前角、后角、副偏角和副后角都不宜磨得太大。

b. 防止两个副切削刃不对称。

c. 主切削刃应与刀杆基面平行,同时主切削刃应垂直于刀杆正面中线。

③ 弯头切刀刃磨

a. 先磨出两个副后面,副后角取6°左右。

b. 刃磨后面和前面,主切削刃要直,并与刀杆平行。

c. 磨出两个相等的副偏角,大小是2°~3°。

d. 刨钢铸件时一般采用6°~8°的前角。

(3) 刨刀的装夹

① 安装刀具前,把刀架对准"0"刻度线。刀座固定在中心位置上。装刀时刀杆伸出长度越短越好,但不能妨碍加工工件。

② 装刀时,用小直角尺或目测找正刀杆,使切削刃处于水平位置,使两个副偏角相等。

2. 工件装夹

将工件装夹在台虎钳上,装夹时工件要与平行块和固定钳口贴实。

3. 切削用量选择

切直槽时切削用量选择要小,一般进给量为0.08~0.3 mm/往复行程,切削速度可参照表2-7。

切沟槽时要手动走刀,以免损坏刀具和工件。

表 2-7 切削用量的选择

进给量/(mm/往复行程)	工件材料切削速度 v/(m/min)	
	轧钢件和锻钢件	铸钢件
0.10	22.3	20.1
0.12	19.8	17.8
0.15	17.1	15.4
0.18	15.1	13.6
0.23	12.9	11.6
0.28	11.4	10.2

4. 工艺过程

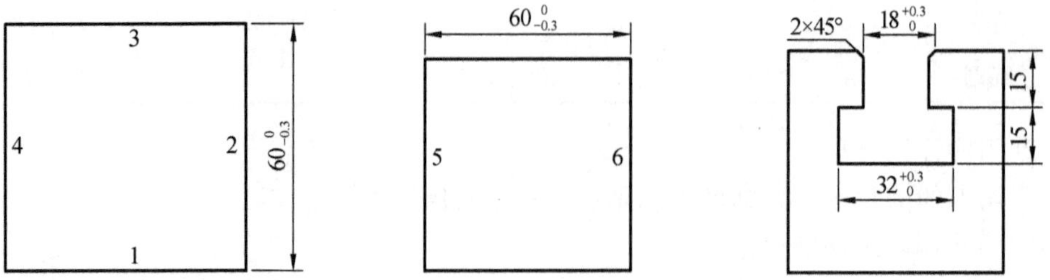

① 刨削基准平面 1,至尺寸 62. 5 mm。
② 刨平面 2,至尺寸 62. 5 mm。
③ 刨平面 4,至尺寸 $60_{-0.3}^{0}$ mm。
④ 刨平面 3,至尺寸 $60_{-0.3}^{0}$ mm。
⑤ 偏刀刨削端面 5,至尺寸 62. 5 mm。
⑥ 偏刀刨削端面 6,至尺寸 $60_{-0.3}^{0}$ mm。
⑦ 切刀刨直槽,至尺寸 $18_{0}^{+0.3}$ mm × 30 mm。
⑧ 弯头切刀刨 T 型槽至图纸要求,倒角刨刀刨倒角 2 × 45°。

5. 工件测量

用直尺和游标卡尺测量长度。

6. 评分标准

评分标准见表 2-8。

表 2-8　评分标准

序号	操作内容与要求	分值	评分细则	实测记录	得分
1	刀具的安装	10	刀具安装不正确扣 5 分		
2	工件的安装	10	未找正、装夹不牢固不得分		
3	切削用量选择	10	切削用量选择不当扣 5 分		
4	机床调整	10	调整操作不正确扣 5 分		
5	对刀方法	10	试切试量不正确扣 2 分		
6	粗刨各面	10	操作不正确扣 5 分		
7	精刨各面	10	操作不正确扣 5 分		
8	工件质量检测	25	尺寸一处不符合要求扣 2 分		
9	安全文明操作	5	违反一次扣 2 分		

四、拓展训练

在刨床上加工出如图 2-26 所示零件，毛坯是长、宽、高尺寸为 105 mm × 55 mm × 45 mm 的平板。

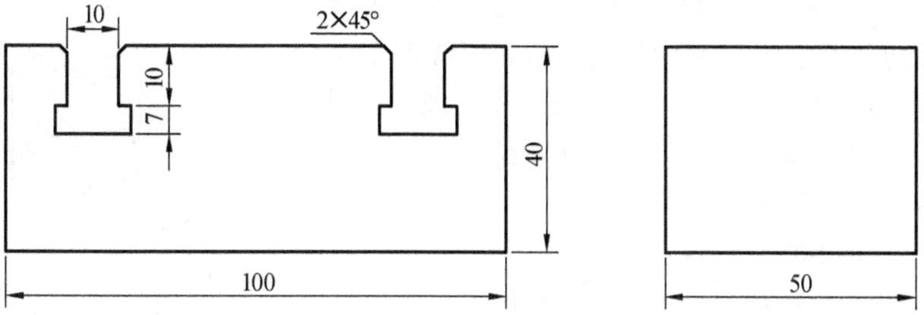

图 2-26　双 T 形块

知识链接一　刨床

刨削类机床主要应用的有牛头刨床和龙门刨床两种类型。

1. 牛头刨床

牛头刨床是滑枕带着刨刀做水平直线往复运动的刨床，因滑枕前端的刀架形似牛头而得名。因其结构简单，调整方便，操作灵活，刨刀简单，刃磨和安装方便，所以刨削的通用性良好。牛头刨床在单件生产及修配工件中被广泛使用。

(1) 牛头刨床的组成及其功能

牛头刨床主要由滑枕、摇臂机构、工作台和进给机构、变速机构、刀架、床身、底座等部分组成，如图 2-27 所示。

① 滑枕和摇臂机构

摇臂机构是牛头刨床的主运动机构，可以把电动机的旋转运动转换为滑枕的直线往复运动，以带动刨刀进行刨削。齿轮带动摇臂齿轮转动，固定在摇臂齿轮上的滑块可在摇臂的槽内滑动并使摇臂绕下支点前后摆动，于是带动滑枕做直线往复运动。

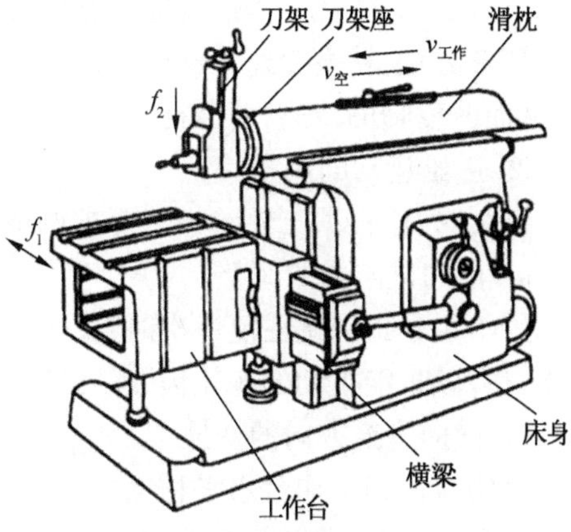

图 2-27　牛头刨床的基本结构

② 工作台及进给机构

工作台安装在横梁的水平导轨上，由进给机构(棘轮机构)传动，使其在水平方向自动间歇进给。进给机构中，齿轮与摇臂齿轮同轴旋转，带动齿轮转动，使一端固定于偏心槽内的连杆摆动拔爪，同时拨动棘轮，使同轴丝杆转动，实现工作台的横向进给。

③ 刀架

如图 2-28 所示，刀架用来夹持刨刀，并可做垂直或斜向进给。扳转刀架手柄 1 时，滑板 3 即可沿转盘 4 上的导轨带动刨刀做垂直进给。滑板需斜向进给时，松开转盘 4 上的螺母，将转盘扳转至所需角度即可。滑板 3 上装有可偏转的刀座 9，刀座中的抬刀板 8 可绕轴 5 向上转动，刨刀安装在刀架 7 上。在返回行程时，刨刀绕轴 5 自由上抬，可减少刀具后刀面与工件的摩擦。

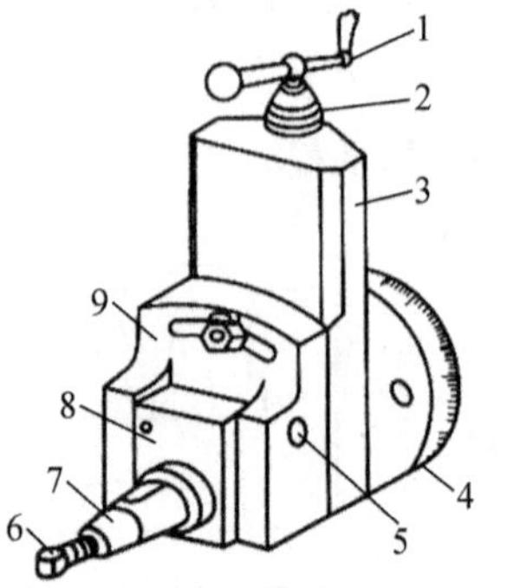

1—手柄；2—刻度环；3—滑板；
4—刻度转盘；5—轴；6—紧固螺钉；
7—刀架；8—抬刀板；9—刀座

图 2-28 牛头刨床刀架

（2）牛头刨床的调整

① 主运动的调整

刨削时的主运动应根据工件的尺寸大小和加工要求进行调整。

a. 滑枕行程长度的调整

调整要求：滑枕行程长度应略大于工件加工表面的刨削长度。

调整方法：松开行程长度调节手柄的滚花螺母，用曲柄摇手转动手柄，通过锥齿轮转动小丝杆，使偏心滑块移动，曲柄销带动滑块改变其在摇臂齿轮端面上的偏心位置，从而改变滑枕的行程长度。

b. 滑枕起始位置的调整

调整要求：滑枕起始位置应和工作台上工件的装夹位置相适应。

调整方法：松开锁紧手柄，再用曲柄摇手转动调节滑枕位置手柄，通过锥齿轮转动丝杆，改变螺母在丝杆上的位置，从而改变滑枕的起始位置。

c. 滑枕行程速度的调整

调整要求：滑枕行程速度应按刨削加工要求调整。

调整方法：转换变速手柄的标示位置，即可改变变速机构中两组滑动齿轮的啮合关系，从而改变轴的转速，使滑枕行程速度相应变换，满足不同刨削要求。

② 进给运动的调整

刨削时，应根据工件的加工要求调整工作台横向进给量和进给方向。

a. 横向进给量的调整

进给量是指滑枕往复一次时，工作台的水平移动量。进给量的大小取决于滑枕往复一次时棘轮爪能拨动的棘轮齿数。调整棘轮护盖的位置，可改变横向进给量的大小。

b. 横向进给方向的变换

进给方向即工作台水平移动方向，扳动进给运动换向手柄使棘轮爪转动 180°，棘爪的斜面反向，棘爪拨动棘轮的方向相反，故工作台移动换向。

牛头刨床主要应用于单件小批生产中，用于刨削工件的平面、成形面和沟槽等，根据牛头刨床的规格适用于刨削相应长度的中、小型零件。牛头刨床的特点是调整方便，但由于是单刃切削，而且切削速度低，回程时不工作，所以生产效率低，故只适用于单件小批量生产。

在牛头刨床上加工时，刨刀工作行程和返回行程的平均速度称为切削速度，计算公式为

$$v=2Ln/1\ 000$$

式中，v——切削速度，m/min；

L——行程长度，mm；

n——滑枕每分钟的往复次数，次/min。

工件在刨刀每次往复后所移动的距离称为进给量，用符号 f 表示，单位为 mm/次。工件上已加工表面和待加工表面之间的垂直距离称为背吃刀量，用符号 a_p 表示，单位为 mm。

2. 龙门刨床

龙门刨床是具有门式框架和卧式长床身的刨床，因形似龙门而得名，如图 2-29 所示。龙门刨床的主参数是最大刨削宽度。龙门刨床主要加工大型工件或同时加工多个工件上的各种平面、沟槽和各种导轨面，根据龙门刨床的规格可刨削工件相应的宽度尺寸和长度尺寸。横梁上一般装有两个垂直刀架，刀架滑座可在垂直面内回转一个角度，并可沿横梁做横向进给运动；刨刀可在刀架上做垂直或斜向进给运动；横梁可在两立柱上做上下调整。一般在两个立柱上还安装可沿立柱上下移动的侧刀架，以扩大加工范围，工作台回程时能机动抬刀，以免划伤工件表面。

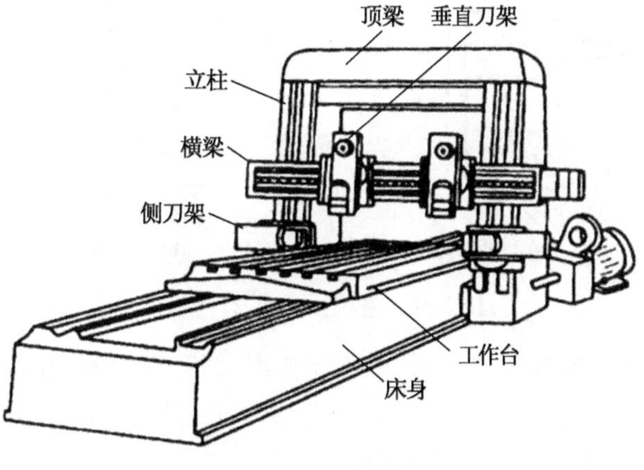

图 2-29 龙门刨床的结构

与牛头刨床相比，从结构上看，龙门刨床形体大，结构复杂，刚性好；从机床运动上看，龙门刨床的主运动是工作台的直线往复运动，而进给运动则是刨刀的横向或垂直间歇运动，这刚好与牛头刨床的运动相反。

知识链接二 刨刀

刨刀的种类很多，由于刨削加工的形式和内容不同，采用的刨刀类型也不同，常用的有平面刨刀、偏刀、切刀、弯头刀等，如图 2-30 所示。

① 平面刨刀。用来刨平面。

② 偏刀。用来刨削垂直面、台阶面和外斜面等。

③ 角度偏刀。用来刨削角度形表面,如燕尾槽和内斜槽。

④ 切刀。用来刨削直角槽、沉割槽和切断工件。

⑤ 弯头刀。用来刨削 T 形槽和侧面割槽。

⑥ 样板刀。用来刨削 V 形槽和特殊形状的表面。

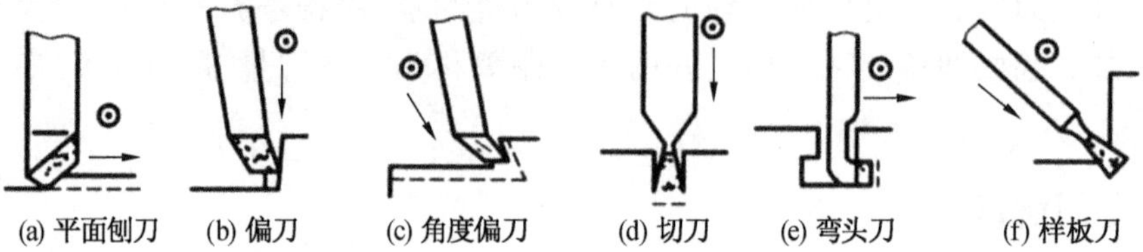

图 2-30　常见刨刀的形状及应用

常用刨刀的刀杆形式有直杆刨刀和弯杆刨刀两种,如图 2-31 所示。

刨刀在受到较大切削力时,刀杆会绕 O 点向后弯曲变形。弯杆刨刀变形时,刀尖不会啃入工件,而直杆刨刀的刀尖会啃入工件,造成刀具及加工表面的损坏,所以弯杆刨刀在刨削加工中应用较多。

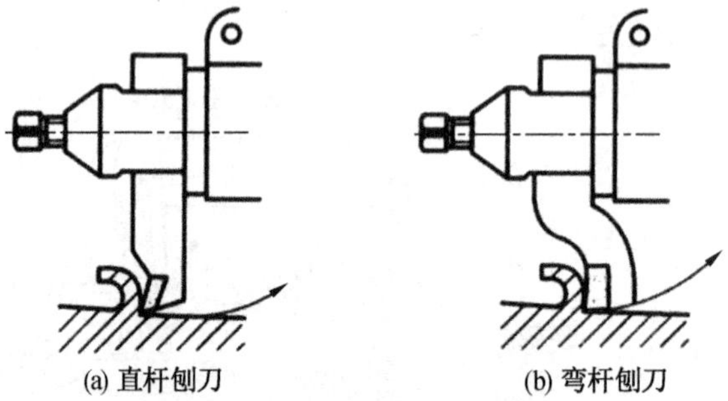

图 2-31　直杆刨刀和弯杆刨刀

将普通平面刨刀安装在刀夹上,刀头不能伸出太长,以免刨削时产生较大振动,刀头伸出长度一般为刀杆厚度的 1.5 ~ 2 倍。由于刀架是可以抬起的,所以无论是装刀还是卸刀,在用扳手拧刀夹螺丝时,施力方向都应向下。

知识链接三　刨削加工

1. 刨削平面

水平面既可以是零件所需要的加工表面,又可以用作精加工基准面。在水平面加工中,经常采取刨削方法进行加工,根据加工质量要求进行相应的刨削加工,以保证所要求的加工精度,如表 2-9 所示。水平面粗刨时应采用平面粗刨刀,精刨时应采用圆头精刨刀。刨削用量一般为:背吃刀量 a_p 为 0.2 ~ 0.5 mm,进给量 f 为 0.33 ~ 0.66 mm/str,切削

速度 v 为 15 ~ 50 m/min。粗刨时，背吃刀量和进给量可取大值，切削速度取低值；精刨时，切削速度取高值，背吃刀量和进给量取小值。在水平面刨削时，背吃刀量由手动控制刀架的垂直运动决定，进给量由进给运动手柄调整。

表 2-9 刨削所能达到的精度

刨削种类	尺寸公差等级	表面粗糙度轮廓值 *Ra*
粗刨	IT12 ~ IT11	20 ~ 12.5 μm
半精刨	IT10 ~ IT9	6.3 ~ 3.2 μm
精刨	IT8 ~ IT7	3.2 ~ 1.6 μm（直线度可达 0.04 ~ 0.08 mm/m）

根据"任务实施"中工件装夹相关知识要求定位装夹好工件，在刨削平面时，先用手动进给，试切出 0.5 ~ 1 mm 左右的宽度。然后停车检测尺寸，并利用刀架刻度盘调整背吃刀量。若工件加工余量较大，须分多次刨削。若工件表面有一定的粗糙度轮廓要求，则须根据粗、精刨分开原则进行背吃刀量、进给量等切削参数的合理调整，并且为了避免刨刀返回时把工件已加工表面拉毛，在刨刀返回行程时，可掀起刀座上的抬刀板，使刀尖不与工件接触。

水平面的刨削步骤如下：

① 正确安装工件和刨刀后，调整工作台高度至合适位置，再调整滑枕行程长度、行程速度和起始位置，相关操作方法见"知识链接一"中牛头刨床调整操作介绍。

② 选择合适的切削用量，一般背吃刀量 $a_p = 0.2 \sim 2$ mm，进给量 $f = 0.33 \sim 0.66$ mm/次，切削速度 $v = 17 \sim 50$ m/min。粗刨时，a_p 和 f 取大值；精刨时，a_p 和 f 取小值，v 取大值。

③ 开动机床移动滑枕，使刨刀接近工件后停车。

④ 转动工作台横向走刀手柄，使工件移至刨刀下面，摆动刀架手柄，使刀尖接触工件表面，然后移动工作台，使工件一侧退离刨刀刀尖 3 ~ 5 mm。

⑤ 摇动刀架，刨刀向下进至选定的背吃刀量，然后开机刨削。若刨削量较大，可分几次走刀完成。

2. 刨削垂直面

工件上如有不能或不适合用刨削水平面的方法加工的平面，可将该平面置于与水平面成垂直的位置，然后用刨削垂直面的方法进行加工，如加工台阶面和长工件的端面等。垂直面的刨削主要由刀架做垂直进给运动来实现。

刨削垂直面时，其工作步骤与刨削平面相似，在加工中常采用偏刀，用手摇刀架进给，背吃刀量由工作台横向移动来调整。刨削前，先将刀架转盘刻度线对准零线，以保证加工面与工件底平面垂直，转动刀架手柄，从上往下加工工件。为了避免刨刀回程时划伤工件已加工表面，必须将刀座转偏一个角度（10° ~ 15°）。刨垂直面时，刀架转盘应对准零线安装工件，通过找正使待加工表面与工作台台面垂直，并与刨刀切削行程方向平行。垂直面刨削加工操作如图 2-32 所示。

在刨削垂直面的过程中，要注意刀座推偏时，偏刨刀的主刀刃应指向所加工的垂直面，不能将刨刀所偏方向及推偏方向选错。另外，安装偏刨刀时，刨刀伸出长度应大于整个刨削面的高度。

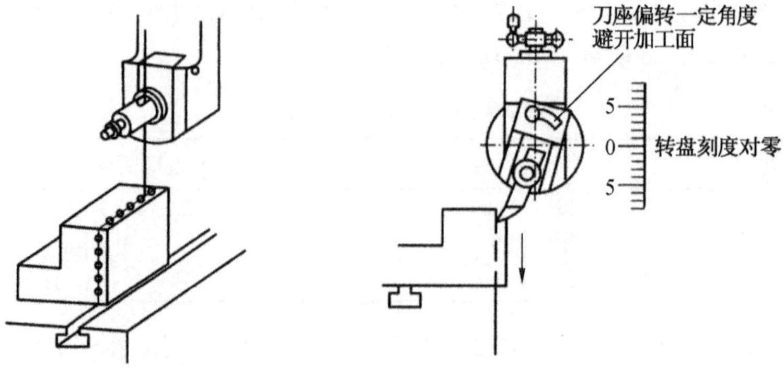

(a) 根据划线找正 (b) 调整刀架垂直

图 2-32 垂直面刨削加工操作

3. 刨削斜面

工件上的斜面有内斜面和外斜面两种形式，如 V 形槽、燕尾槽由内斜面组成；V 形楔、燕尾榫由外斜面组成。刨削斜面的方法很多，内斜面和外斜面均可由倾斜刀架法进行刨削加工，刨削斜面的方法与刨削垂直面的操作方法基本相同。

刨削工件斜面前，先将转盘与刀座一起转动一定的角度，再将刀座转动至上端偏离所需加工的斜面 12°左右，然后从上往下转动刀架手柄刨削斜面。注意应针对是内斜面还是外斜面来选择左角度偏刨刀或右角度偏刨刀。一般内斜面左斜用左角度偏刨刀，外斜面左斜用右角度偏刨刀；内斜面右斜或外斜面右斜时则恰恰相反，且角度偏刨刀伸出长度也应大于整个刨削斜面的宽度。斜面刨削加工操作如图 2-33 所示。

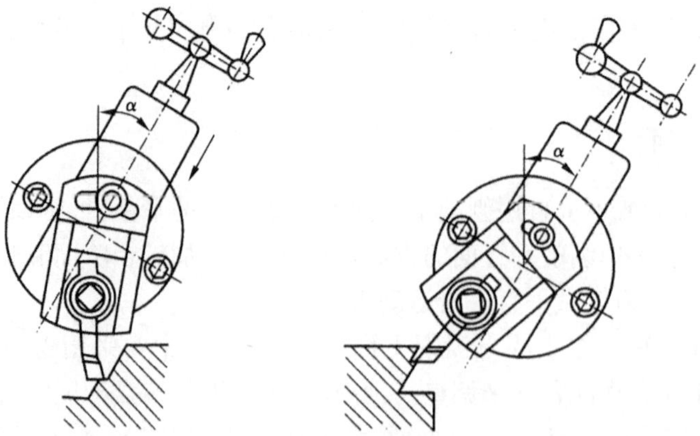

图 2-33 斜面刨削加工操作

在进行斜面刨削时，背吃刀量与进给量的控制及调整同刨削垂直面一样，但要注意刨削斜面时，背吃刀量不可选得过大。

另外，还可以转动钳口垂直走刀刨削平面，斜装工件水平走刀刨削斜面；按划线找斜面加工线于水平位置进行刨削；用斜铣垫工件加工斜面；批量刨斜面时，还可以转动工作台来进行;用夹具刨斜面;用样板刀来刨斜面。

4. 刨削正六面体零件

正六面体零件加工要求对面平行,还要求与底面互成直角,与相邻面成120°角。这类零件既可以铣削加工,也可以刨削加工。刨削正六面体一般采用图2-34所示的加工步骤:

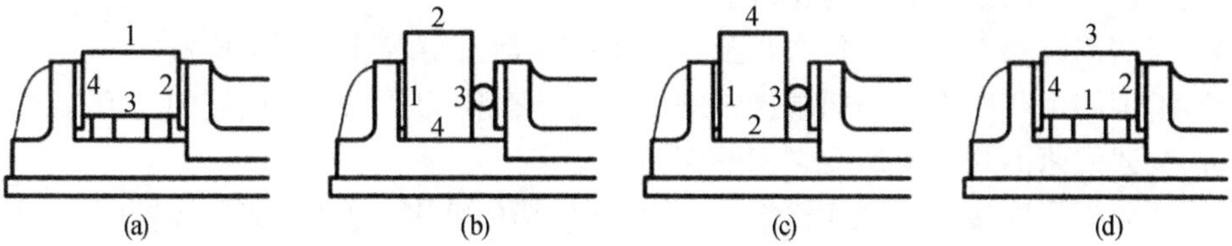

图2-34 保证4个面垂直度的加工步骤

① 一般是先刨出大平面1(即底面),作为精基面,如图2-34 a所示。

② 将已加工的大平面1作为基准面贴紧固定钳口。在活动钳口与工件之间的中部垫一个圆棒后夹紧,然后加工平面2,如图2-34 b所示。面2对面1的垂直度取决于固定钳口与水平走刀的垂直度。在活动钳口与工件之间垫一个圆棒,是为了使夹紧力集中在钳口中部,以利于面1与固定钳口可靠地贴紧。

③ 将已加工的平面2朝下,同样按上述方法,使基面1紧贴固定钳口。夹紧时,用手锤轻轻敲打工件,使平面2贴紧平口钳,就可以加工平面4,如图2-34 c所示。

④ 用步骤②和③的方法再加工出正六面体的其他几个面。

⑤ 加工平面3,如图2-34 d所示,把平面1放在平行垫铁上,工件直接夹在两个钳口之间。夹紧时要求用手锤轻轻敲打,使平面1与垫铁贴实。

5. 刨削T形槽

在刨削沟槽类工件时,一般先在工件端面划出加工线,然后装夹找正。为保证加工精度,应在一次装夹中完成加工。刨削直槽时,选用切槽刀,刨削过程与刨削垂直面方法相似。刨削T形槽时,如图2-35所示,选择刨刀依次进行加工:先用切槽刀刨出直槽,然后用左、右弯刀刨出凹槽,最后用45°刨刀刨出倒角。

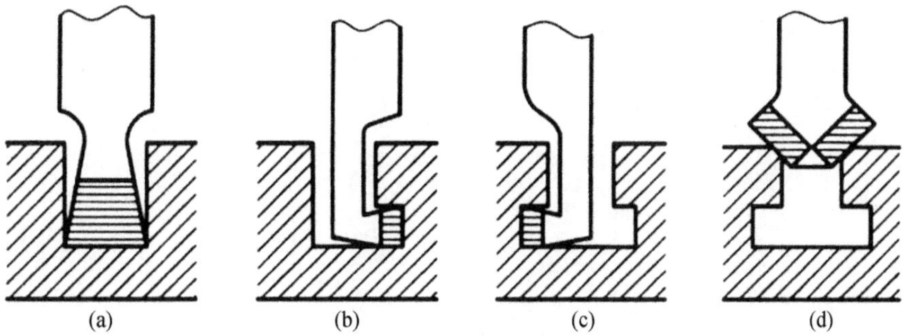

图2-35 T形槽的刨削加工方法

思考题

1. 用图表示出圆柱铣刀或端铣刀的坐标平面及几何参数。

2. 试述铣削过程的特点。

3. 试比较圆周铣时顺铣与逆铣的优缺点。

4. 何谓周铣和端铣？为什么成批大量生产通常采用端铣而不是周铣？

5. 刨削的生产率为什么通常比铣削低？为什么狭长平面适宜用刨削而不是铣削？

6. 试述铣床的几种类型及它们的应用。

7. 试分析圆周铣削与端面铣削的切削厚度、切削宽度、切削层面积和铣削力，以及它们对铣削过程的影响。

8. 为何多刃刀具加工时容易引起振动？

9. 铣刀排屑功能的优劣主要受哪些因素的影响？

10. 试述铣刀的螺旋角对铣削过程的影响。

项目三

钻削、镗削加工

3

任务一　孔加工实例

一、任务书

加工出如图 3-1 所示工件，材料为 45 钢。

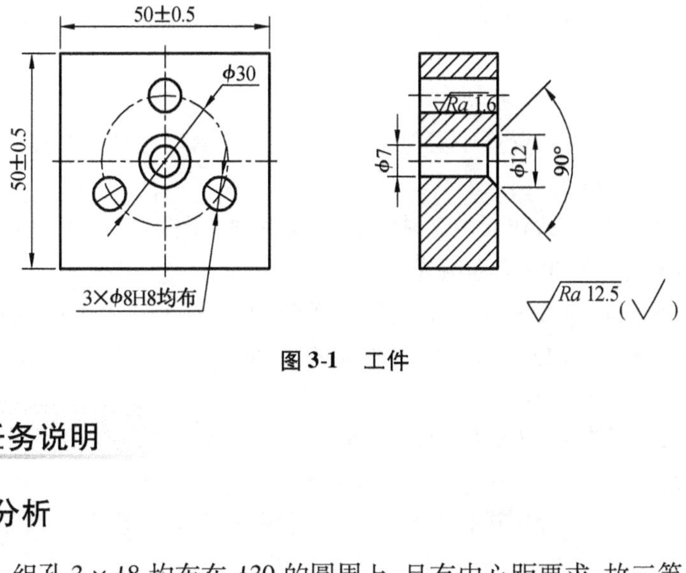

图 3-1　工件

二、任务说明

1. 工件分析

① 工件中，组孔 3 × ϕ8 均布在 ϕ30 的圆周上，且有中心距要求，故三等分划线要准确。组孔 3 × ϕ8 的尺寸精度 H8 和表面粗糙度轮廓值 *Ra*1.6 要求较高，要进行孔的精加工。

② 机床选择。因工件为批量生产，可考虑采用 Z5125 型立式钻床加工。

2. 工艺过程

下料→加工外形→划线、冲样冲眼→钻 ϕ7 孔、锪锥孔→扩 ϕ7.8 孔→铰 ϕ8H8 孔→

检查、修整、锐边去毛刺、倒棱。

3. 工具准备

刀具选用：锉刀、$\phi 7$ 钻头、$\phi 7.8$ 钻头、$\phi 12$ 锥形锪钻、$\phi 8H8$ 铰刀、铰杠、划针、划规、样冲等。

量具：钢直尺、游标卡尺、高度游标卡尺、$\phi 8H8$ 塞规等。

知识链接一　机床

1. 钻床

1）钻床的工艺范围与主要类型

主要用钻头在工件上加工孔的机床称为钻床。通常钻头的旋转运动为主运动，钻头的轴向移动为进给运动。装有数控装置的称为数控钻床。

钻床分为坐标镗钻床、深孔钻床、摇臂钻床、台式钻床、立式钻床、卧式钻床、铣钻床、中心孔钻床等。它们中的大部分以最大钻孔直径为其主参数值。

数控钻床按机床布局型式及其功能特点可划分为立式数控钻床、钻削中心、印制电路板数控钻床、深孔数控钻床及其他大型数控钻床等。

钻床的主要功用为钻孔和扩孔，也可以用来铰孔、攻螺纹、锪沉头孔及锪凸台端面等。在上述钻床中，应用最广泛的是立式钻床、摇臂钻床和立式数控钻床。

2）常用钻床

（1）立式钻床

立式钻床是主轴竖直布置且中心位置固定的钻床，简称立钻。常用于机械制造和修配工厂加工中、小型工件的孔。

常用的立钻有方柱立钻和圆柱立钻两种基本系列。图 3-2 所示为方柱立钻，它由主轴、主轴箱、工作台、立柱和底座等组成。

由于立式钻床主轴中心位置不能调整，若要加工工件上几个不同位置上的孔，必须调整工件的位置，这对大而重的工件，操作很不方便。所以其生产率较低，主要用于单件、小批生产的中、小型零件加工，钻孔直径也比较小。

立钻除以上的基本品种外，还有排式、多轴、坐标及转塔立钻等变型品种。

① 排式立钻。一般由 2 ~6 个立柱和主轴箱排列在一个公用底座上，各主轴顺次加工同一工件上的不同孔或分别进行各种孔加工工序，可节省更换刀具的时间，用于中、小批量生产。

② 多轴立式钻床。机床的多个主轴可根据加工需要调整轴心位置，如图 3-3 所示，由主轴箱带动全部主轴转动，多孔同时加工，用于成批生产。

③ 坐标立式钻床。在方柱立钻上加可纵、横移动的十字工作台而成，可按坐标尺寸进行钻削。

④ 转塔立式钻床。多采用程序控制或数字控制，使装有不同刀具的转塔头自动转

位，主轴自动改变转速和进给量，如图 3-4 所示，工件自动调整位置，实现多工序加工的自动化循环。

（2）台式钻床

台式钻床简称台钻，如图 3-5 所示，是一种体积小巧，操作简便，通常安装在专用工作台上的小型孔加工机床。台式钻床钻孔直径一般在 13 mm 以下，最大孔径不超过 16 mm。由于加工的孔径很小，所以台钻主轴的转速很高。台钻的自动化程度较低，通常是手动进给。它结构简单，操作灵活方便。

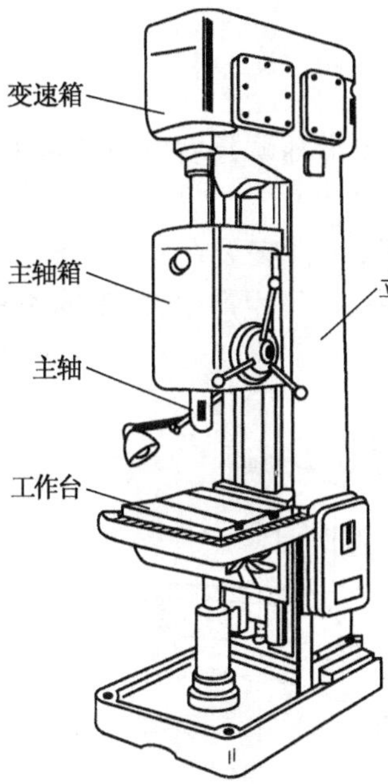

图 3-2　方柱立钻

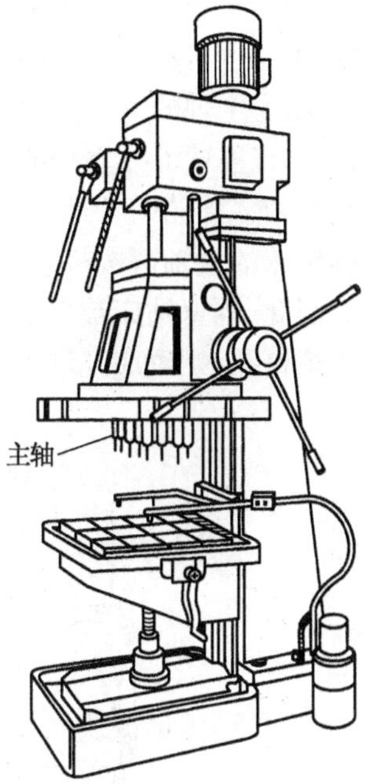

图 3-3　多轴立钻

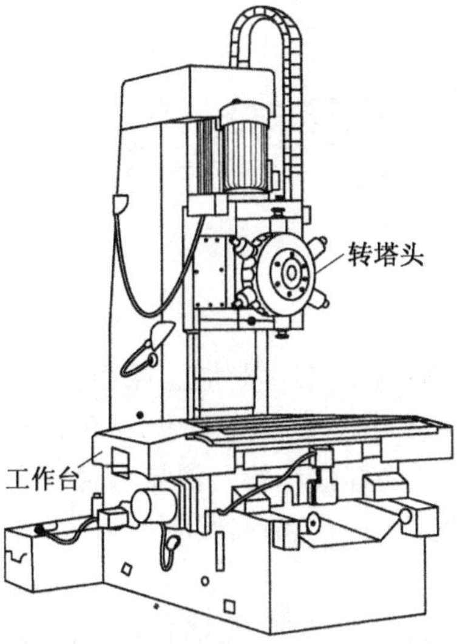

图 3-4　转塔立钻

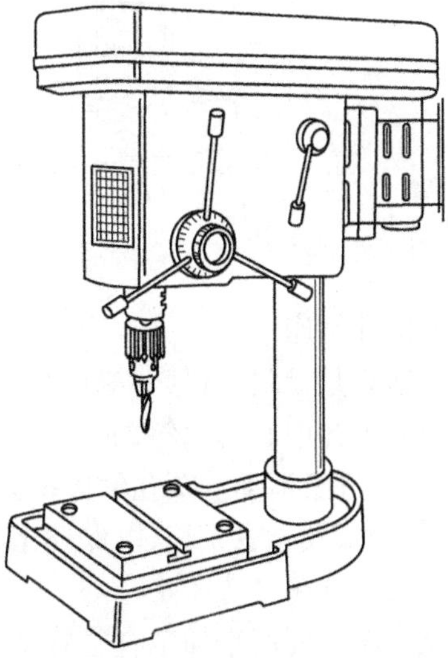

图 3-5　台式钻床

(3) 摇臂钻床

摇臂钻床也可以称为摇臂钻,它主要由底座、内立柱、外立柱、摇臂、主轴箱及工作台等部分组成,如图 3-6 所示。内立柱固定在底座的一端,在它的外面套有外立柱,外立柱可绕内立柱回转 360°。因此,工件装卸方便,还可多装和预装工件,它借助夹具能加工任意平面的孔和孔系,能适应不同尺寸零件的钻孔、扩孔、铰孔、攻螺纹和镗孔等工作。

加工时,由特殊的紧固装置将主轴箱紧固在摇臂导轨上,而外立柱紧固在内立柱上,摇臂紧固在外立柱上。钻削加工时,钻头一边进行旋转切削,一边进行纵向进给,其运动形式如下:

① 摇臂钻床的主运动为主轴的旋转运动。

② 进给运动为主轴的纵向进给。

③ 辅助运动有摇臂沿外立柱的垂直移动,主轴箱沿摇臂长度方向的水平移动,摇臂与外立柱一起绕内立柱的回转运动。

由于这种钻床的主轴可按极坐标形式调整位置,工件安装在固定工作台上,工件不受重量限制。因此,摇臂钻床被广泛应用于单件和中、小批生产中,加工体积和重量较大的工件的各种螺钉孔、螺纹底孔和油孔等。

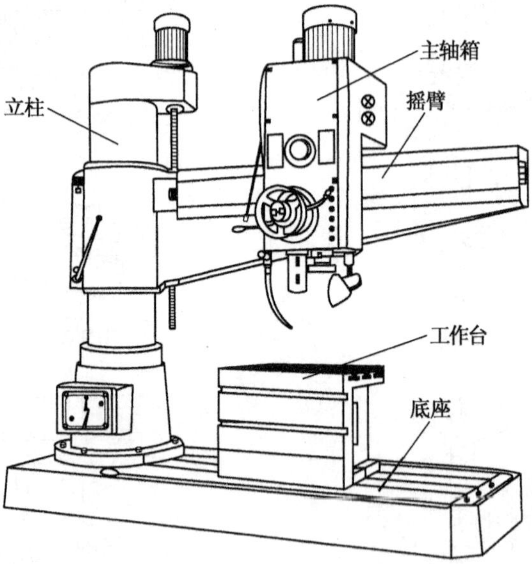

图 3-6 摇臂钻

(4) 深孔钻床

深孔钻床是专门化机床,专门用于加工深孔。这种机床一般加工深径比大于 10 的深孔。为减少孔中心的偏斜,加工时通常是由工件转动来实现主运动,深孔钻头并不转动,只做直线进给运动。深孔钻床多为水平卧式和三坐标式结构。机床有独立完善的切削油高压、冷却及过滤系统,以保证充足、洁净、温度适中的切削油供应。

(5) 数控钻床

数控钻床主要用来加工有位置精度要求的孔和孔系。它一般都具有 X,Y 坐标控制功能,因此在加工孔时,比普通立式钻床和摇臂钻床操作更为方便,位置更为精确。数控钻床钻孔时工件不移动,一般采用点位控制,同时沿两轴或三轴快速移动,可以减少定位时间。有时也采用直线控制,以便进行平行于机床主轴轴线的钻削加工。

图3-7 所示为 ZK5140C 型数控钻床。该机床配备经济型数控系统,三坐标二轴联动,点位控制,三轴分别采用步进电机驱动,可完成钻孔、扩孔、铰孔、锪端面、钻沉头孔及攻螺纹等工作。

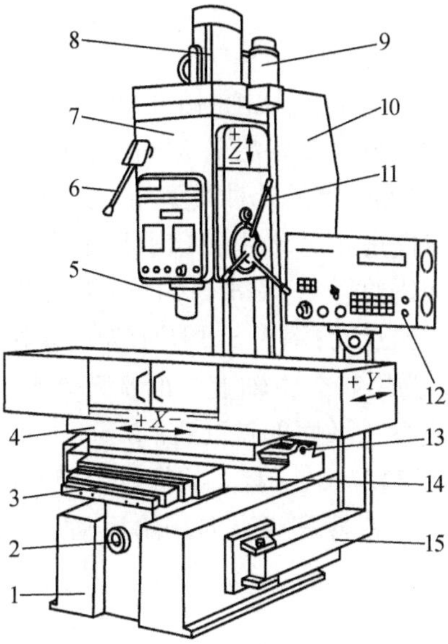

1—底座；2—横向滚珠丝杠；3—罩；4—工作台；5—主轴；6—转速调整手柄；7—主轴箱；
8—主电动机；9—步进电机；10—立柱；11—手柄；12—数控装置；13—纵向滚珠丝杠；
14—滑座；15—支架

图 3-7 ZK5140C 型数控钻床

2. 镗削加工及设备

1）镗床的工艺范围

镗床的主要工作是用镗刀镗孔,这些孔一般尺寸较大、质量较高,且分布在工件的不同表面上,它们不仅有较高的尺寸和形状精度,而且相互之间有较高的位置精度要求。如卧式车床主轴箱上的诸多孔系,孔之间有较高的如同轴度、平行度、垂直度等要求。镗床除用于镗孔外,还可用来钻孔、扩孔、铰孔、车螺纹、铣平面等。

由于镗刀及镗杆的刚度比较差,容易产生变形和振动,加之切削液的注入和排屑困难,观察和测量不便,所以镗削加工的生产率较低。但在单件和中、小批生产中,尤其是大型、复杂的箱体类零件,镗削仍是一种经济实用的加工方法。其加工精度一般为 IT9 ~ IT7,表面粗糙度轮廓值为 Ra 6.3 ~0.8 μm。

2）镗床

镗床主要是用镗刀对工件上已有的孔进行镗削加工。当工件上的孔和孔系的加工尺寸较大,尺寸精度和位置精度要求较高时,就较适宜采用镗削加工,如各种箱体、汽车发动机缸体等零件上的孔。镗削时,工件安装在工作台或夹具上,镗刀装夹在镗杆上,由主轴驱动旋转为主运动，镗刀或工件移动为进给运动。当采用镗模时，镗杆与主轴为浮动连接，加工精度取决于镗模精度；当不采用镗模时，镗杆与主轴为刚性连接，加工精度取决于机床精度。

镗床的主要类型有卧式镗床、坐标镗床和金刚镗床等，其中以卧式镗床应用最为广泛。

（1）卧式镗床

① 卧式镗床的典型加工方法

卧式镗床除可镗孔外，还可以进行铣削、钻孔、扩孔、铰孔、锪平面等工作，因此一般情况下，工件可在一次安装中完成大部分甚至全部的加工工序。

图 3-8 所示为工件在卧式镗床上的几种典型加工方法。图 3-8 a 所示为在镗轴上装悬伸刀杆镗小孔，镗轴完成纵向进给运动；图 3-8 b 所示为用装在平旋盘上的悬伸刀杆镗大直径孔，由工作台完成纵向进给运动；图 3-8 c 所示为用平旋盘刀具溜板上的单向刀铣端面，由刀具溜板完成径向进给运动；图 3-8 d 所示为用装在镗轴上的钻头钻孔，由钻头完成进给运动；图 3-8 e 所示为用装在镗轴上的面铣刀铣平面，由主轴箱完成进给运动，工作台做横向调位运动，完成整个平面的铣削；图 3-8 f 所示为铣组合面，由工作台完成进给运动；图 3-8 g，h 所示为用装在平旋盘上的螺纹刀架和装在镗杆上的附件带动车刀车内螺纹，它们分别由工作台和镗杆完成纵向进给运动。在各种典型加工方法中，主运动都是刀具的旋转运动。

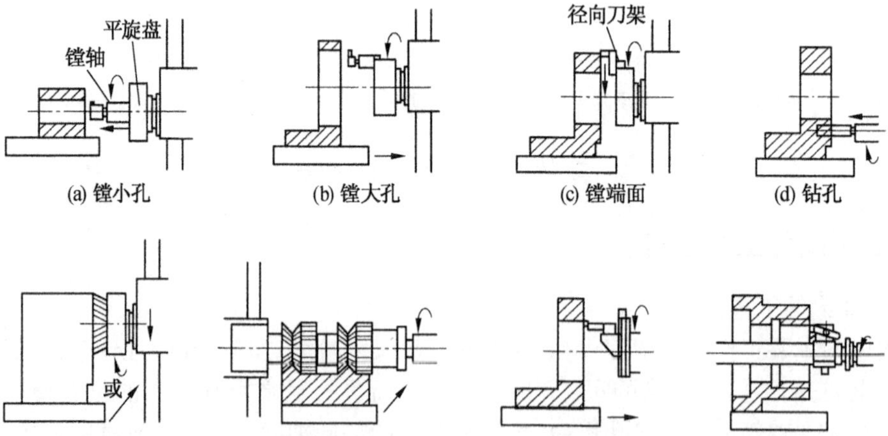

(a) 镗小孔　(b) 镗大孔　(c) 镗端面　(d) 钻孔

(e) 铣平面　(f) 铣组合面　(g) 镗螺纹　(h) 镗深孔螺纹

图 3-8　卧式镗床的典型加工方法

② 卧式镗床的结构及其运动

卧式镗床的结构如图 3-9 所示，它由床身、主轴箱、前立柱、后立柱、下滑座、上滑座和工作台等部件组成。主轴箱 8 可沿前立柱 7 的导轨上下移动。在主轴箱中装有主轴部件、主运动和进给运动变速机构及操纵机构。根据加工情况不同，刀具可以装在镗轴 6 上或平旋盘 5 上。加工时，镗轴旋转完成主运动，并可沿轴向移动完成进给运动；平旋盘只能做旋转主运动。装在后立柱 2 上的后支架 1，用于支承悬伸较大的镗杆的悬伸端，以增加其刚性。后支架可沿后立柱上的导轨与主轴箱同步升降，以保持其上的支承孔与镗轴在同一轴线上。后立柱可沿床身10的导轨左右移动，以适应镗杆不同长度的需要。工件安装在工作台上，可与工作台一起随下滑座11或上滑座12做纵向或横向移动。工作台还可绕上滑座的圆导轨在水平平面内转位，以便加工互相成一定角度的平面或孔。当刀具装在平旋盘的径向刀架上时，径向刀架可带着刀具做径向进给，以车削端面。

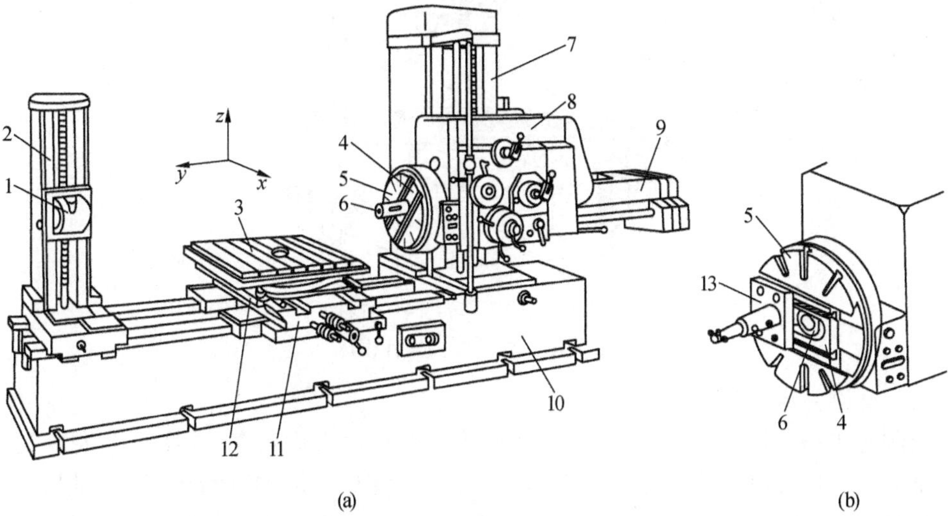

1—后支架；2—后立柱；3—工作台；4—径向刀架；5—平旋盘；6—镗轴；7—前立柱；8—主轴箱；9—后尾筒；10—床身；11—下滑座；12—上滑座；13—刀座

图3-9 卧式镗床

综上所述，卧式镗床具有以下工作运动：

a. 镗杆和平旋盘的旋转主运动。

b. 镗杆的轴向进给运动。

c. 主轴箱的垂直进给运动。

d. 工作台的纵、横向进给运动。

e. 平旋盘径向刀架的进给运动。

f. 辅助运动：主轴箱、工作台在进给方向的快速调位运动，后立柱纵向调位运动，后支架垂直调位运动，工作台的转位运动。这些辅助运动可以手动，也可由快速电机传动。

（2）坐标镗床

坐标镗床因机床上具有坐标位置的精密测量装置而得名，这种机床的主要零部件的制造和装配精度很高，并有良好的刚性和抗振性。在加工孔时，可按直角坐标来精确定位，因此坐标镗床是一种高精密机床，主要用于镗削高精度的孔（IT5级或更高），尤其适合于相互位置精度很高的孔系，如钻模、镗模等孔系的加工，也可用于钻孔、扩孔、铰孔及精铣工作，还可用于精密刻度、样板划线、孔距及直线尺寸的测量等工作。

坐标镗床有立式、卧式之分。立式坐标镗床适宜于加工轴线与安装基面垂直的孔系和铣削顶面；卧式坐标镗床则适宜于加工轴线与安装基面平行的孔系和铣削侧面。立式坐标镗床还有单柱和双柱之分，图3-10所示为立式单柱坐标镗床。

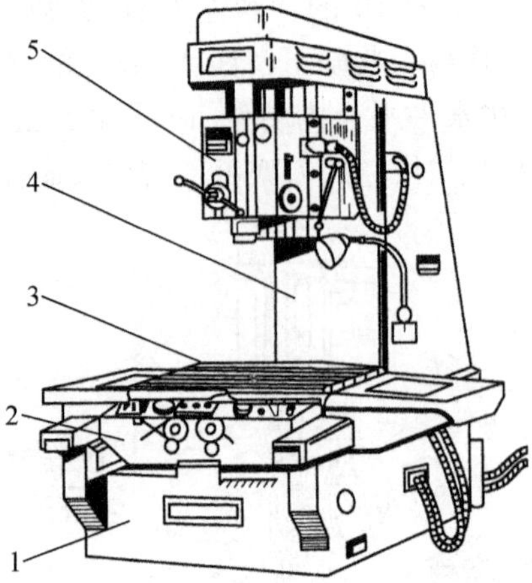

1—底座；2—滑座；3—工作台；4—立柱；5—主轴箱

图 3-10　立式单柱坐标镗床

（3）金刚镗床

金刚镗床是一种高速精密镗床，因曾采用金刚石镗刀而得名，现在已经大量改用硬质合金刀具。这种机床的特点是切削速度很高，而背吃刀量和进给量极小，因此可以获得很高的加工精度和表面质量。金刚镗床在成批、大量生产中应用广泛，常用于加工发动机的气缸、连杆、活塞等零件上的精密孔。

知识链接二　刀具

1. 钻孔刀具

钻头是钻孔的主要工具，其刀具结构形式很多，按用途分主要有从实材上加工孔的麻花钻、群钻、扁钻、中心钻和深孔钻等，以及对已有孔进行再加工的扩孔钻、锪钻和铰刀等。

（1）麻花钻

麻花钻是钻孔加工最为常用的刀具，主要用于 ϕ80 mm 以下孔径的粗加工，以 ϕ30 mm以下孔径最为常用，生产效率不高（麻花钻的具体内容见知识链接四）。

（2）中心钻

中心钻用于轴类等零件端面上的中心孔加工，如图 3-11 所示。

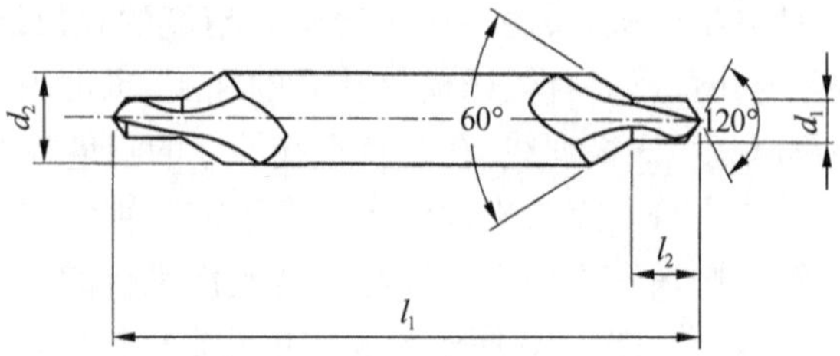

图 3-11　中心钻

（3）扁钻

扁钻切削部分磨成一个扁平体，主切削刃磨出锋角、后角并形成横刃；副切削刃磨出后角与副偏角并控制钻孔直径，如图 3-12 所示。扁钻前角小，没有螺旋槽，排屑困难，但制造简单，成本低，在 ϕ1 mm 以下的小孔加工中得到广泛应用。扁钻由于结构上有较大改进，加上上述优点，故在自动线和数控机床上加工 ϕ35 mm 以上的孔时，也使用扁钻。

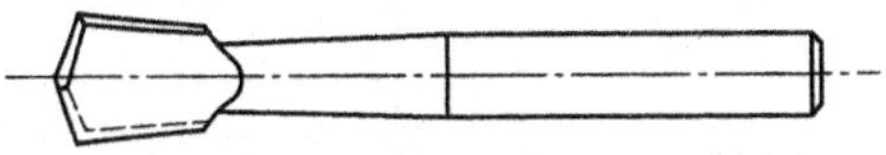

(a) 整体式扁钻

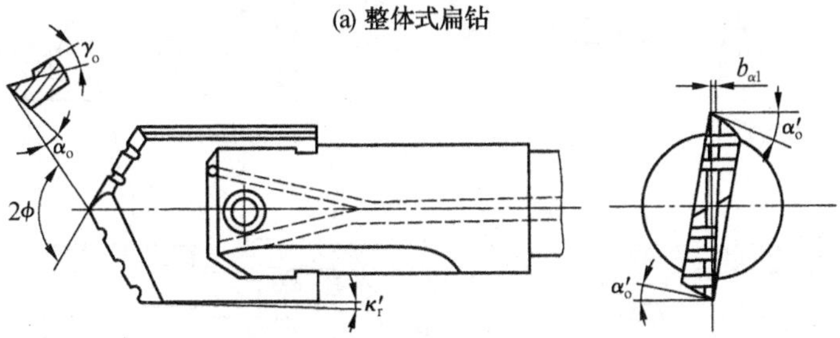

(b) 装配式扁钻

图 3-12 扁钻

（4）可转位浅孔钻

可转位浅孔钻，如图 3-13 a 所示，适合在车床上加工直径 $d=17.5\sim160$ mm、深径比 $l/d\leqslant3$ 的中等直径浅孔。对直径 $d>60$ mm 的浅孔，可用硬质合金可转位式套料浅孔钻加工，如图 3-13 b 所示。该结构的钻头切削效率高，功率消耗少，还可以节省原材料，降低成本，是大批量生产中加工中等直径孔时常采用的方法之一。可转位浅孔钻还可用于镗孔或车端面，并可实现高速切削。

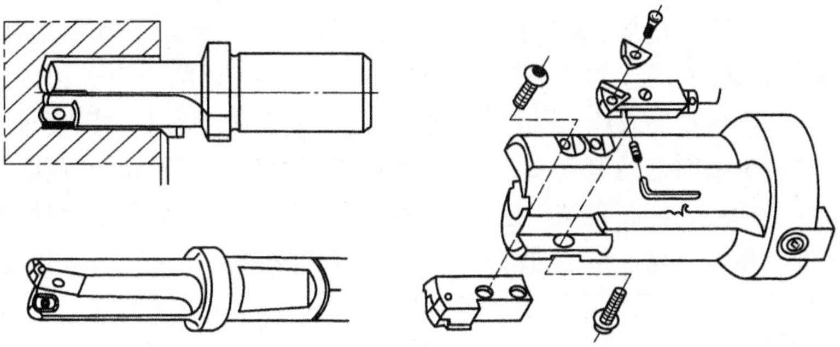

(a) (b)

图 3-13 可转位浅孔钻

（5）深孔钻

当孔的深径比达到 5 以上时为深孔。深孔加工难度较大，主要表现在刀具刚性差、导向难、排屑难、冷却润滑难等方面，有效地解决上述加工问题是保证深孔加工质量的关键。一般对深径比在 5 ~ 20 的普通深孔，在车床或钻床上用加长麻花钻加工；对深径比达 20 以上的深孔，在深孔钻床上用深孔钻加工；当孔径较大、孔加工要求较高时，可在深孔镗床上加工。

深孔钻按排屑方式不同分为外排屑和内排屑两类。外排屑的有枪钻、深孔扁钻和深孔麻花钻等；内排屑的因所用的加工系统不同，分为 BTA 深孔钻、喷射钻和 DF 深孔钻 3 种。图 3-14 所示为几种不同的深孔钻。

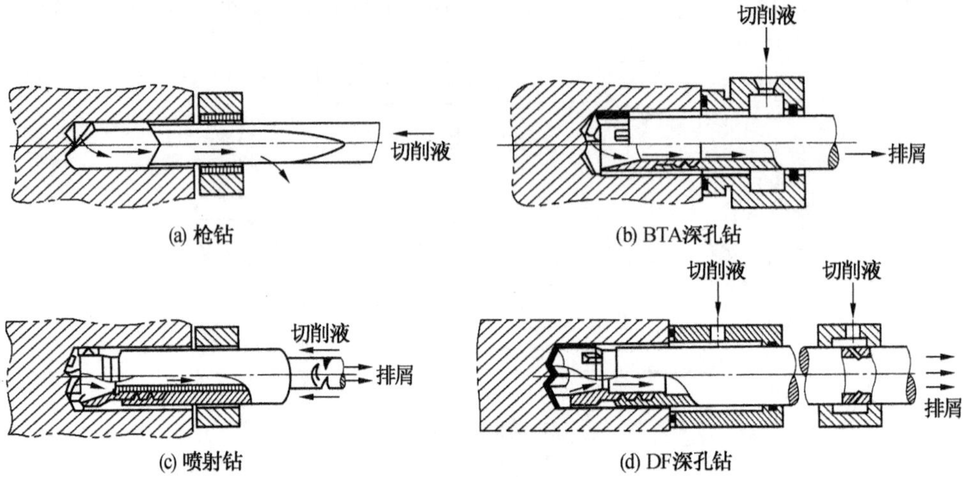

图 3-14 几种不同的深孔钻

① 枪钻。只有一个切削部分，最早用于加工枪管。钻削时，切削液从钻杆中间进入，经钻头头部的小孔喷射到切削区，然后带着切屑从钻头的 V 形沟槽中排出。枪钻适用于加工孔径为 2 ~ 20 mm、孔深与孔径之比大于 100 的深孔。

② BTA(Boring and Trepanning Association)深孔钻。切削液从钻杆与孔壁的间隙处送入，靠切削液的压力将切屑从钻杆的内孔中排出。BTA 深孔钻适用于钻削孔径 6 mm 以上、孔深与孔径之比小于 100 的深孔，其生产效率比枪钻高 3 倍以上。

③ 喷射钻。一种多刃内排屑深孔钻，有内、外两层钻管，大部分切削液从内、外钻管的间隙中进入切削区，然后连同切屑进入内管；另一小部分切削液则经由内管尾端的月牙形孔进入内管，产生喷射效应，形成低压区，帮助抽吸切屑。喷射钻不要求严格的切削液密封装置，适用于钻削直径 18 mm 以上、孔深与孔径之比小于 100 的深孔。

④ DF(Double Feeder)深孔钻。这种钻头吸收了 BTA 深孔钻和喷射钻的优点，采用单管，排屑靠推压和抽吸双重作用，提高了排屑能力，可钻削孔径在 8 mm 以上的深孔。

枪钻常用高速钢或硬质合金制造。各类内排屑深孔钻可根据尺寸大小，采用焊接或机械夹固式可转位硬质合金刀片的结构。深孔钻上的导向块起导向和定心作用，减少钻孔的偏斜和切削时的振动。深孔钻的刀齿和导向块的布置主要考虑分屑和切削时径向力的平衡。刀体与钻杆可用焊接或方牙螺纹连接。

2. 对已有孔进行再加工的刀具

(1) 扩孔钻

如图 3-15 所示，扩孔钻一般用于孔的半精加工或终加工，用于铰或磨前的预加工或毛坯孔的扩大，有三四个刃带，无横刃，前角和后角沿切削刃的变化小，加工时导向效果好，轴向抗力小，切削条件优于钻孔。

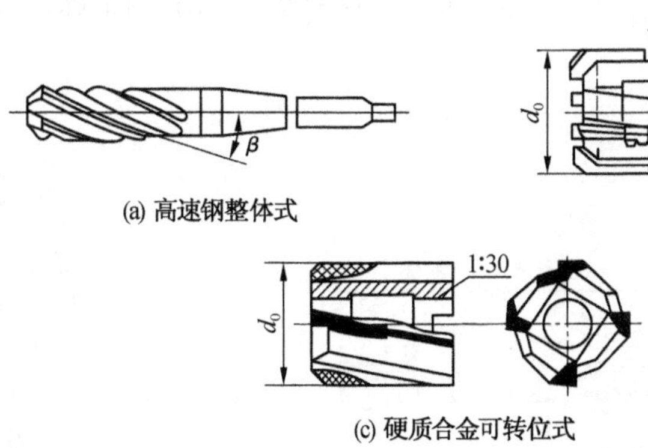

(a) 高速钢整体式　(b) 镶齿套式　(c) 硬质合金可转位式

图 3-15　扩孔钻

（2）锪钻

锪钻是对孔的端面进行平面、柱面、锥面及其他型面加工。在已加工出的孔上加工圆柱形沉头孔、锥形沉头孔和端面凸台时，都使用锪钻。

锪钻分柱形锪钻、锥形锪钻、端面锪钻 3 种。

① 柱形锪钻。用于锪圆柱形埋头孔，如图 3-16 a 所示。柱形锪钻的端面刀刃起主要切削作用，螺旋槽的斜角就是它的前角。锪钻前端有导柱，导柱直径与工件已有孔为紧密的间隙配合，以保证良好的定心和导向作用。这种导柱是可拆的，也可以把导柱和锪钻做成一体。

② 锥形锪钻。用于锪锥形孔，如图 3-16 b 所示。锥形锪钻的锥角按工件锥形埋头孔的要求不同，有 60°，75°，90°，120°共 4 种，其中 90°的应用最广。

③ 端面锪钻。专门用来锪平孔口端面，如图 3-16 c 所示。端面锪钻可以保证孔的端面与孔中心线的垂直度。当已加工的孔径较小时，为了使刀杆保持一定强度，可使刀杆头部的一段直径与已加工孔为间隙配合，以保证良好的导向作用。

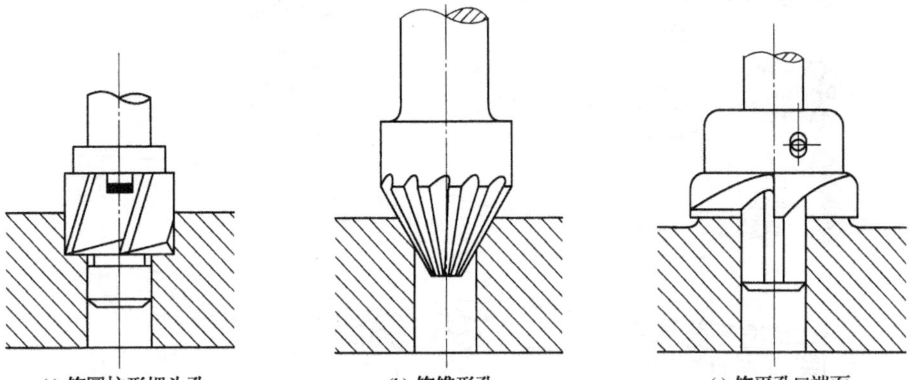

(a) 锪圆柱形埋头孔　(b) 锪锥形孔　(c) 锪平孔口端面

图 3-16　锪钻

（3）铰刀

铰刀用于中、小直径孔的半精加工和精加工。铰刀加工余量小，齿数多，刚性和导向性好。

① 铰刀的组成。铰刀由工作部分、颈部和柄部组成，如图 3-17 所示。工作部分包括

切削部分和校准部分。导锥和切削锥构成切削部分，导锥便于铰刀工作时的引入，切削锥起切削作用；校准部分的圆柱部分可起导向、校准和修光作用，倒锥则可减少铰刀与孔壁的摩擦和防止孔径扩大。

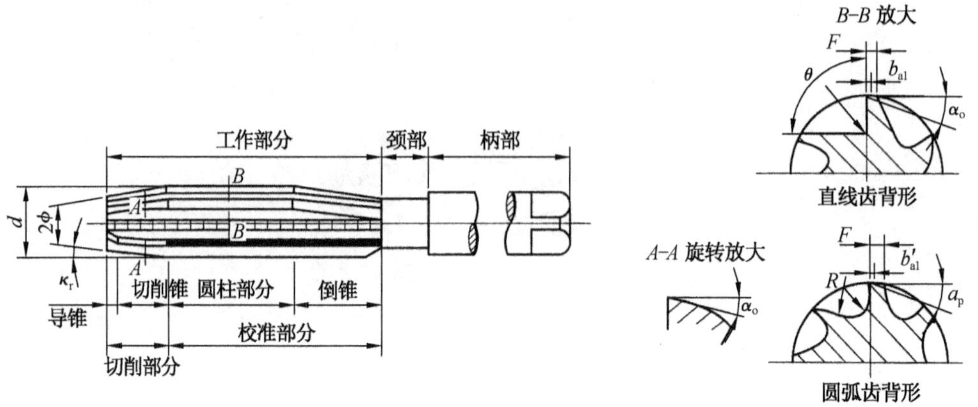

图 3-17 铰刀的组成

② 常用铰刀类型。图 3-18 所示为常用铰刀类型。铰刀一般有手铰刀与机铰刀之分，它们的切削部分、校准部分、柄部均有所不同。手铰刀柄尾为方头，便于与套筒扳手的配合；机铰刀则为扁尾。手铰刀切削锥锥角小，锥长；机铰刀切削锥较短。手铰刀校准圆柱较长，机铰刀的较短。手铰刀又有整体式和可调式之分，可调式铰刀能在一定范围内调节径向尺寸，适应不同直径的孔加工要求。机用铰刀可分为带柄式和套式，带柄式铰刀又有直柄和锥柄两种，小直径的铰刀用直柄，较大直径的铰刀用锥柄，大直径的铰刀则可采用可套式结构。按刀具材料的不同，有高速钢铰刀和硬质合金铰刀之分。硬质合金铰刀按刀片与刀体的结合形式有焊接式、镶齿式和机夹可转位式。

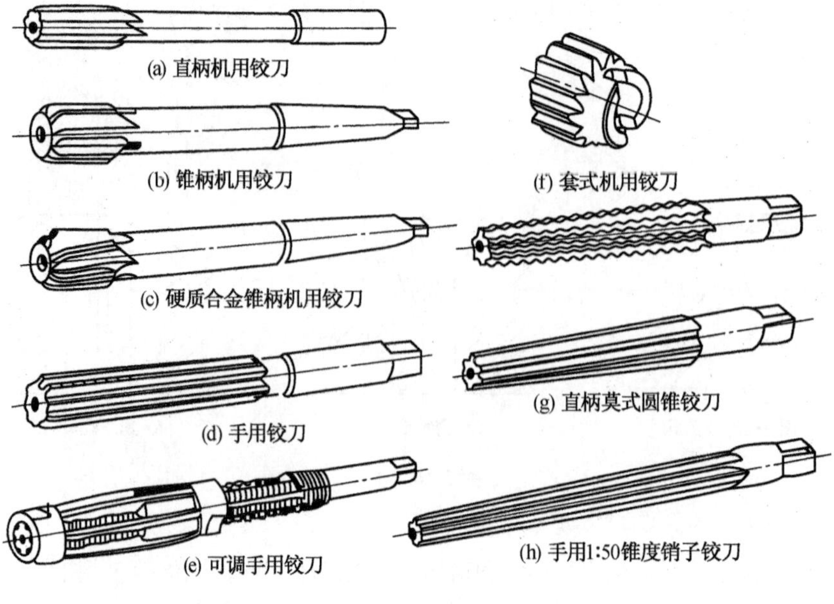

图 3-18 铰刀的类型

3. 镗刀

镗刀是广泛使用的孔加工刀具，镗孔能纠正孔的直线性误差，获得较高的位置精度，特别适合于箱体零件的孔系加工。镗孔是加工大孔唯一的精加工方法。镗刀的种类很多，按刀刃数量分为单刃镗刀、双刃镗刀和多刃镗刀；按被加工表面性质分为通孔镗刀、盲孔镗刀、阶梯孔镗刀和端面镗刀；按刀具结构有整体式、装配式和可调式镗刀。

(1) 单刃镗刀

图3-19所示为几种常见的不同结构的普通单刃镗刀。加工小孔时的镗刀可做成整体式，加工大孔时的镗刀可做成机夹式或机夹可转位式。镗刀的刚性差，切削时易产生振动，故镗刀有较大的主偏角，以减小径向力。普通单刃镗刀结构简单，制造方便，通用性强，但切削效率低，对工人操作技术要求高。随着生产技术的不断发展，需要更好地控制、调节精度和节省调节时间，因此出现了不少新型的微调镗刀。图3-20所示为在坐标镗床、自动生产线和数控机床上使用的一种微调镗刀，它具有调节方便、调节精度高、结构简单易制造的优点。

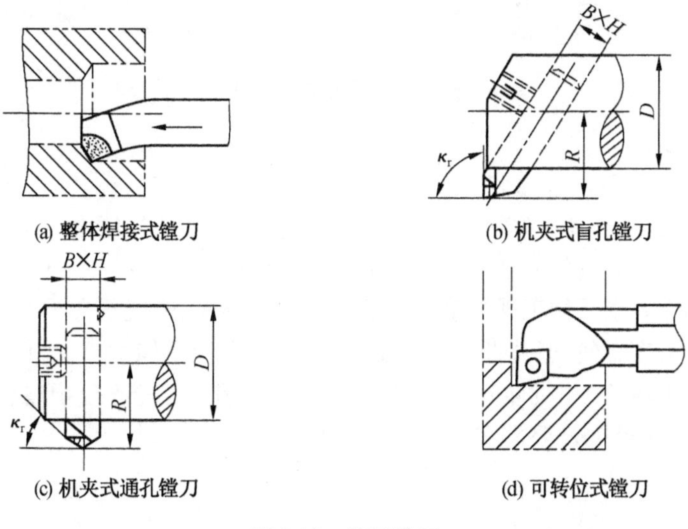

(a) 整体焊接式镗刀　(b) 机夹式盲孔镗刀

(c) 机夹式通孔镗刀　(d) 可转位式镗刀

图3-19　单刃镗刀

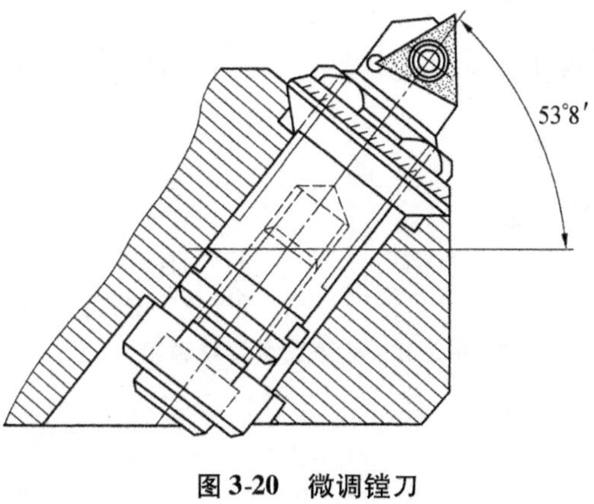

图3-20　微调镗刀

(2) 双刃镗刀

双刃镗刀属定尺寸刀具,通过两刃间的距离改变达到加工不同直径孔的目的。常用的有固定式镗刀块和浮动镗刀两种。

① 固定式镗刀块

镗刀块通过斜楔或在两个方向倾斜的螺钉等夹紧于镗杆,如图 3-21 所示。安装后镗刀块相对于轴线的位置误差都将造成孔径扩大,所以镗刀块与镗杆上方孔的配合要求较高。固定式镗刀块也可制成焊接式或可转位式硬质合金镗刀块。

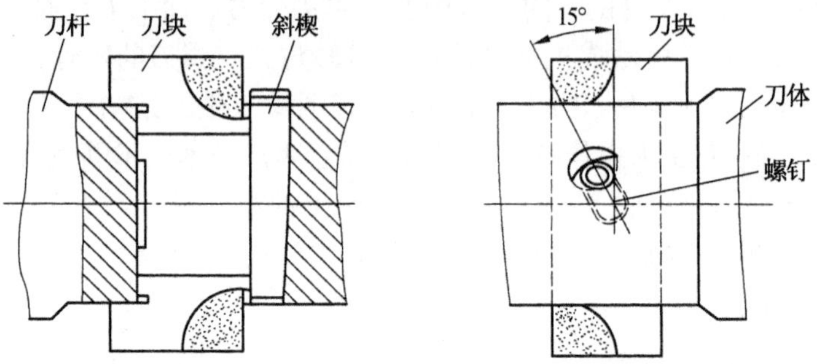

(a) 斜楔夹紧　　(b) 螺钉压紧

图 3-21　固定式镗刀块

② 浮动镗刀

如图 3-22 所示,浮动镗刀装入镗杆的方孔中,不需要夹紧,镗孔时,通过作用在两侧切削刃上的切削力来自动平衡其切削位置。因此,它能自动补偿由刀具安装误差、机床主轴偏差而造成的加工误差,从而获得较高的加工精度(IT7 ~ IT6),但它无法纠正孔的直线度误差,因而要求预加工孔的直线度高,表面粗糙度轮廓值不大于 Ra 6.3 μm。浮动镗刀结构简单,刃磨方便,但镗杆上方孔难制造,加工孔径不能太小,操作麻烦,效率亦低于铰孔,故适用于单件、小批生产中加工直径较大的孔,尤其适合于精镗孔径大(大于 ϕ200 mm)而深(深径比大于 5)的筒件和管件孔。

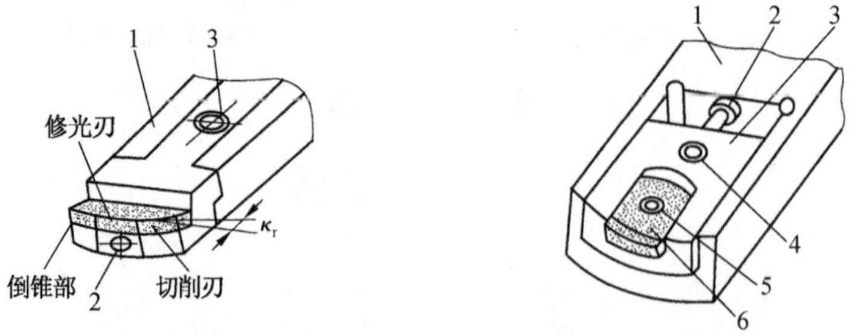

(a) 可调焊接式　　(b) 可转位式

1—刀体;2—固定螺钉;3—调节螺钉　　1—刀体;2—调节螺钉;3—压板;4—压紧螺钉;5—销子;6—刀片

图 3-22　硬质合金浮动镗刀

知识链接三 孔径尺寸的测量

测量孔径尺寸时，应根据工件的尺寸、数量及精度要求，采用相应的量具进行。精度要求较低的可用游标卡尺测量。精度要求较高的，可采用以下几种方法测量：

1. 用塞规测量

塞规由通端、止端和柄组成，如图 3-23 所示。通端按孔的最小极限尺寸制成，止端按孔的最大极限尺寸制成。测量时，若孔径通端通过，止端不能通过，说明孔径尺寸合格。测量不通孔时，塞规应在外圆上沿轴向錾有排气槽。塞规测量适用于批量生产。

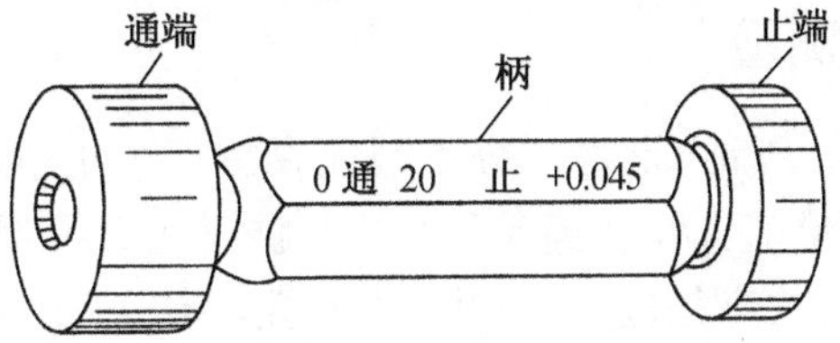

图 3-23 塞规

2. 用内径千分尺测量

内径千分尺外形如图 3-24 所示，由测微头和各种尺寸的接长杆组成。其测量范围为 50～5 000 mm，其分度值为 0.01 mm。每根接长杆都注有公称尺寸和编号，可按需要选用。内径千分尺的读数方法与外径千分尺相同，但由于内径千分尺无测力装置，因此测量误差较大。

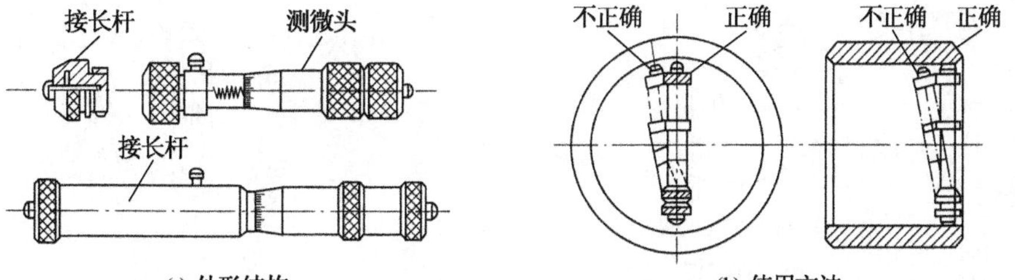

(a) 外形结构 (b) 使用方法

图 3-24 内径千分尺及使用方法

3. 用内测千分尺测量

内测千分尺是内径千分尺的一种特殊形式，使用方法如图 3-25 所示。这种千分尺的刻线方向与外径千分尺相反，当顺时针旋转微分筒时，活动爪向右移动，测量值增大，可用于测量 5～30 mm 的孔径。其使用方法与使用游标卡尺的内量爪测量内径尺寸的方法相同，分度值为 0.01 mm。由于结构设计方面的原因，其测量精度低于其他类型的千分尺。

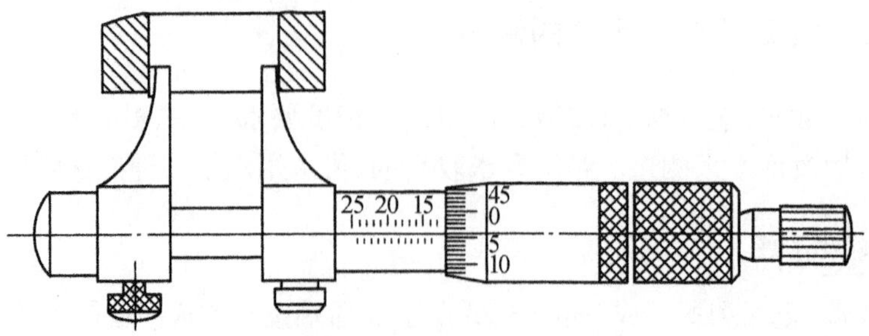

图 3-25 内测千分尺及其使用

4. 用内径百分表测量

内径百分表如图 3-26 所示，是将百分表装夹在测架 1 上，触头 6 又称活动测量头。通过摆动块 7、杆 3，将测量值 1∶1 传递给百分表。测量头 5 可根据孔径大小更换。为了能使触头自动位于被测孔的直径位置，在其旁装有定心器 4，测量力由弹簧 2 产生。使用内径百分表测量是比较测量法。测量前，应根据被测孔径的基本尺寸，用千分尺或其他量具将其调整好（表针应对准零位）。测量时，必须摆动内径百分表，如图 3-27 所示，所得的最小尺寸是孔的实际尺寸。测量孔的圆柱度时，只要在孔的全长上取前、中、后几点，比较其测量值，其最大值与最小值之差的一半即为孔全长上的圆柱度误差。测量孔的圆度可在孔径圆周上变换方向测量。

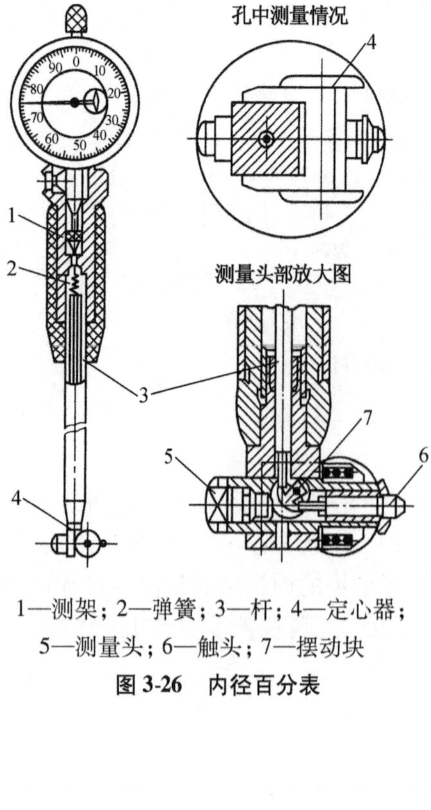

1—测架；2—弹簧；3—杆；4—定心器；
5—测量头；6—触头；7—摆动块

图 3-26 内径百分表

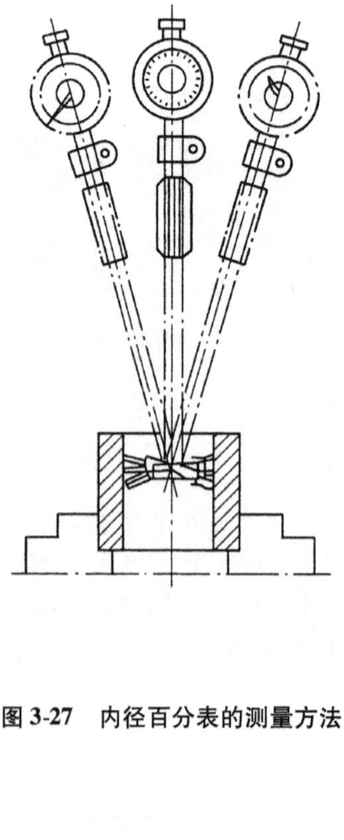

图 3-27 内径百分表的测量方法

知识链接四 麻花钻

1. 麻花钻及其几何参数

(1) 麻花钻的结构组成

标准麻花钻由工作部分(包括切削部分和导向部分)、颈部和柄部3部分组成,如图3-28所示。

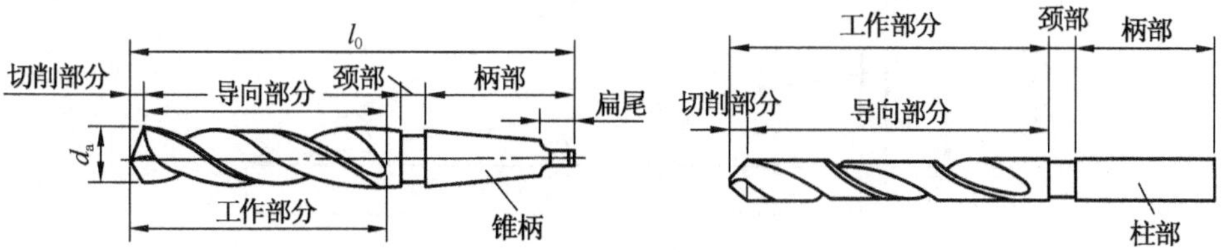

图3-28 麻花钻的结构

① 柄部和颈部。柄部用于夹持刀具和传递动力。麻花钻根据柄部不同,有圆柱直柄和莫氏锥柄两种。直径为13~80 mm的麻花钻多为莫氏锥柄,直径为0.1~20 mm的麻花钻多为圆柱直柄,中等尺寸麻花钻两种形式均可选用。颈部是柄部和工作部分的连接处,常用作砂轮退刀和打标记的部位,也是柄部与工作部分不同材料的焊接部位。通常,小直径钻头不做出颈部。

② 工作部分。由导向部分和切削部分组成。麻花钻的导向部分由两条螺旋槽所形成的两螺旋形棱刃组成,用以排屑和导入切削液。导向部分的直径向柄部方向逐渐减小,形成倒锥,类似于副偏角,以减小刃带与工件孔壁间的摩擦。此外,导向部分也是切削部分的备磨部分。

麻花钻的切削部分由两个螺旋形前面、两个由刃磨得到的后面、两条刃带(副后面)、两条主切削刃、两条副切削刃(前面与刃带的交线)和一条横刃组成,如图3-29所示。两条螺旋槽沟形成前刀面,主后刀面在钻头前端与加工表面相对。钻头外缘上两小段窄棱边形成的刃带是副后刀面,在钻孔时刃带起导向作用,为减小其与孔壁的摩擦,刃带向柄部方向有减小的倒锥量,从而形成副偏角。在钻心上的切削刃叫横刃,两条主切削刃通过横刃相连接。钻芯直径d(即与两槽底相切圆的直径)影响钻头的刚性和螺旋槽截面积。对标准麻花钻而言,为提高钻头的刚性,钻芯直径制成向钻柄方向增大的正锥。

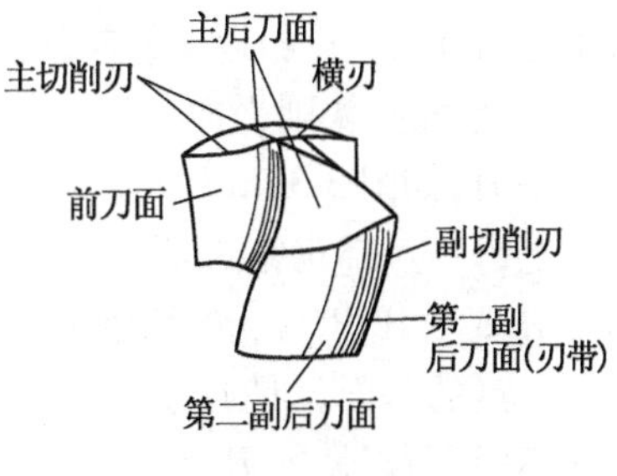

图3-29 麻花钻切削部分结构

(2) 麻花钻的结构参数

① 直径d。麻花钻的直径是钻头两刃带之间的垂直距离,它按标准尺寸系列和螺孔底孔直径设计。

② 螺旋角β。钻头外圆柱面与螺旋槽交线的切线与钻头轴线的夹角为螺旋角β,如

图 3-30 所示。主切削刃上任一点 x 的螺旋角 β_x 为

$$\tan \beta_x = 2\pi r_x / P \tag{3-1}$$

式中，r_x——x 点的半径；

P——螺旋槽的导程。

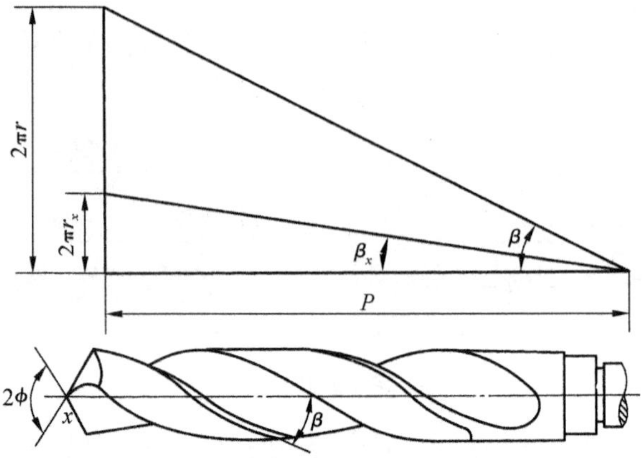

图 3-30 麻花钻的螺旋角和顶角

可见，在主切削刃上半径不同的点的螺旋角不相等，钻头外缘处的螺旋角最大，越靠近钻头中心，其螺旋角越小。螺旋角越大，钻头的侧前角越大，钻头越锋利。但是螺旋角过大，会削弱钻头强度，散热条件也差。标准麻花钻的螺旋角一般在 18°～30°范围内，大直径钻头取大值。

（3）麻花钻的几何角度

麻花钻实际上相当于正反安装的两把内孔车刀的组合刀具。因此，讨论麻花钻的几何角度，同样可按确定车刀几何角度的方法，即以切削刃为对象确定选定点，根据该点处假定的主运动方向和进给运动方向建立坐标平面，给定测量平面，从而确定其相应的几何角度。

① 基面和切削平面。切削刃上任一点的基面，是通过该点且垂直于该点切削速度方向的平面，如图 3-31 a 所示。在钻削时，如果忽略进给运动，钻头就只有圆周运动，主切削刃上每一点都绕钻头轴线做圆周运动，它的速度方向就是该点所在圆的切线方向，如图 3-31 b 中 A,B 两点的切削速度方向分别垂直于该两点的半径方向。不难看出，切削刃上任一点的基面就是通过该点并包含钻头轴线的平面。由于切削刃上各点的切削速度方向不同，所以切削刃上各点的基面也就不同。

切削刃上任一点的切削平面是包含该点切削速度方向，而又切于该点加工表面的平面（图 3-31 a 所示为钻头外缘刀尖 A 点的基面和切削平面）。切削刃上各点的切削平面与基面在空间相互垂直，并且其位置是变化的。

② 顶角 2ϕ。麻花钻的顶角 2ϕ 是两个主切削刃在与其平行的平面上投影的夹角。顶角越小，则主切削刃越长，切削宽度增加，单位切削刃上的负荷减轻，轴向力减小，对钻头的轴向稳定性有利。但顶角减小会使钻尖强度减弱，切削变形增大，导致扭矩增加。标准麻花钻取顶角 $2\phi = 118°$，顶角与基面无关。

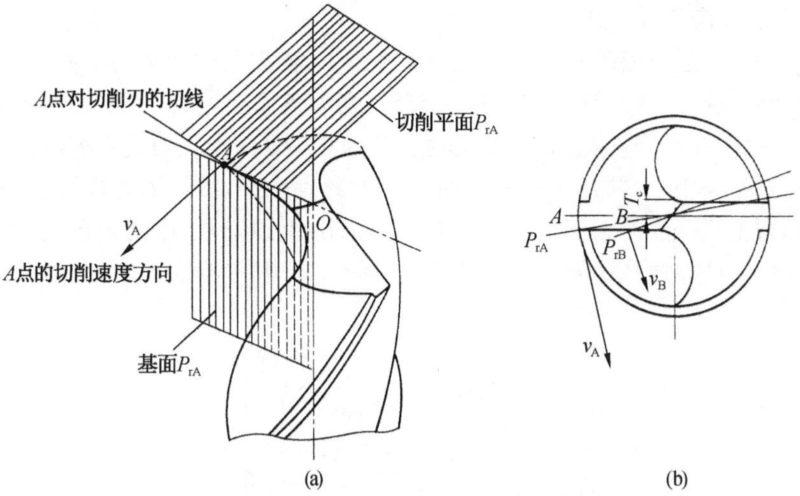

图 3-31　麻花钻的基面与切削平面

③ 主切削刃的几何角度，如图 3-32 所示。

a. 端面刃倾角 λ_s。为方便起见，钻头的刃倾角通常在端平面内表示。钻头主切削刃上某点的端面刃倾角是主切削刃在端平面的投影与该点基面之间的夹角，其值总是负的。主切削刃上各点的端面刃倾角是变化的，越靠近钻头中心，端面刃倾角的绝对值越大，如图 3-32 b 所示。

b. 主偏角 κ_r。主偏角是主切削刃在基面上的投影与进给方向的夹角（锐角）。由于主切削刃上各点基面位置不同，因此主切削刃上各点主偏角也在变化，越接近钻心，主偏角越小。

c. 前角 γ_o。前角是正交平面内前刀面与基面间的夹角。由于主切削刃上各点的基面不同，所以主切削刃上各点的前角也是变化的。前角的值从外缘到钻心附近大约由 +30°减小到 -30°，其切削条件很差。

d. 后角 α_f。后角是切削刃上任一点的切削平面与后刀面之间的夹角。钻头后角不在正交平面内度量，而是在假定工作平面（进给剖面）内度量。在钻削过程中，实际起作用的是这个后角，同时测量也方便。

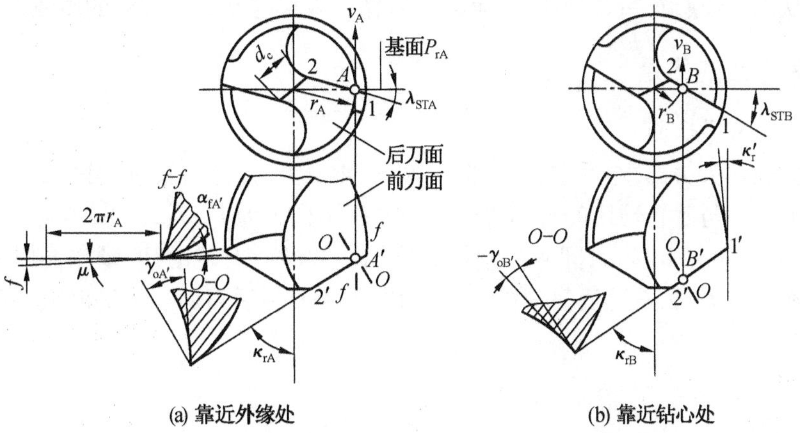

图 3-32　主切削刃的几何角度

④ 横刃的几何角度，如图 3-33 所示。

横刃是两个主后刀面的相交线。在端面投影上，横刃与主切削刃之间的夹角为横刃斜角 ψ，标准麻花钻的横刃斜角 $\psi = 50° \sim 55°$。当后角磨得偏大时，横刃斜角减小，横刃长度增大。因此，在刃磨麻花钻时，可观察 ψ 角的大小来判断后角是否磨得合适。

横刃通过钻头中心，并且在钻头端面上的投影为一条直线，因此横刃上各点的基面相同。从横刃上任一点的正交平面 $O-O$ 可以看出，横刃前角 $\gamma_{o\psi}$ 为负值，标准麻花钻的 $\gamma_{o\psi} = -(54° \sim 60°)$，横刃后角 $\alpha_{o\psi} = 90° - |\gamma_{o\psi}|(\alpha_{o\psi} = 30° \sim 36°)$。

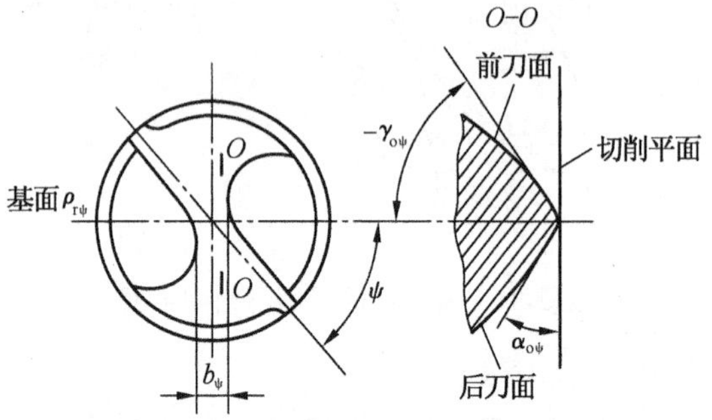

图 3-33 横刃的几何角度

由于横刃具有很大的负前角，钻削时横刃处发生严重的挤压而造成很大的轴向力。通常横刃的轴向力约占全部轴向力的 1/2 以上。对直径较大的麻花钻都必须修磨横刃。

（4）麻花钻的结构特征及存在的问题

① 标准麻花钻主切削刃上各点处的前角数值内外相差太大。钻头外缘处主切削刃的前角约为 +30°；而接近钻心处的前角约为 −30°。近钻心处前角过小，造成切屑变形大，切削阻力大；而近外缘处前角过大，在加工硬材料时，切削刃强度常显不足。

② 横刃嫌长，横刃的前角是很大的负值，达 −60° ~ −54°，从而将产生很大的轴向力。

③ 与其他类型的切削刀具相比，标准麻花钻的主切削刃很长，不利于分屑与断屑。

④ 刃带处副切削刃的副后角为零值，造成副后刀面与孔壁间的摩擦加大，切削温度上升，钻头外缘转角处磨损较大，已加工表面的粗糙度轮廓值变大。

以上缺陷常使麻花钻磨损快，严重影响着钻孔效率与已加工表面的质量。

2. 麻花钻的刃磨

（1）刃磨两主后面

右手握住钻头头部，左手握住柄部，如图 3-34 a 所示，将钻头主切削刃放平，使钻头轴线在水平面内与砂轮轴线的夹角等于顶角的一半（2φ 为 118° ± 2°）。将后刀面轻靠上砂轮圆周，如图 3-34 b 所示，同时控制钻头绕轴心线做缓慢转动，两动作同时进行，且两后刀面轮换进行刃磨，按此反复，磨出两主切削刃和两主后刀面。刃磨时要注意冷却，以防刀刃烧损。

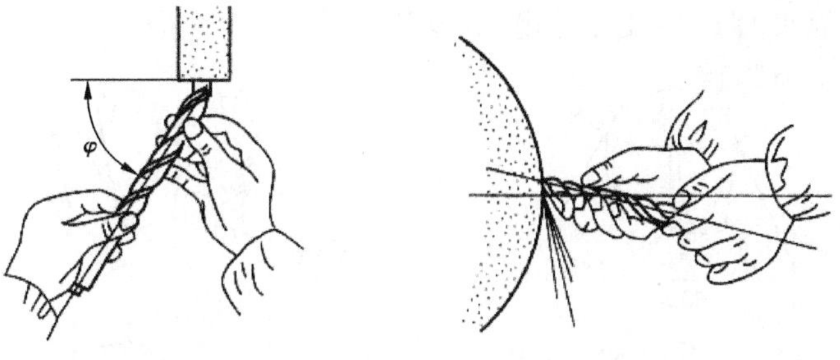

(a) 在水平面内的夹角　　(b) 略高于砂轮中心

图 3-34　钻头刃磨时与砂轮的相对位置

(2) 刃磨检验

如图 3-35 所示,用样板检验钻头的几何角度及两主切削刃的对称性。通过观察横刃斜角是否约为 55°来判断钻头后角。

(3) 修磨横刃

如图 3-36 所示,直径在 ϕ6 mm 以上的钻头,必须修短横刃。选择边缘清角的砂轮修磨,增大靠近横刃处的前角,将钻头向上倾斜约 55°,主切削刃与砂轮侧面平行。右手持钻头头部,左手握钻头柄部,并随钻头修磨逆时针方向旋转 15°左右,以形成内刃,修磨后横刃为原长的 1/5 ~ 1/3。

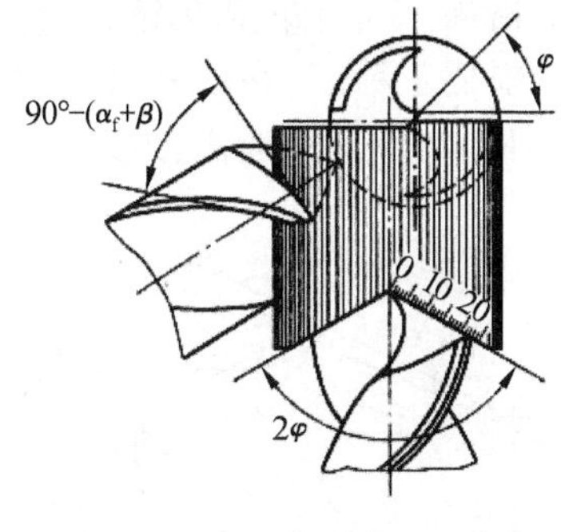

图 3-35　用样板检验钻头刃磨角度

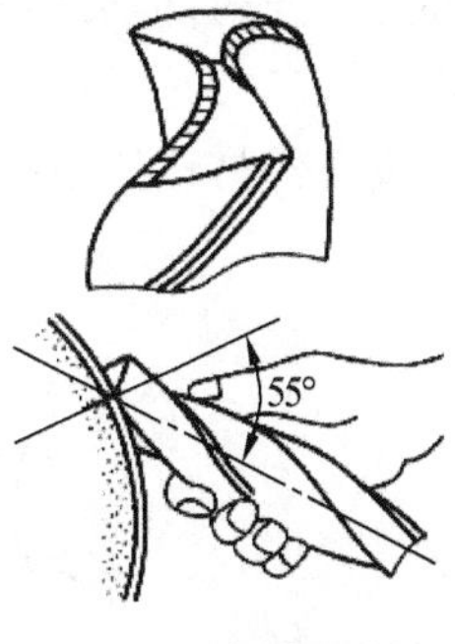

图 3-36　修磨横刃的方法

(4) 修磨分屑槽

一般直径大于 ϕ15 mm 的钻头,应在主后面上磨出几条错开的分屑槽。如图 3-37 所示,选用小型片状砂轮,用右手食指在砂轮机罩壳侧面定位,使钻头的外直刃与砂轮侧面相垂直,分屑槽开在外直刃间。

(5) 修磨主切削刃

为增加刀尖强度,改善刀尖处散热条件,强化刀尖角,从而提高钻孔的表面质量和钻头的使用寿命,要修磨出双重顶角($2\varphi_0$ = 70° ~ 75°),如图 3-38 所示。

(6) 修磨棱边

加工精孔或韧性材料时,为减小棱边与孔壁的摩擦,提高钻头的寿命,可在棱边的前端修磨出副后角(γ_1 = 6° ~ 8°),保

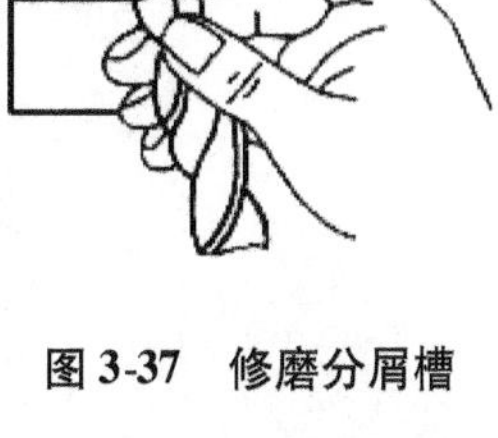

图 3-37　修磨分屑槽

留棱边的宽度为原来的 1/3 ~ 1/2，如图 3-39 所示。

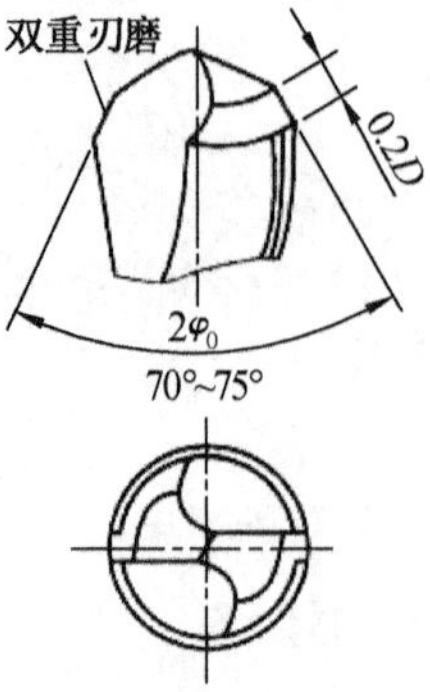

图 3-38 修磨主切削刃

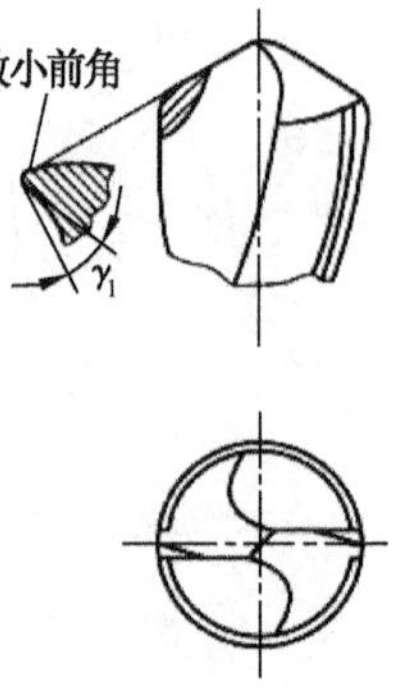

图 3-39 修磨棱边

3. 群钻

群钻是针对标准麻花钻工作中存在的不足，经长期生产经验总结，采取多种修磨措施而形成的新型钻头结构，如图 3-40 所示。其主要结构特征是：将两主切削刃接近钻心处磨成圆弧内刃，以提高该处刀刃锋利性；将横刃磨窄磨尖，改善其切削性能并提高定心性，同时降低横刃尖高，以保证刀尖具有足够的强度和刚度；在外刃上开出分屑槽，以利于排屑；磨窄刃带，以减少刀具与孔壁的摩擦。从而形成了“三尖七刃锐当先，月牙弧槽分两边，一侧外刃再开槽，横刃磨低窄又尖”的新格局。与标准麻花钻相比，采用群钻加工孔，可明显降低轴向力，提高定心能力，提高钻削加工精度、表面质量及钻头的使用寿命。目前，群钻按工作材料的不同、加工孔径的不同，实现了标准化、系列化。

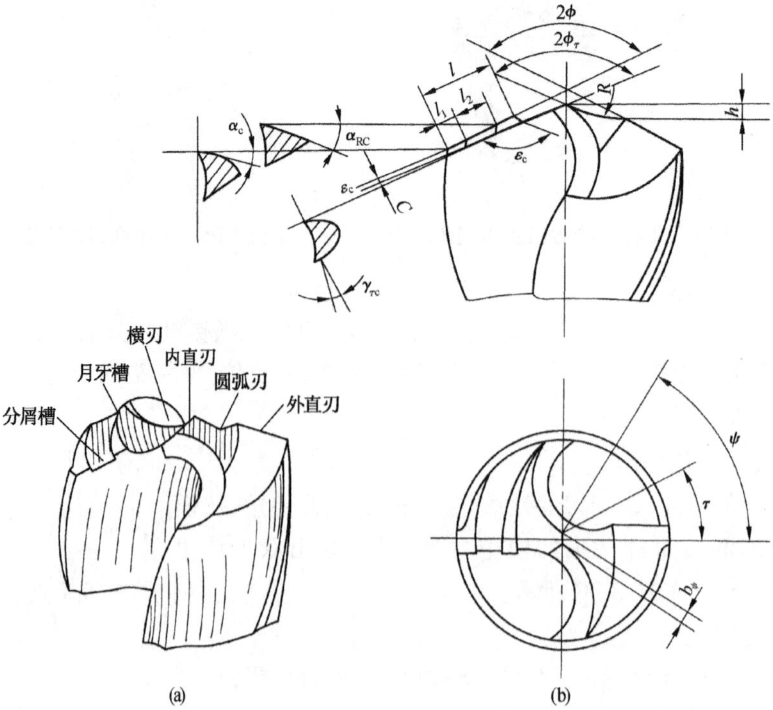

图 3-40 群钻

知识链接五 钻孔加工

1. 钻孔前的准备

(1) 工件划线

按钻孔位置尺寸要求划出孔的中心线,并打上中心样冲眼,再按孔的大小划出孔的圆周线。

(2) 工件的装夹

① 平整的工件用平口钳装夹。钻直径大于 8 mm 的孔时,平口钳需用压板固定。钻通孔时,工件底部应垫上垫铁,空出落钻部位,如图 3-41 a 所示。

② 圆柱形的工件用 V 形架装夹。钻孔时应使钻头轴心线位于 V 形架的对称中心,按工件划线位置进行钻孔,如图 3-41 b 所示。

③ 压板装夹。对钻孔直径较大或不使用平口钳装夹的工件,可用压板夹持,如图 3-41 c所示。

④ 卡盘装夹。方形工件钻孔,用四爪单动卡盘装夹。圆形工件端面钻孔,用三爪自定心卡盘装夹,如图 3-41 d 所示。

⑤ 角铁装夹。底面不平或加工基准在侧面的工件用角铁装夹,如图 3-41 e 所示。

⑥ 手虎钳装夹。在小型工件或薄板件上钻小孔时,用手虎钳装夹,如图 3-41 f 所示。

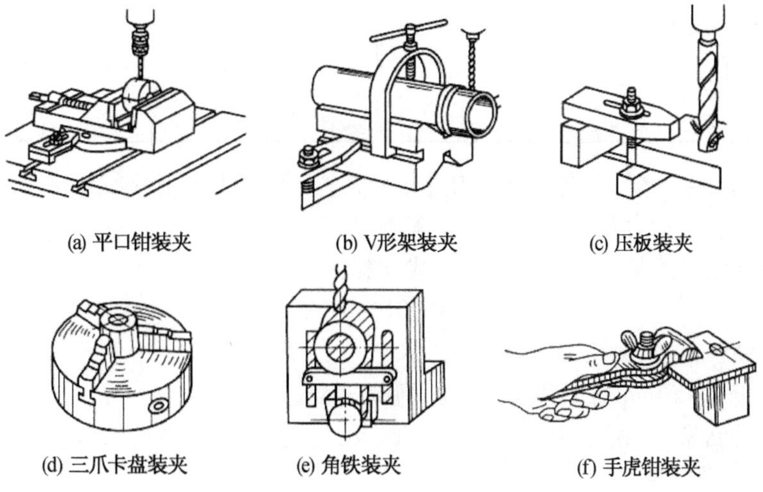

图 3-41 工件的装夹

(3) 钻头的装拆

① 直柄钻头用钻夹头装拆,如图 3-42 所示。

② 锥柄钻头的装拆,如图 3-43 所示。

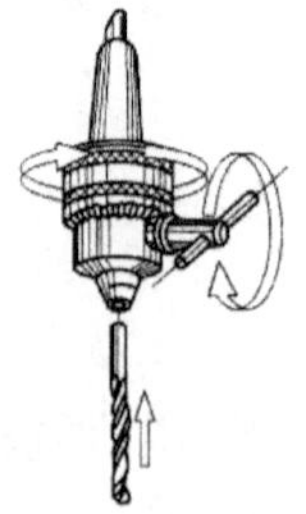

图 3-42 直柄钻头的装拆

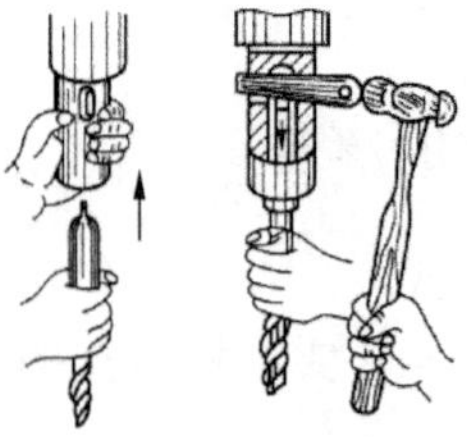

图 3-43 锥柄钻头的装拆

(4) 钻削用量的选择

① 钻削精度

钻孔的精度较低,一般只能达到 IT13 ~ IT11,钻孔后的表面也较粗糙,表面粗糙度轮廓值为 $Ra50 \sim 12.5\ \mu m$,一般作为孔的预加工或精度要求很低的孔的最终加工。

② 钻削用量及其确定

a. 钻削速度的确定。钻削时的钻削速度 v_c 指钻头外缘处的线速度,可根据钻头寿命计算求得,但生产中一般按经验选取,或查阅切削用量手册确定。表 3-1 列举了高速钢钻头钻削不同材料时的钻削速度值,供参考选取。

表 3-1 高速钢麻花钻钻削速度推荐值

加工材料	钻削速度/($m \cdot min^{-1}$)	加工材料	钻削速度/($m \cdot min^{-1}$)
低碳钢	25 ~ 30	铸铁	20 ~ 25
中、高碳钢	20 ~ 25	铝合金	40 ~ 70
合金钢、不锈钢	15 ~ 20	铜合金	20 ~ 40

b. 进给量的确定。小直径钻头的进给量 f 主要受钻头的刚性或强度限制,大直径钻头受机床进给机构动力及工艺系统刚性限制。

普通麻花钻进给量可按以下经验公式计算:

$$f = (0.01 \sim 0.02) d \tag{3-2}$$

式中,d——钻头直径,mm。

直径小于 3 ~ 5 mm 的小钻头,一般用手动进给。

采用先进钻型与修磨方法,能有效降低进给抗力,成倍提高进给量。例如,群钻可选用 $f = 0.03d$ 的进给量。

c. 背吃刀量的确定。对钻削而言,钻头直径的一半就是钻削时的背吃刀量,即

$$a_p = \frac{d}{2} \tag{3-3}$$

钻孔的直径一般不超过 75 mm。孔径大于 35 mm 的孔,一般应分两次钻,第一次钻孔直径约为第二次的 0.5 ~ 0.7 倍。

2. 钻孔工作

(1) 试钻

钻孔时,先使钻头对准划线中心,钻出浅坑,观察其是否与划线圆同心,准确无误后,继续钻削完成。如钻出浅坑与划线圆发生偏位,偏位较少的可在试钻同时用力将工件向偏位的反方向推移,逐步借正;如偏位较多,可在借正方向上打上几个样冲眼,如图 3-44 a 所示,或用油槽錾錾出几条小槽,如图 3-44 b 所示,以减少此处的钻削阻力,达到借正的目的。如钻削孔距要求较高的孔时,两孔要边试钻、边测量、边借正,不可先钻好一个孔再来借正第二个孔的位置。

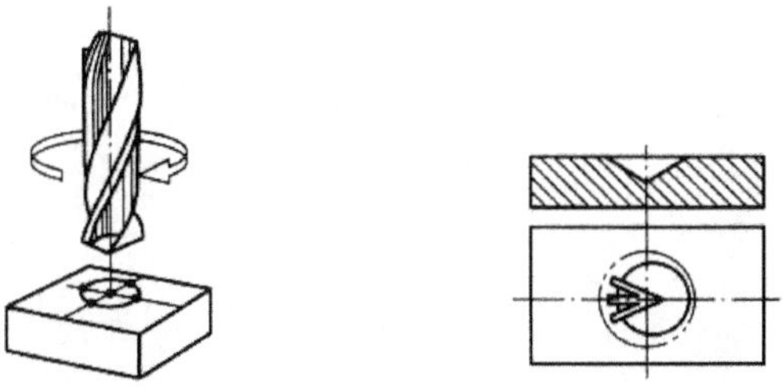

(a) 打样冲眼　　(b) 錾槽

图 3-44　用样冲眼、錾槽来借正钻偏的孔

(2) 钻孔操作方法

① 钻削通孔时,当孔快要钻穿时,应减小进给力,以免发生"啃刀",影响加工质量和折断钻头。

② 钻不通孔时,应按钻孔深度调整好钻床上的挡块、深度标尺或采用其他控制措施,以免钻得过深或过浅,并注意退屑。

③ 一般钻削深孔时,钻削深度达到钻头直径 3 倍时,钻头就应退出排屑,并注意冷却润滑。

④ 钻削 $\phi30$ mm 以上的大孔时,一般分成两次进行:第一次用 0.6 ~ 0.8 倍孔径钻头钻削,第二次用所需直径的钻头钻削。

⑤ 钻 $\phi1$ mm 以下的小孔时,切削速度可选在 2 000 ~ 3 000 r/min 以上,进给力小且平稳,不宜过大过快,防止钻头弯曲和滑移。应经常退出钻头排屑,并加注切削液。

⑥ 在斜面上钻孔时,可采用中心钻先钻底孔,或用铣刀在钻孔处铣削出小平面,或用钻套导向等方法进行。

思考题

1. 标准麻花钻由哪几部分组成? 有哪些几何角度? 切削部分包括哪些几何参数?
2. 钻头的前角、后角规定在哪个剖面内测量?
3. 钻头主偏角 κ_r 与顶角 2ϕ 各如何表示? 为什么 κ_r 不等于 2ϕ?

4. 单刃镗刀和浮动镗刀加工孔时有何特点?

5. 钻床的应用范围有哪些? 钻床与镗床的适用范围有何区别?

6. 试分析钻孔、扩孔和铰孔 3 种孔加工方法的工艺特点,并说明这 3 种工艺之间的联系。

7. 镗削加工有何特点? 常用的镗刀有哪几种类型? 其结构和特点如何?

8. 镗床由哪些部件组成? 作用如何? 其进给运动由哪些部件完成?

9. 从镗刀安装方法与进给运动的实现,说明镗床上的镗孔方法有哪些?

10. 对于相同直径、相同精度等级的轴和孔,为什么孔的加工比较困难?

项目四

磨削加工

任务一 磨平面

一、任务书

在 M7120A 型卧轴矩台平面磨床上加工出如图 4-1 所示四方体。毛坯尺寸为 300 mm × 30.2 mm × 100 mm。

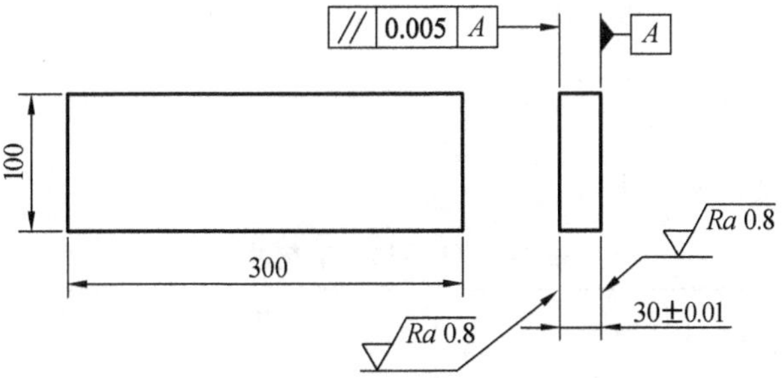

图 4-1 四方体

二、任务说明

该零件的加工步骤：选择砂轮→装夹工件（平行面磨削选用工作台吸附磨削；垂直面磨削选用精密平口钳装夹磨削）→选择切削用量并调整机床→确定磨削工艺→粗加工→精加工→测量工件。采用横向加工法加工工件。

三、任务实施

1. 砂轮选择

P 300 × 40 × 127 WA 46 K 5 V 30。

2. 工件装夹

图 4-2 所示为电磁吸盘的结构。图 4-3 所示为用精密平口钳装夹磨削垂直平面。

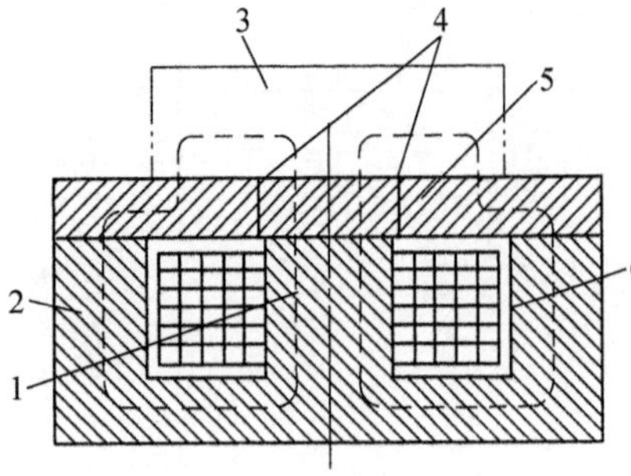

1—芯体;2—吸盘体;3—工件;
4—磁层;5—钢盖板;6—线圈

图 4-2 电磁吸盘

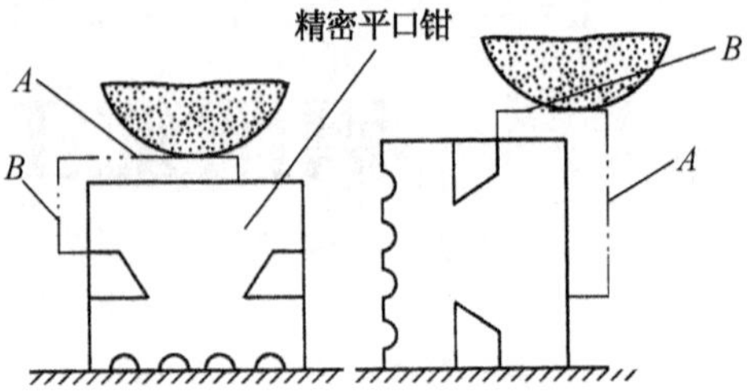

图 4-3 用精密平口钳装夹磨削垂直平面

3. 切削用量选择

（1）粗磨时切削用量的选择

$v_c = 30 \sim 35$ m/s,横向进给量 $f = (0.1 \sim 0.48)B$/双行程(B 为砂轮宽度),背吃刀量(垂直进给量)$a_p = 0.015 \sim 0.04$ mm。

（2）精磨时切削用量的选择

$v_c = 30 \sim 35$ m/s,$f = (0.05 \sim 0.1)B$/双行程,$a_p = 0.005 \sim 0.01$ mm。

4. 工艺过程

平面加工工艺过程见表 4-1。

表 4-1 平面加工工艺过程

工序号	工序简图	工序内容	注意事项
1	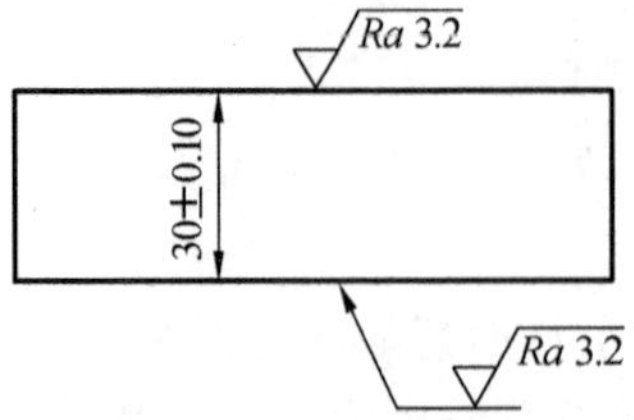	粗磨	磨前将吸盘台面和工件的毛刺、氧化层清除干净
2	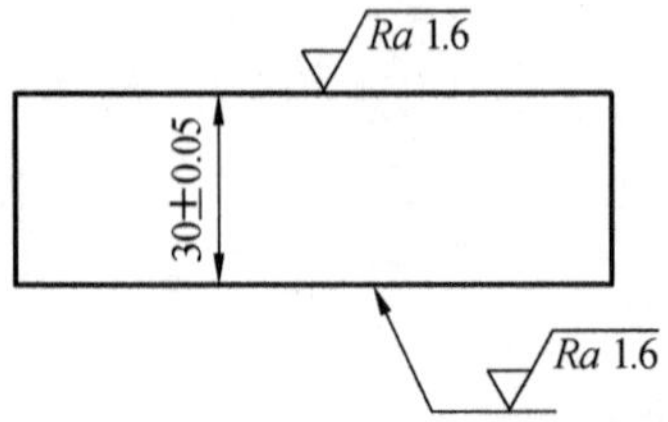	半精磨	为防止工件受热变形而产生凹凸不平,需要多次翻转工件

续表

工序号	工序简图	工序内容	注意事项
3	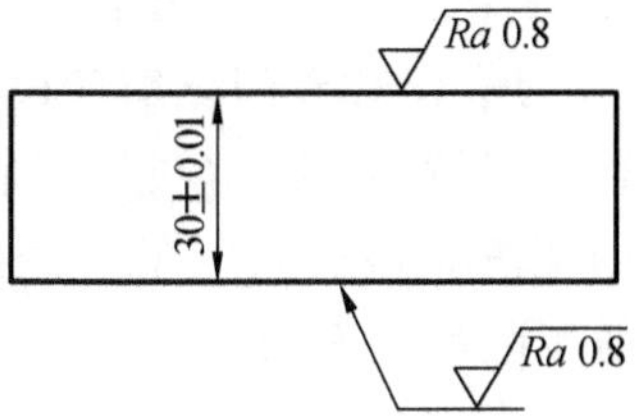	精磨	为了达到工件精度,需多次进行光磨

5. 评分标准

评分标准见表 4-2。

表 4-2 评分标准

序号	操作内容与要求	分值	评分细则	实测记录	得分
1	砂轮的安装及修整	10	安装 5 分,修整 5 分		
2	工件的装夹	15	夹具的选用 5 分,工件安装 4 分,校正 6 分		
3	切削用量选择	10	粗磨切削用量的选择 5 分,精磨切削用量的选择 5 分		
4	机床调整	10	工作台的调整 5 分,砂轮架的调整 5 分		
5	磨平面	30	挡铁距离的调整 15 分,运动速度的调整 15 分		
6	工件质量检测	20	尺寸 10 分,粗糙度轮廓值 10 分		
7	安全文明操作	5	穿工作服,无违规现象,有则否决		

四、拓展训练

图 4-4 为一薄衬板工件。材料为 T10A,热处理淬硬 HRC 52 ~ 62,厚度为 10 ± 0.01 mm,宽度为 50 ± 0.01 mm,厚与宽的平行度公差均为 0.01 mm,长为 150 ± 0.01 mm,两端面及厚度两面对基准 *A* 面的垂直度公差均为 0.01 mm,所有加工面的表面粗糙度轮廓值均为 *Ra*0.8 μm。

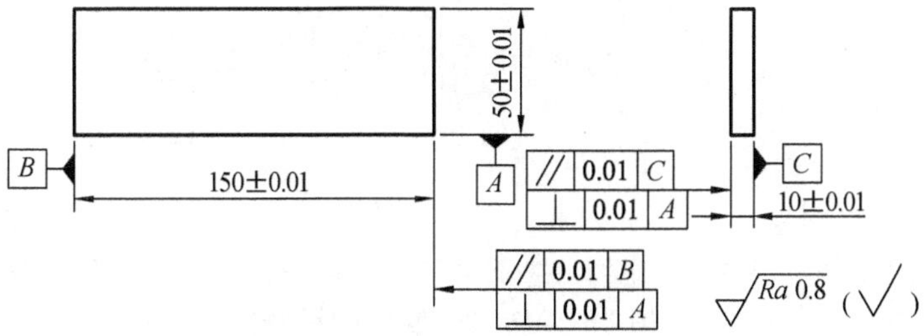

图 4-4 薄衬板

知识链接一 磨床

用磨料磨具对工件进行磨削加工的机床称为磨床。磨床的种类很多,主要类型有外圆磨床、内圆磨床、平面磨床、工具磨床、各种刀具刃磨床和专门化磨床(如曲轴磨床、花键轴磨床),以及珩磨机、研磨机等。近年来,随着各种高强度、高硬度材料的广泛应用,以及零件加工要求的不断提高,磨削加工的应用范围日益扩大。在工业发达国家中,磨床占机床总数的30% ~40%,在轴承制造业中则多达60%左右。

1. 万能外圆磨床

万能外圆磨床主要用于磨削内、外圆柱和圆锥表面,也能磨削阶梯轴的轴肩和端面。其主参数是最大磨削直径。一般加工精度为IT6 ~ TT7,表面粗糙度轮廓值为 *Ra*1. 25 ~ 0. 08 μm。万能外圆磨床的通用性好,但磨削效率不高,适用于单件小批生产。

(1) 机床结构

图4-5为M1432A型万能外圆磨床的外形图。机床由下列主要部件组成:

① 床身1。是磨床的基础支承件,上面装有砂轮架4、工作台8、头架2、尾座5等,使它们在工作时保持准确的相对位置。床身内部有油箱和液压系统。

② 头架2。用于装夹工件并带动工件旋转。在水平面内可绕垂直轴线转动一定角度,以磨削短圆锥面或小平面。

③ 工作台8。由上下两层组成。上工作台可相对于下工作台在水平面内旋转一个不大的角度,以磨削锥度较小的长圆锥面。上工作台的台面上装有支承工件的头架2和尾座5,它们随工作台一起沿床身导轨做纵向往复运动。

④ 砂轮架4。用来支承并带动砂轮随主轴高速旋转。砂轮架装在滑鞍6上,利用进给机构实现横向进给运动。当需要磨削短圆锥面时,砂轮架可绕垂直轴线转动一定角度。

⑤ 内圆磨具3。用于支承并带动磨削内孔的砂轮随主轴旋转。该主轴由单独的电动机驱动。

⑥ 尾座5。尾座上的后顶尖和头架的前顶尖一起支承工件。

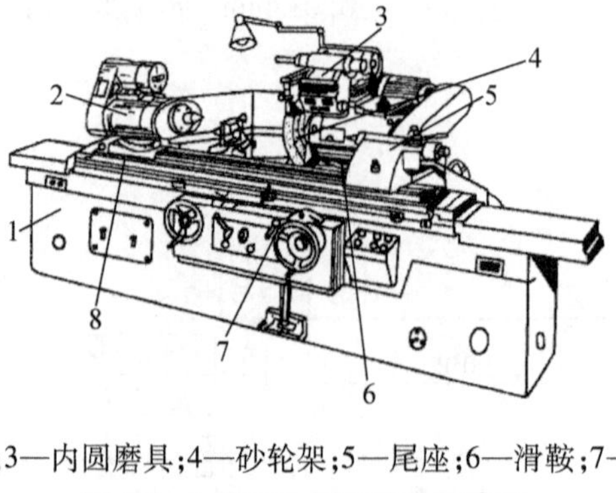

1—床身;2—头架;3—内圆磨具;4—砂轮架;5—尾座;6—滑鞍;7—手轮;8—工作台

图4-5 M1432A型万能外圆磨床

(2) 机床的运动

图 4-6 所示为万能外圆磨床的加工示意图。由图可以看出，为了实现磨削加工，机床必须具备以下运动：砂轮的旋转主运动 n_1；工件的圆周进给运动 n_2；工件的往复纵向进给运动 f_1，通常由液压传动实现；砂轮的周期或连续横向进给运动 f_2，由手动或者液压传动实现。此外，还有砂轮架快速进退和尾座套筒缩回两个辅助运动，它们也采用液压传动方式。

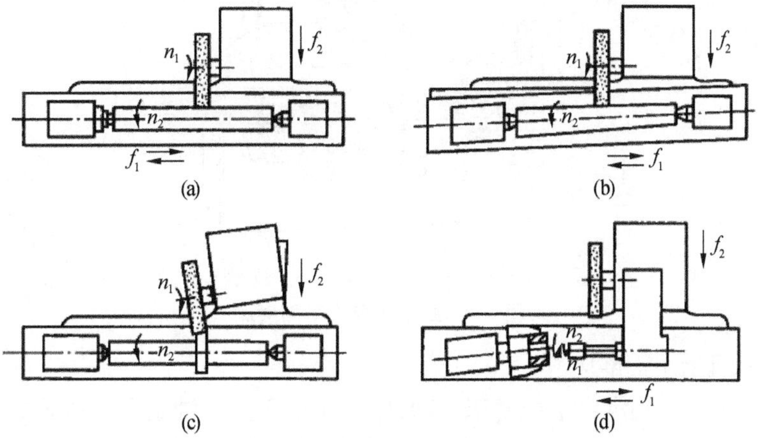

图 4-6　万能外圆磨床加工

(3) 机床的机械传动系统

M1432A 型万能外圆磨床的运动由机械和液压联合传动，具有运动平稳、无级调速等优点。除工作台的纵向往复运动、砂轮架的快速进退和自动周期进给、尾座套筒的缩回采用液压传动外，其余运动都是机械传动。

2. 平面磨床

平面磨床用于磨削各种零件上的平面。根据砂轮主轴的布置和工作台形状的不同，平面磨床主要有卧轴矩台式、卧轴圆台式、立轴矩台式和立轴圆台式 4 种类型，如图 4-7 所示。目前，卧轴矩台式平面磨床和立轴圆台式平面磨床应用比较广泛。

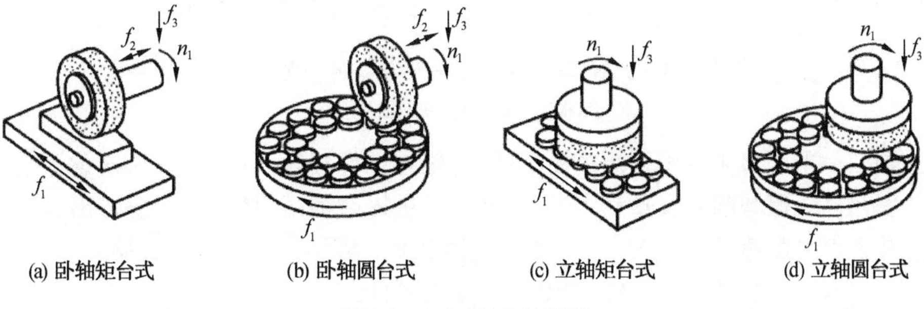

图 4-7　平面磨床的类型

(1) 卧轴矩台平面磨床

图 4-8 所示是卧轴矩台式平面磨床的外形图。其砂轮主轴是内连式异步电动机的

轴,电动机的定子就装在砂轮架3的壳体内,砂轮架3可沿滑座4的燕尾导轨做横向间歇进给运动(可手动或液动)。滑座4与砂轮架3一起可沿立柱5的导轨做间歇的垂直进给运动。工作台2沿床身1的导轨做纵向往复运动(液压传动)。

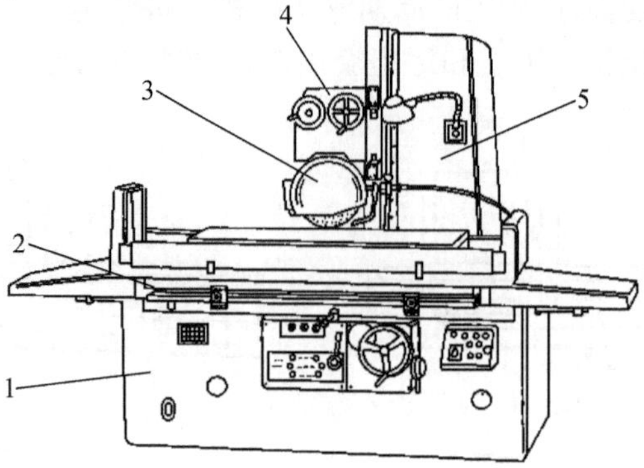

1—床身;2—工作台;3—砂轮架;4—滑座;5—立柱

图4-8 卧轴矩台式平面磨床

(2)立轴圆台平面磨床

图4-9所示为立轴圆台平面磨床,该磨床砂轮架3的主轴也是由内连式异步电动机直接驱动的。砂轮架3可沿立柱4的导轨做间歇的竖直切入运动,圆工作台2旋转做圆周进给运动。为便于装卸工件,圆工作台2还能沿床身导轨做纵向运动。

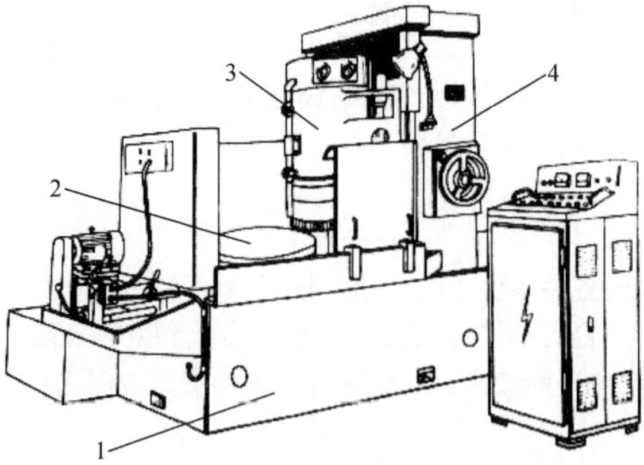

1—床身;2—工作台;3—砂轮架;4—立柱

图4-9 立轴圆台平面磨床

立轴圆台平面磨床由于采用端面磨削,砂轮与工件接触面积大,且为连续磨削,所以生产效率较高。但磨削时发热量大,切削液不易进入磨削区,且切屑不易排出,从砂轮中心到边缘各点磨削速度不均匀,所以加工精度较低,表面粗糙度轮廓值较大。主要用于成批生产中磨削一般精度的工件或粗磨铸、锻毛坯件。

立轴圆台平面磨床的加工精度及表面粗糙度轮廓值:加工面对基准面的平行度为20 μm/1 000 mm,Ra值为1.5 μm。

在平面磨床上装夹工件,除形状复杂及由非磁性材料制造的工件需采用特殊夹具外,凡是由钢、铸铁等磁性材料制造,具有平行平面的工件,一般都采用电磁吸盘(装在机床工作台下)。

3. 数控坐标磨床

数控坐标磨床又称连续轨迹磨床,主要用于经淬硬的和硬质合金的各种复杂模具的型面、具有高精度坐标孔距要求的孔系及各种凹凸的曲面和任意曲线组成的平面等的磨削加工。

(1) 数控坐标磨床的可控轴及联动轴数

数控坐标磨床的 CNC 系统可控制三轴~六轴,联动轴数有二轴、二轴半、三轴等。图 4-10 所示为立式数控坐标磨床的外形图。图中十字工作台运动为 *X* 轴、*Y* 轴,如装设数控回转台则有 *A* 轴或 *B* 轴。主轴往复冲程运动为 *Z* 轴,由液压或气压驱动,*Z* 轴有的只装数显装置或由 CNC 控制。主轴回转由 *C* 轴控制。主轴箱装在 *W* 轴拖板上。磨头装在主轴端的 *U* 轴拖板上,由 *U* 轴控制移动产生偏心,即实现径向运动。当 CNC 系统有 *C* 轴联动功能时,*C* 轴可自动跟踪转动,使 *U* 轴与平面轮廓法线平行。*U* 轴可控制砂轮轴线与轮廓在法线方向上的距离,以实现进刀。*C* 轴功能有对称控制的特点,当 *X*,*Y* 轴联动做轮廓加工时,必须锁定 *C* 轴和 *U* 轴,这时平面插补则须加砂轮半径补偿,通过改变补偿量可实现进刀。

(2) 数控坐标磨床的分辨率和定位精度

数控坐标磨床采用高精度位置检测装置,分辨率(最小输入单位) 比一般数控机床高。*X*,*Y* 轴分辨率为 1 μm 或 0. 5 μm,*Z*,*W* 轴为 1 μm,*U* 轴为 0. 1 μm,*C* 轴、*A*(或 *B*)轴为 0. 001°或 0. 000 1°。数控坐标磨床定位精度也较高,直线(*X*,*Y* 轴)为任意 300 mm 内 0. 8 μm,全行程 2 μm;转角为 ±0. 002°。轮廓加工精度可达 3 ~5 μm,磨孔圆度为 2 μm。

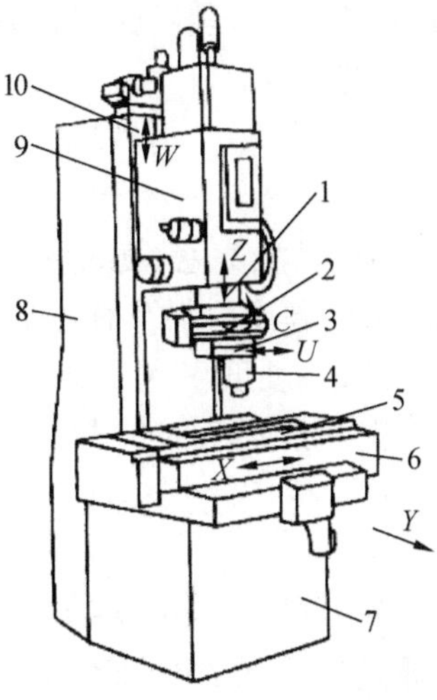

1—主轴;2—*C* 轴;3—*U* 轴拖板;4—磨头;5—工作台;6—*Y* 轴拖板;
7—床身;8—立柱;9—主轴箱;10—主轴箱 *U* 轴拖板

图 4-10 数控立式坐标磨床

知识链接二　砂轮

砂轮是磨削的主要工具。它是用结合剂把磨粒粘结起来，经压坯、干燥、焙烧及修整而成的。砂轮的特性主要由磨料、粒度、结合剂、硬度、组织及形状尺寸等因素所决定。

1. 磨料

磨料是制造砂轮的主要材料，直接担负切削工作。磨料应具有高硬度、高耐热性和一定的韧性，在切削过程中受力破碎后还要能形成锋利的形状。常用的磨料有氧化物系、碳化物系和超硬磨料系3类。

(1) 氧化物系(刚玉类)

它的主要成分是 Al_2O_3，适宜于磨削各种钢材，常见的有以下几种：

① 棕刚玉(A)。呈棕褐色，硬度较高，韧性较好，价格低廉，适于磨削碳素钢、合金钢、可锻铸铁和硬青铜等。

② 白刚玉(WA)。呈白色，比棕刚玉硬度高而韧性稍低，适于磨削淬火钢、高速钢、高碳钢及薄壁零件。

③ 铬刚玉(PA)。呈玫瑰红色，韧性比白刚玉好，硬度较低，磨削表面粗糙度轮廓值小，适于磨高速钢、不锈钢及成形磨削、高表面质量磨削等。

(2) 碳化物系

它的主要成分是碳化硅、碳化硼。硬度比刚玉类高，磨粒锋利，但韧性较差，适于磨削脆性材料。常用的碳化物系磨料有以下两类：

① 黑色碳化硅(C)。呈黑色，有光泽，硬度高，韧性低，导热性好，适于磨削铸铁、黄铜、耐火材料及其他非金属材料。

② 绿色碳化硅(GC)。呈绿色，有光泽，硬度比黑色碳化硅高，导热性好，韧性差，适于磨削硬质合金、玻璃、陶瓷等高硬度材料。

(3) 超硬磨料

它主要有以下两类：

① 人造金刚石(D)。无色透明或呈淡黄色、黄绿色、黑色，硬度最高，耐热性较差，适于磨削硬质合金、玻璃、陶瓷、宝石等高硬度材料及有色金属等。

② 立方氮化硼(CBN)。呈棕黑色，硬度仅次于金刚石，耐热性好，与铁元素亲和力小，适于磨削高速钢、不锈钢、耐热钢及其他难加工材料。

2. 粒度

粒度是指磨料颗粒的大小，它分为磨粒(尺寸 $>40\ \mu m$)和微粉(尺寸 $<40\ \mu m$)两类。磨粒用筛选法分级，以磨粒刚能通过的筛网的网号来表示磨料的粒度，如 $60^{\#}$ 磨粒，表示其大小正好能通过每英寸长度上有60个孔眼的筛网。粒度号越大，磨料颗粒越小。微粉按其颗粒的实际尺寸分级，如W20是指用显微镜测得微粉实际尺寸为20 μm。

粒度对加工表面粗糙度轮廓和磨削生产率影响较大。一般来说，粗磨用粗粒度($30^{\#}\sim46^{\#}$)，精磨用细粒度($60^{\#}\sim120^{\#}$)；当工件材料硬度低、塑性大和磨削面积大时，为避免堵塞砂轮,应采用粗粒度的砂轮。

3. 结合剂

结合剂的作用是将磨粒粘结在一起,使砂轮具有一定的形状和强度。粘结剂的性能对砂轮的强度、耐冲击性、耐热性、抗腐蚀性,以及磨削温度和磨削表面质量都有较大影响。常用的结合剂有以下几类:

(1) 陶瓷结合剂(V)

陶瓷结合剂是由黏土、长石、滑石、硼玻璃和硅石等材料配成。特点是化学性质稳定,耐热、耐蚀,价格低廉,但性脆。除切断砂轮外,大多数砂轮都采用陶瓷结合剂,其线速度一般为 35 m/s。

(2) 树脂结合剂(B)

树脂结合剂主要成分为酚醛树脂,也可采用环氧树脂,树脂结合剂强度高、弹性好,多用于高速磨削、切断和车槽等工作。它的耐蚀、耐热性较差,当磨削温度达 200 ~ 300 ℃时,结合能力大大下降,但自锐性好。

(3) 橡胶结合剂(R)

橡胶结合剂多数采用人造橡胶。橡胶结合剂比树脂结合剂强度更高,弹性更好,具有良好的抛光作用。多用于制作无心磨床的导轮和切断、车槽及抛光砂轮。它的耐蚀、耐热性差(200 ℃),自锐性好,加工表面质量好。

(4) 金属结合剂(M)

常用的金属结合剂是青铜结合剂,主要用于制作金刚石砂轮。其特点是强度高,成形性好,有一定韧性,但自锐性差。

4. 硬度

砂轮硬度是指磨粒在磨削力的作用下从砂轮表面上脱落的难易程度。它反映了磨粒与结合剂的粘结强度,而与磨料硬度无关。砂轮硬,磨粒不易脱落;砂轮软,磨粒易于脱落。

砂轮的硬度从低到高分为超软(D,E,F)、软(G,H,J)、中软(K,L)、中(M,N)、中硬(P,Q,R)、硬(S,T)、超硬(Y)7 个等级,并细分为 16 小级。

选择砂轮硬度时可参考以下原则:

① 磨削硬材料时,应选软砂轮,以使磨钝的磨粒及时脱落,新的锋利磨粒参加工作;磨削软材料时,磨粒不易变钝,应选硬砂轮,以使磨粒脱落得慢些,充分发挥其作用。

② 砂轮与工件接触面积大,工件的导热性差时,不易散热,应选软砂轮,以避免工件烧伤。

③ 精磨或成形磨时,应选较硬的砂轮,以保持砂轮的廓形精度;粗磨时,应选较软的砂轮,以提高磨削效率。

④ 砂轮粒度号越大时,砂轮硬度应选软些,以避免砂轮堵塞。

5. 组织

砂轮的组织是指砂轮中磨料、结合剂和气孔三者体积的比例关系。磨料在砂轮中所占的体积比例越大，砂轮的组织越紧密，气孔越小；反之，磨料的比例越小，组织越疏松，气孔越大。砂轮的组织分为紧密（组织号0～3）、中等（组织号4～7）和疏松（组织号8～12）3个类别，并细分为13级。

紧密组织的砂轮适于重压力下的磨削。在成形磨削和精密磨削时，紧密组织的砂轮能保持砂轮的成形性，并可获得较高的加工表面质量。

中等组织的砂轮适于一般磨削工作，如淬火钢、刀具刃磨等。

疏松组织的砂轮不易堵塞，适于平面磨、内圆磨等磨削接触面积较大的工序，以及磨削热敏性强的材料或薄工件。

6. 砂轮的标志方法

根据不同的用途、磨削方式和磨床类型，砂轮被制成各种形状和尺寸，并已标准化。

一般在砂轮的端面都印有标志，用来表示砂轮的形状、尺寸、磨料、粒度、硬度、组织、结合剂和最高线速度。

砂轮标志方法示例如图4-11所示。

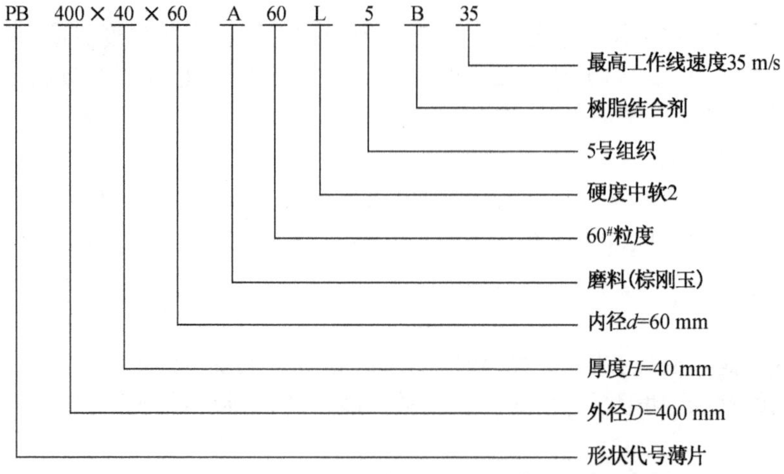

图4-11 砂轮标志方法示例

任务二　磨外圆柱面

一、任务书

用 M1432A 型万能外圆磨床加工出如图 4-12 所示轴类零件。

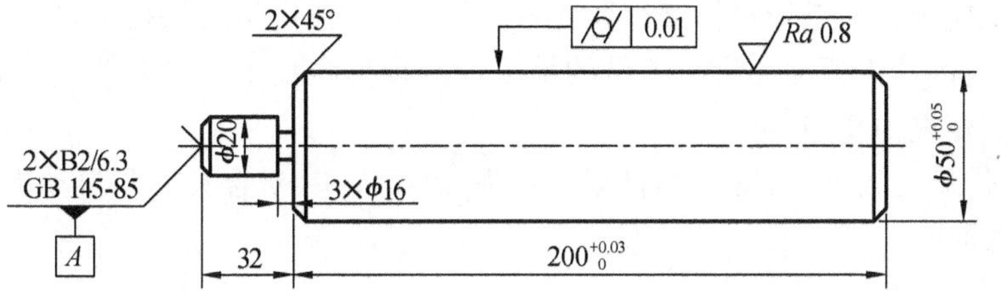

图 4-12　轴

二、任务说明

图 4-12 所示零件的主要特征为简单的光轴。工件材料为 45 钢，经热处理淬火至 HRC 40，工件直径尺寸的公差等级为 IT6，表面粗糙度轮廓值为 *Ra*0. 4 μm，圆柱度公差（圆柱度公差值为两个同心理想圆柱的半径差）为 0. 01 mm。

工艺过程：粗、精加工在一次装夹中完成。采用纵向磨削法加工零件。

该零件的加工步骤：选择砂轮→装夹工件及砂轮→选择切削用量并调整机床→确定磨削工艺→粗加工→精加工→测量工件。

三、任务实施

1. 砂轮选择

1　300 × 50 × 65　AF　60　M　6　V　30。

2. 工件装夹

磨外圆时常用的工件装夹方法有双顶尖装夹（见图 4-13）、三爪自定心卡盘装夹（没有中心孔的圆柱形工件）和四爪单动卡盘装夹（外形不规则的工件）等。

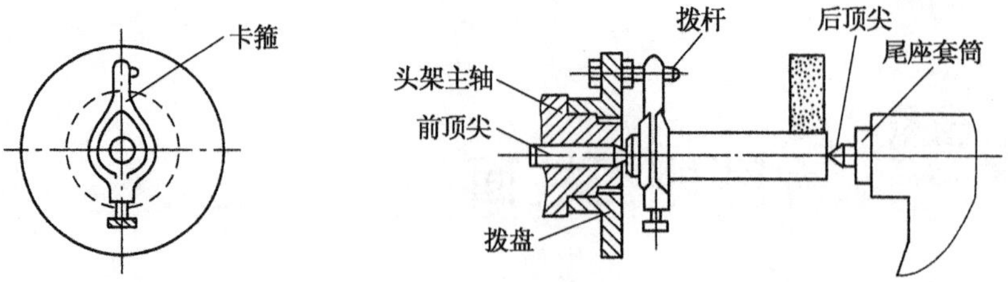

图 4-13　双顶尖装夹工件

① 用前、后顶尖装夹。磨床上采用的前、后顶尖都是死顶尖，这样，头架旋转部分的偏摆就不会反映到工件上来。用两顶尖装夹工件时，由于磨床所用的前、后顶尖都是固定不动的，尾座顶尖又是依靠弹簧顶紧工件，使工件与顶尖始终保持适当的松紧程度，故可避免磨削时因顶尖摆动而影响工件的精度。双顶尖装夹工件的方法定位精度高，装夹工件方便，应用最为普遍。

带动工件旋转的夹头，常用的有圆环夹头、鸡心夹头、对合夹头和自动夹紧夹头4 种，如图 4-14 所示。

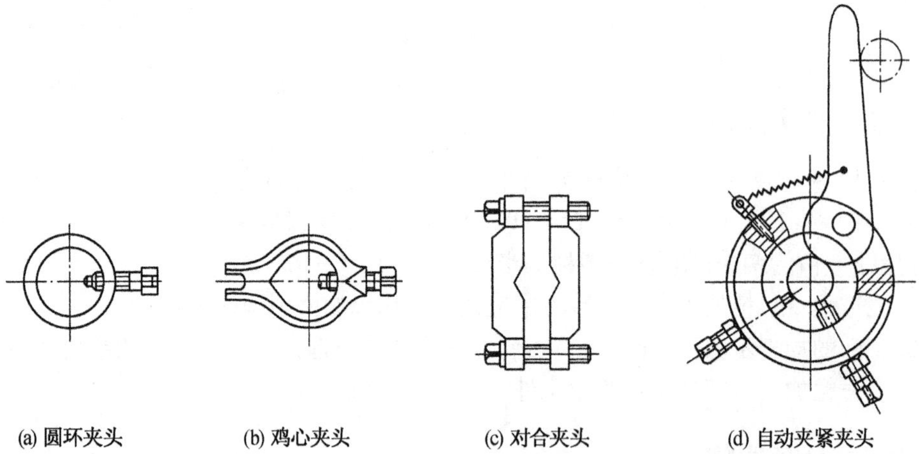

图 4-14　常用的夹头

② 用心轴装夹。磨削套筒类零件时，常以内孔为定位基准，把零件套在心轴上，心轴再装夹在磨床的前、后顶尖上。常用的有锥形心轴、带台肩圆锥心轴、带肩可胀心轴等，如图 4-15 所示。

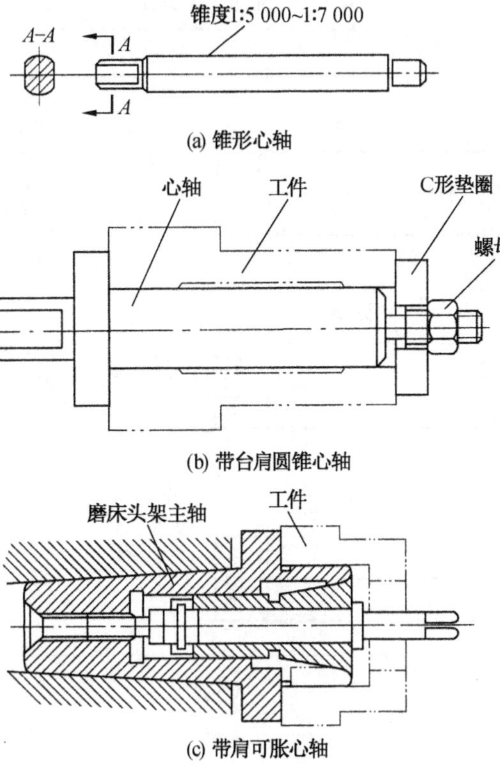

图 4-15 常用的心轴

③ 用三爪自定心卡盘或四爪单动卡盘装夹。磨削端面上不能打中心孔的短工件时，可用三爪自定心卡盘或四爪单动卡盘装夹。四爪单动卡盘特别适合于夹持表面不规则的工件。

④ 用卡盘和顶尖装夹工件。当工件较长，只有一端能打中心孔时，可一端用卡盘，一端用顶尖装夹工件。

3. 切削用量选择

粗磨时，$v_c=30\sim35$ m/s，$n_w=100\sim180$ r/min，$v_w=13\sim26$ m/min（磨削淬火钢 $v_w>26$ m/min，磨削铸件 $v_w=20\sim70$ m/min）；$f_a=(0.4\sim0.85)B$ mm，$f_r=0.02\sim0.03$ mm，$a_p=0.01\sim0.025$ mm，B 为砂轮宽度。

精磨时，表面粗糙度轮廓值 $Ra=0.8$ μm，$v_c=30\sim35$ m/s，$n_w=100\sim180$ r/min，$f_a=(0.2\sim0.4)B$ mm，$f_r=0.02\sim0.03$ mm，$a_p=0.005\sim0.015$ mm。

4. 工艺过程

外圆加工工艺过程见表 4-3。

表 4-3　外圆加工工艺过程

工序号	工序简图	工序内容	注意事项
1	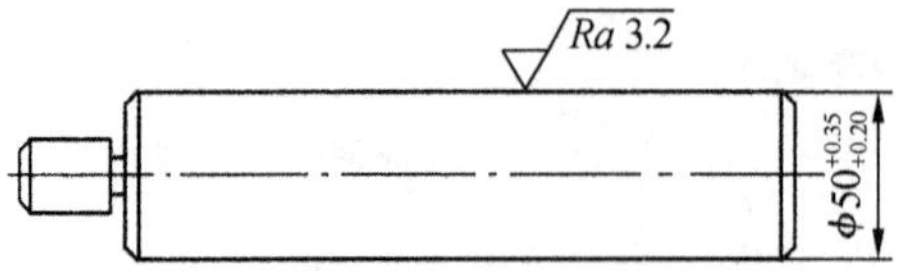	粗磨	① 砂轮修磨后要后退,以免撞击工件 ② 用对刀法先快后慢接近工件时速度要慢
2	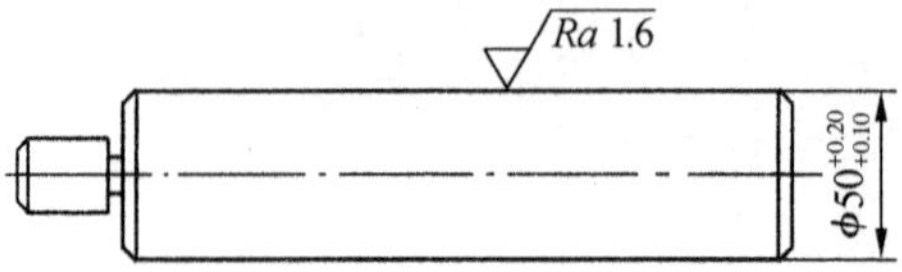	半精磨	用外径千分尺测量是否有锥度
3	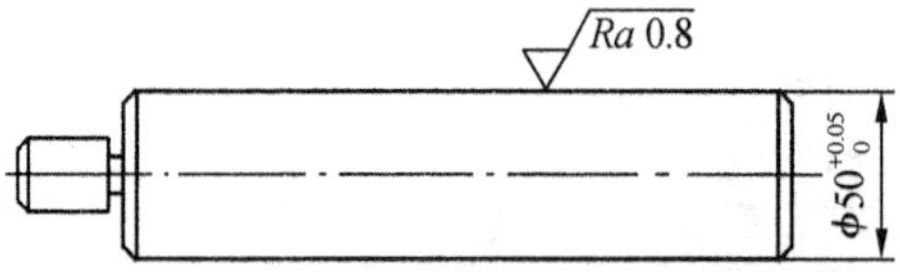	精磨	① 砂轮修磨后要后退,以免撞击工件 ② 头架主轴转速调到高挡 ③ 光磨直到无火红

5. 评分标准

评分标准见表 4-4。

表 4-4　评分标准

序号	操作内容与要求	分值	评分细则	实测记录	得分
1	砂轮的安装及修整	10	安装 5 分,修整 5 分		
2	工件的装夹	15	夹具的选用 5 分,工件安装 4 分,校正 6 分		
3	切削用量选择	10	粗磨切削用量的选择 5 分,精磨切削用量的选择 5 分		
4	机床调整	10	工作台的调整 5 分,砂轮架的调整 5 分		
5	对刀方法	10	试切试量不正确扣 5 分		
6	磨内孔	20	挡铁距离的调整 10 分,运动速度的调整 10 分		
7	工件质量检测	20	尺寸 10 分,粗糙度轮廓值 10 分		
8	安全文明操作	5	穿工作服,无违规现象,有则否决		

6. 工件测量

(1) 圆柱度的两点测量法

用外径千分尺测量轴的同一截面轮廓圆周上两三个位置的直径,再按上述同样方法分别测量两三个不同截面的直径,取各截面内测得的所有读数中最大与最小读数的差值作为该轴的圆柱度误差。

（2）径向圆跳动的测量方法

测量时先在工作台上安放一个测量平板，然后将百分表架放在测量平板上，使百分表量杆与被测工件轴线垂直，并使测头位于工件圆周最高点上，转动工件即可测量圆跳动。

（3）表面粗糙度轮廓的测量方法

工件的表面粗糙度轮廓可用目测，用表面粗糙度轮廓样块以比较法测量。检验时把样块靠近工件表面，用肉眼观察比较。

四、拓展训练

根据图 4-16 加工轴，操作时按照操作规程执行。工件的尺寸精度、几何精度和表面粗糙度轮廓均要达到图样要求。

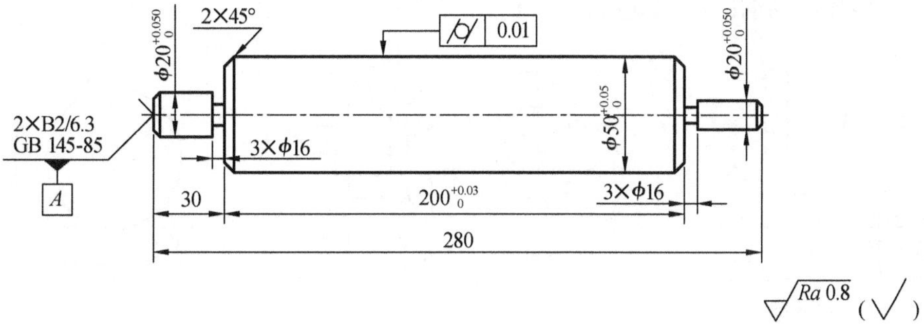

图 4-16　轴

知识链接一　磨削加工

1. 磨削加工的过程与特点

磨削加工本质上属于切削加工，但与通常的切削加工相比又有以下显著特点：

① 具有很高的加工精度和很小的表面粗糙度轮廓值。磨削精度可达 IT6～IT5 或更高。普通磨削时表面粗糙度轮廓值为 *Ra*0.8～0.2 μm，精密磨削表面粗糙度轮廓值可达 *Ra*0.025 μm，镜面磨削表面粗糙度轮廓值可达 *Ra*0.01 μm。

② 具有很高的磨削速度。在磨削时，砂轮的转速很高，普通磨削的磨削速度可达 30～35 m/s，高速磨削的磨削速度可达 45～60 m/s，甚至更高。

③ 磨削温度高。磨削时单位能耗大，磨削速度高，产生大量的切削热，加上砂轮的导热性很差，所以磨削区会形成瞬时高温，一般可达 800～1 000 ℃。因此，在磨削时要充分供给切削液以将热量带走，否则易烧伤工件。

④ 具有很小的切削余量。磨粒的切削厚度极薄，均在微米级以下，因此加工余量比其他切削加工要小得多。

⑤ 能够磨削硬度很高的材料。磨削除能加工普通材料外，还能加工一般刀具难以切削的高硬度材料，如淬硬钢、硬质合金及其他坚硬材料。但磨削不宜精加工塑性较大的

有色金属工件。

2. 磨削运动与磨削用量

1）磨削运动

图 4-17 所示为外圆、内圆和平面磨削时的磨削运动。

（1）主运动

砂轮的旋转运动是主运动。砂轮旋转的线速度为磨削速度 v_c，单位为 m/s。

（2）进给运动

① 外圆、内圆磨削

a. 工件旋转进给运动。进给速度为工件切线速度 v_w，单位为 m/min。

b. 工件相对砂轮的轴向进给运动。其大小用轴向进给量 f_a 表示。指工件每转一转工件相对砂轮移动的距离，单位为 mm/r。

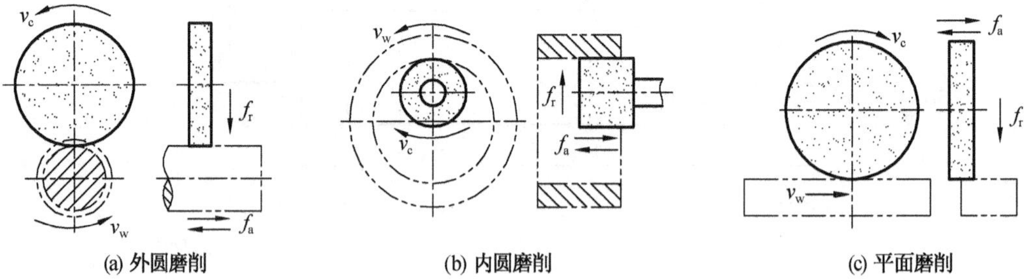

图 4-17 磨削运动

c. 砂轮切入运动。即砂轮切入工件的运动，进给量用工作台每单行程或双行程砂轮切入工件的深度 f_r 表示（相当于车削时背吃刀量），单位为 mm/单行程或 mm/双行程。

② 平面磨削

a. 工件纵向进给运动。即工作台往复运动，它的速度为 v_w，单位为 m/min。

b. 砂轮相对工件的轴向进给运动。进给量用工作台每单行程或双行程砂轮轴向移动量 f_a 表示，单位为 mm/单行程或 mm/双行程。

c. 砂轮切入运动。进给量用工件表面切削一次后砂轮切入工件的深度 f_r（背吃刀量）表示，单位为 mm。

2）磨削用量的确定

磨削用量是指磨削速度（砂轮速度）v_c、工件周向（纵向）进给速度 v_w、工件或砂轮轴向进给量 f_a、砂轮切入进给量 f_r 或磨削深度（背吃刀量）。

（1）磨削速度的确定

确定磨削速度 v_c 时，主要应考虑工件材料的特点、加工要求、磨床工作情况和砂轮特性等。

目前，普通磨削时一般取 $v_c = 30 \sim 35$ m/s；高速磨削时取 $v_c = 45 \sim 100$ m/s 或更高一些。提高磨削速度，可减小磨粒切削厚度，减小作用在磨粒上的磨削力，改善磨削条件，提高砂轮寿命，减小工件表面粗糙度轮廓值。同时，有利于提高生产率。但磨削速度不能太高，以防止砂轮离心力过大，使砂轮破裂，损坏设备甚至导致人身事故。另外，磨削速度太高，也可能产生振动和工件表面烧伤，影响加工表面质量。

（2）工件旋转（纵向）进给速度的确定

确定工件旋转（纵向）进给速度 v_w 时，主要应考虑磨削热量的大小、热源作用的时间、工件表面粗糙度轮廓值和高速回转所产生的振动等因素。v_w 太低时，工件易烧伤；v_w 太高时，机床可能产生振动。

粗磨时常取 $v_w = 15 \sim 85$ m/min；精磨时取 $v_w = 15 \sim 50$ m/min。选择 v_w 时还应注意与 v_c 相配合。外圆磨削时，$v_c/v_w = 60 \sim 150$；内圆磨削时，$v_c/v_w = 40 \sim 80$。

（3）轴向进给量的确定

轴向进给量 f_a 增加时，砂轮工作表面磨粒的切削厚度增加，同时参加切削的磨粒数也增加，生产效率可以提高。但是随着轴向进给量增加，砂轮轴向截面上起光磨作用的沙粒数减少，使工件表面粗糙度轮廓值增大。因此，应根据加工要求来选择合理数值。一般粗磨时取 $f_a = (0.3 \sim 0.8)B$；精磨时取 $f_a = (0.2 \sim 0.3)B$，B 为砂轮宽度，单位为 mm。

（4）切入进给量的确定

切入进给量 f_r 增加，砂轮工作表面上的磨粒切削厚度增加，每颗磨粒切去的金属体积也就增加，因而提高了磨削效率。但磨粒切削厚度增加时，在工件表面留下的切痕深度增加，使工件表面粗糙度轮廓值增大，同时产生的磨削力和磨削热也会增加。这样既影响工件的加工精度，又会使单颗磨粒的负荷增加，使磨粒过早地破碎和脱落，从而加速了砂轮的磨损。因此，切入进给量也要根据加工质量和生产效率要求来选择。一般粗磨时取 $f_r = 0.01 \sim 0.07$ mm，精磨时取 $f_r = 0.002\,5 \sim 0.02$ mm，镜面磨削时可取 $f_r = 0.000\,5 \sim 0.001\,5$ mm。磨细长工件时，要选择较小的 f_r；磨粗而短的工件时，f_r 可以选得大些。v_c 提高时，可相应提高 f_r。

由于影响磨削过程的因素很多，对于不同的磨床、工件、砂轮及不同的磨削方法，磨削用量也可根据具体情况查阅有关的切削用量手册确定。

任务三 磨内圆柱面

一、任务书

用 M2110 型内圆磨床磨削出如图 4-18 所示零件。

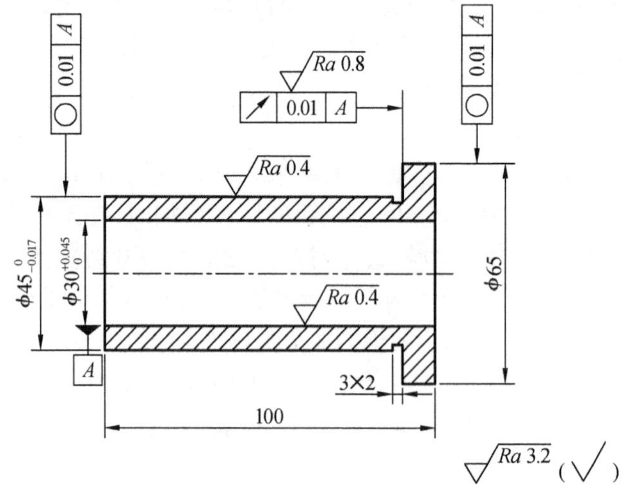

图 4-18 轴套

二、任务说明

图 4-18 所示零件为通孔轴套,材料为 45 调质钢,需要加工的尺寸为 $\phi30_{0}^{+0.045}$。要求 $\phi65$ 的左端面对 $\phi30_{0}^{+0.045}$ 的中心线的端向圆跳动公差为 0.01,为了达到位置精度的要求,装夹一次完成;为了保证孔的加工精度,分粗、精加工磨削。

该零件的加工步骤:选择砂轮→装夹工件及砂轮→选择切削用量并调整机床→确定磨削工艺→粗加工→精加工→测量工件。

三、任务实施

1. 砂轮选择

PDA25 ×8 ×6。

2. 工件装夹

磨削内圆时,一般以工件的外圆和端面作为定位基准。通常用三爪自定心卡盘或四爪单动卡盘装夹工件，如图 4-19、图 4-20 所示。

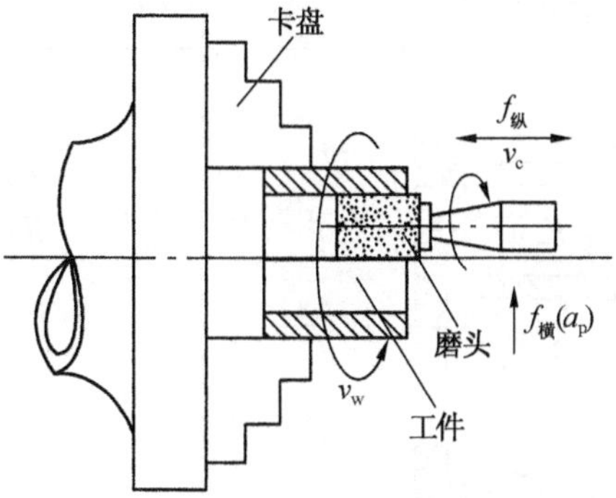

图 4-19　磨削内孔

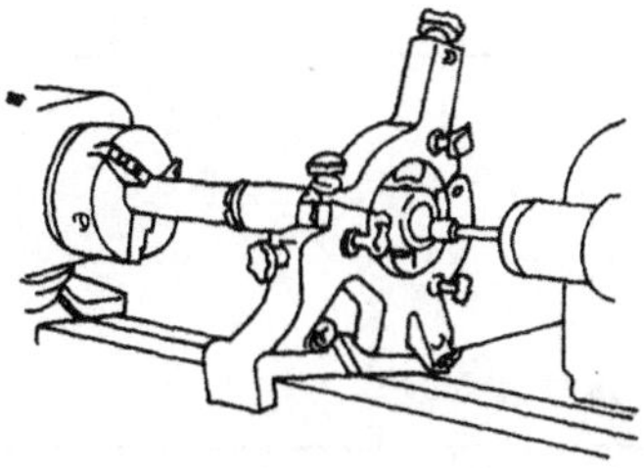

(a) 用卡盘和中心架装夹

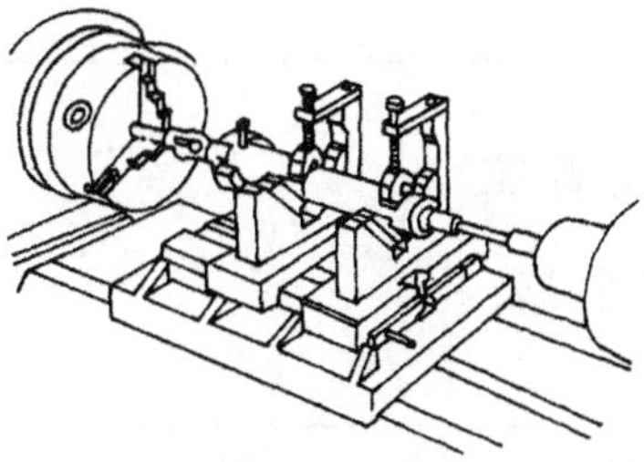

(b) 用V形夹具装夹

图 4-20　工件磨内孔时的装夹方法

3. 机床调整和切削用量选择

① 粗磨时，$v_c = 20 \sim 30$ m/s，$v_w = 15 \sim 25$ r/min，$a_p = 0.005 \sim 0.002$ m/min，$f = 1.5 \sim 2.5$ m/min。

② 精磨时，$a_p = 0.005 \sim 0.01$ m/min，$f = 0.5 \sim 1.5$ m/min。

4. 工艺过程

通孔加工工艺过程见表 4-5。

表 4-5　通孔加工工艺过程

工序号	工序简图	工序内容	注意事项
1	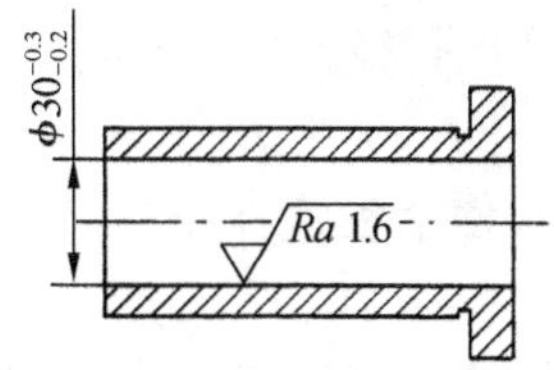	粗磨内圆	砂轮在孔两端超越量取砂轮宽度的 1/3 ~ 1/2

续表

工序号	工序简图	工序内容	注意事项
2	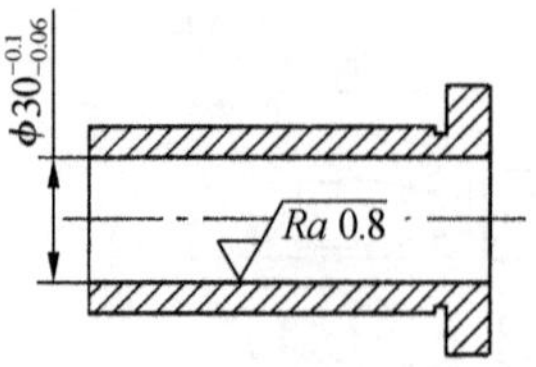	半精磨	精磨用内径百分表测量是否有锥度
3	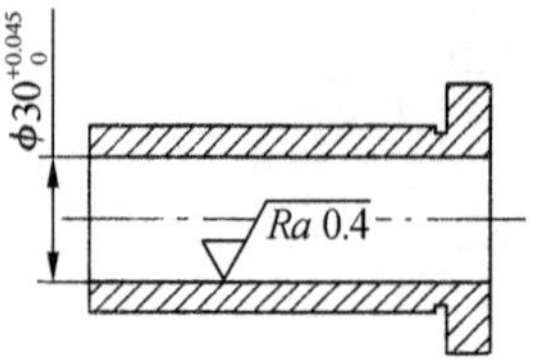	精磨	光磨至尺寸要求

5. 评分标准

评分标准见表 4-6。

表 4-6 评分标准

序号	操作内容与要求	分值	评分细则	实测记录	得分
1	砂轮的安装及修整	10	安装 5 分,修整 5 分		
2	工件的装夹	15	夹具的选用 5 分,工件安装 4 分,校正 6 分		
3	切削用量选择	10	粗磨切削用量的选择 5 分,精磨切削用量的选择 5 分		
4	机床调整	10	工作台的调整 5 分,砂轮架的调整 5 分		
5	对刀方法	10	试切试量不正确扣 5 分		
6	磨内孔	20	挡铁距离的调整 10 分,运动速度的调整 10 分		
7	工件质量检测	20	尺寸 10 分,粗糙度 10 分		
8	安全文明操作	5	穿工作服,无违规现象,有则否决		

6. 工件检测

① 选择适当的量棒,调整内径百分表测头尺寸比孔径大 0.1 mm。

② 调整内径百分尺至孔径尺寸。

③ 把测头的两端放在百分尺两个测量砧之间,使活动量杆压缩,然后转动表面刻度盘,将指针对准零线,再把量头拉出来。

④ 将测头放入被测量孔中,并前后摇动,这时指针随着摆动所指示的刻度值,就是孔径与规定尺寸的偏差,假如指针由零向右转动 6 格,表示孔径的尺寸比规定尺寸大 0.06 mm;反之,当指针由零向左转动 6 格,则表示孔径比规定尺寸小 0.06 mm。

注意事项：

① 让工件冷却至室温时方可测量，避免工件热胀冷缩而影响测量的准确度。

② 使用内径百分表时，百分表的“切入”数值不要太大，特别是精度高的工作。测量时要摇摆标杆，找出工件的最高点，才能获得工件的实际尺寸。

③ 应经常用标尺校验百分表的零位是否准确，不要因为表的零位“移动”造成测量误差，而使工件报废。

四、拓展训练

用 M2110 型内圆磨床磨削如图 4-21 所示零件。

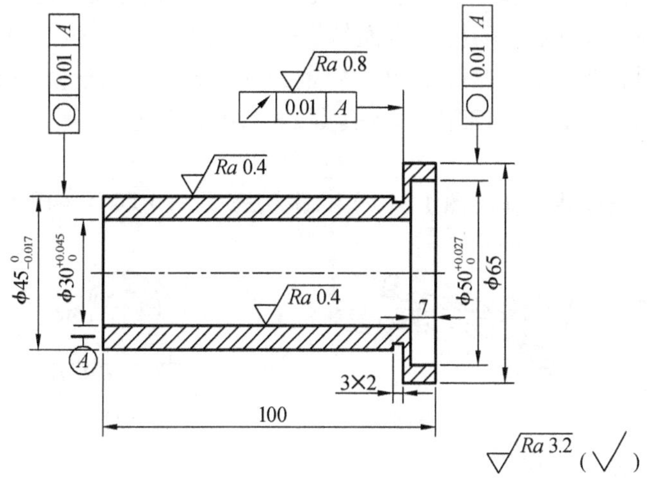

图 4-21 轴套

知识链接一 常用磨削加工方法

磨削加工可分为普通磨削、高效磨削、低粗糙度轮廓磨削和砂带磨削等。其中，低粗糙度轮廓磨削属于精密加工范畴。

1. 普通磨削

普通磨削是应用十分广泛的精加工方法，它可以磨削外圆、内孔、锥面、平面及其他特殊型面等。

(1) 磨外圆

外圆磨削的具体方法有纵磨（砂轮高速旋转，进给运动为工件旋转圆周进给和磨床工作台一起往复纵向进给，且砂轮做周期性径向进给）、横磨（砂轮高速旋转，进给运动包括工件旋转圆周进给及砂轮连续横向进给）、综合磨（开始横磨最后纵磨）及深磨（同纵磨）4 种（见图 4-22）。纵磨法的磨削力小，散热条件好，磨削工件的质量高，但生产效率低，适宜于单件小批生产；横磨法生产率高，适宜于大批量生产，但磨削力大，产生的热量多，要求工件的刚性好；综合磨法结合了纵磨、横磨两者的优点；深磨法适用于大批量生产且刚度好的工件。

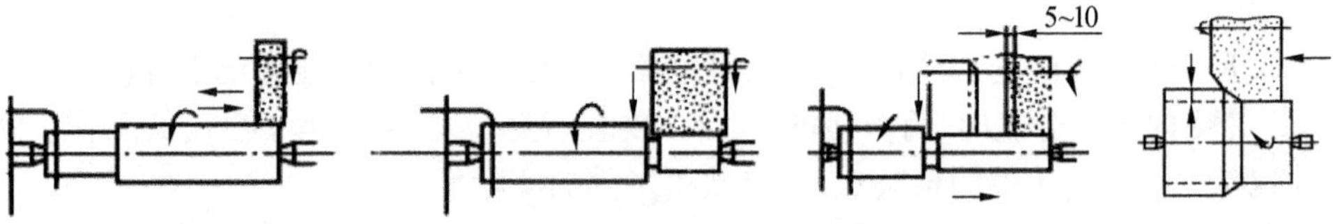

(a) 纵磨法　(b) 横磨法　(c) 综合磨法　(d) 深磨法

图 4-22　外圆磨削方法

（2）磨内圆（包括内锥面）

磨内圆时砂轮受孔径限制，切削速度难以达到磨外圆的速度；砂轮轴直径小，悬伸长，刚度差，易弯曲变形和振动，且只能采用很小的背吃刀量；砂轮与工件成内切圆接触，接触面积大，磨削热多，散热条件差，表面易烧伤。因此，磨内圆生产率低。但是与铰孔和拉孔相比，内圆磨削的适应性较强，在一定范围内可磨削不同直径的孔，还可纠正孔的几何误差；能加工淬火工件，加工盲孔、大孔等，如图 4-23 所示。

（3）磨平面

磨平面的方法有周磨法（见图 4-24 a）和端磨法（见图 4-24 b）两种。

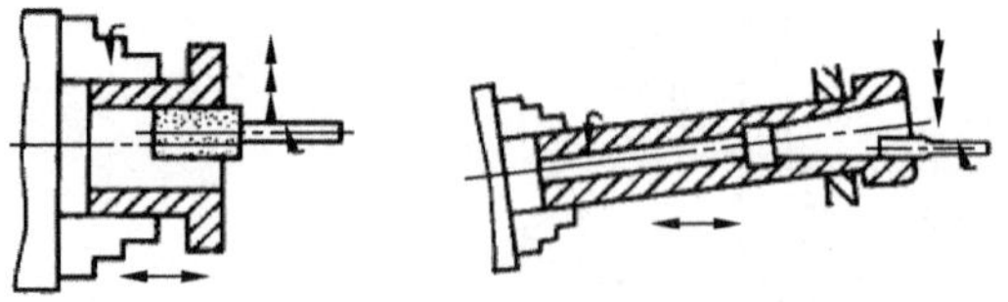

(a) 磨内圆　(b) 扳转上工作台磨锥孔

图 4-23　内圆磨削方法

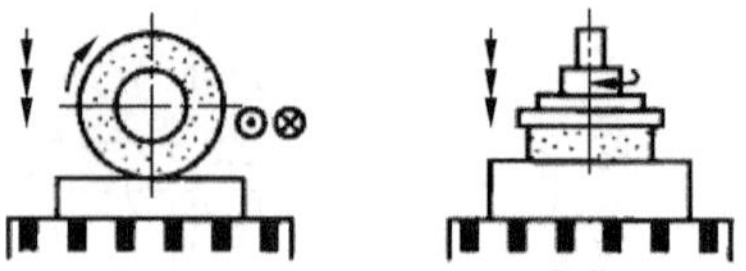

(a) 周磨法　(b) 端磨法

图 4-24　平面磨削的方法

周磨法磨削平面时，砂轮与工件的接触面积小，排屑和散热条件好，工件热变形小，砂轮周面磨损均匀，因此表面加工质量高，但效率低，适于单件小批生产。

端磨法磨削平面时，由于砂轮轴立式安装，刚性好，可采用较大的磨削用量，且砂轮与工件接触面积大，同时工作的磨粒数多，故生产率高。但砂轮端面上各处切削速度不同，磨损不均匀，冷却和排屑条件差，因此加工质量低，适用于粗磨。

（4）无心磨削

无心磨削在无心磨床上进行。如图 4-25 所示，无心磨削时，工件 4 不用顶尖或卡盘定位，而是放在磨削砂轮 1 和导轮 3 之间并用托板 2 支承，导轮为刚玉砂轮（一般用橡胶结合剂），不起磨削作用，它与工件间的摩擦系数较大，依靠摩擦力带动工件旋转，实现圆周进给运动。导轮的线速度为 10 ~ 50 m/min，工件上的线速度基本等于导轮的线速度。磨削砂轮的线速度很高，一般在 35 m/s 左右，所以在磨削砂轮与工件之间有很大的相对速度，这就是磨削工件的切削速度。

为了避免磨削出棱圆形工件，工件中心必须高于磨削砂轮和导轮的中心连线（高出工件直径的 15% ~ 20%），使工件与砂轮及工件与导轮间的接触点不在同一直径线上，从而可以使工件在多次转动中逐步被磨圆。

无心磨削方法通常有纵磨法（贯穿磨法）和横磨法（切入磨法）两种。图 4-25 a 所示为纵磨法。导轮轴线相对于工件轴线的偏转角 $\alpha = 1° \sim 4°$，粗磨时取大值，精磨时取小值。此偏转角使工件获得轴向进给速度。图 4-25 b 所示为横磨法。工件无轴向运动，导轮做横向进给运动，为了使工件在磨削时紧靠挡块，一般取偏转角 $\alpha = 0.5° \sim 1°$。

使用无心磨床加工时，工件精度较高。由于工件不用钻中心孔，且装夹辅助时间短，可以连续磨削，因此生产效率高。无心磨床适用于大批量生产中磨削细长轴及不带中心孔的轴、套、销等小型零件。

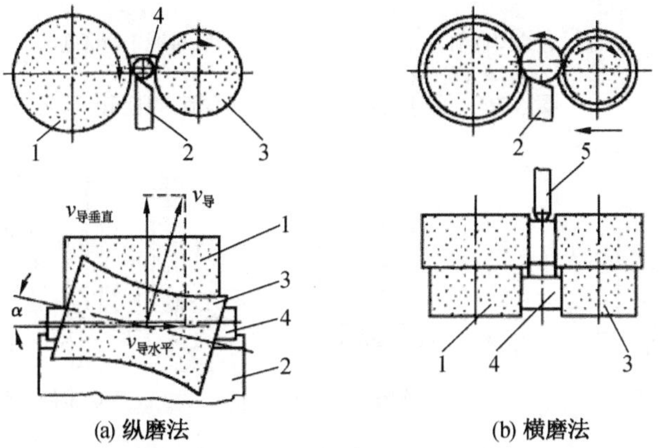

1—磨削砂轮；2—托板；3—导轮；4—工件；5—挡块

图 4-25　无心磨削方法

2. 高效磨削

随着科学技术的发展，作为传统精加工方法的普通磨削亦在逐步向高效率、高精度的方向发展。高效磨削常见的是高速磨削、缓进给深磨削、宽砂轮与多砂轮磨削及砂带磨削等。

（1）高速磨削

高速磨削的砂轮线速度一般高于 45 m/s，目前，试验速度已达 200 ~ 250 m/s，单位时间磨除量大，表面质量高，我国已生产出高速外圆磨床、凸轮磨床和轴承磨床等。

（2）缓进给深磨削

缓进给深磨削又称深槽磨削或蠕动磨削。其背吃刀量为普通磨削的 100 ~ 1 000 倍，可达 3 ~ 30 mm，是一种强力磨削的方法，如图 4-26 所示。大多经一次行程磨削即可完成。缓进给深磨削生产效率高，砂轮损耗小，磨削质量好；其缺点是设备费用高。将高速快进给磨削与深磨削相结合，其效果更佳。

（3）宽砂轮与多砂轮磨削

宽砂轮磨削是用增大磨削宽度来提高磨削效率的。普通外圆磨削的砂轮宽度为 50 mm左右，而宽砂轮外圆磨削的砂轮宽度可达 300 mm，平面磨削可达 400 mm，无心磨削可达 1 000 mm。宽砂轮外圆磨削一般采用横磨法。多砂轮磨削是宽砂轮磨削的另一种形式，它们主要用于大批量生产（见图 4-27）。

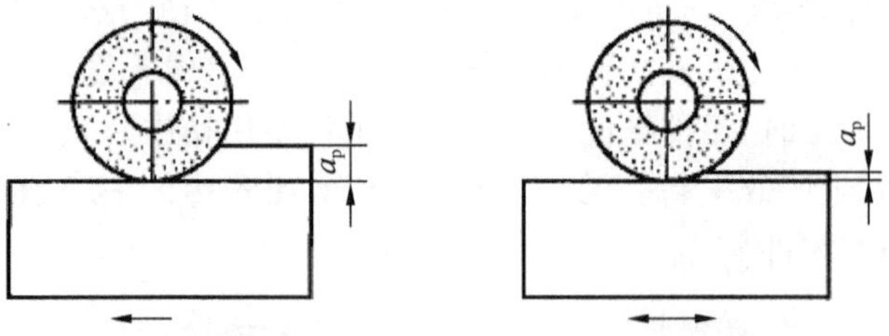

(a) 缓进给深磨削　　(b) 普通平面磨削

图 4-26　缓进给深磨削与普通磨削的比较

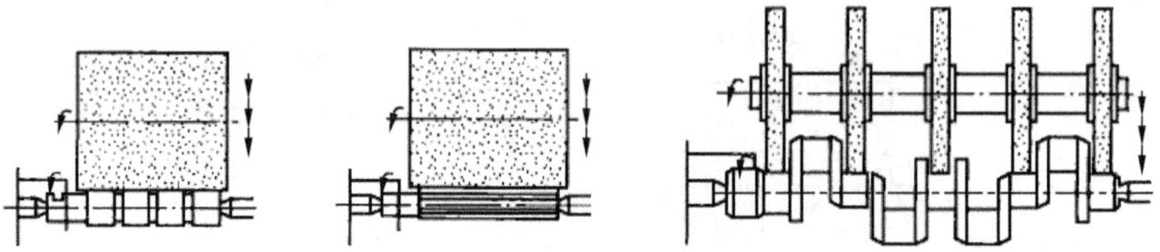

(a) 磨滑阀外圆　　(b) 磨花键轴外圆　　(c) 多砂轮磨曲轴

图 4-27　宽砂轮与多砂轮磨削

(4) 砂带磨削

用高速运动的砂带作为磨削工具磨削各种表面的方法称为砂带磨削。它是近年来发展起来的一种新型高效工艺方法,图 4-28 所示为砂带磨削的几种形式。

砂带磨削的优点是生产效率高,加工质量好,能保证恒速工作,不需修整,磨粒锋利,发热少,适于磨削各种复杂的型面;砂带磨床结构简单,操作安全。

砂带磨削的缺点是砂带消耗较快,砂带磨削不能加工小直径孔、盲孔,也不能加工阶梯外圆和齿轮等。

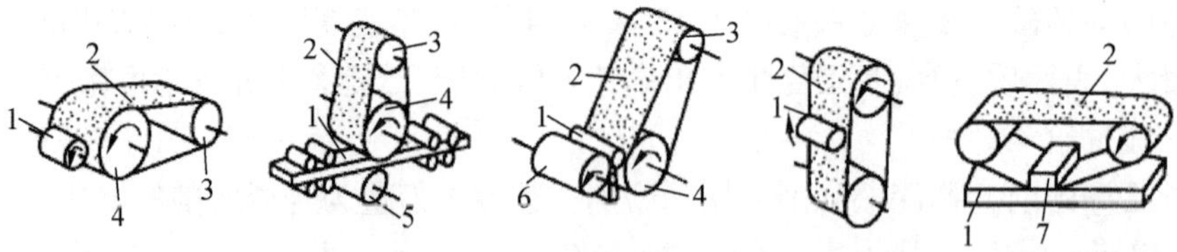

(a) 磨外圆　　(b) 磨平面　　(c) 无心磨削　　(d) 自由磨削　　(e) 砂带成形磨削

1—工件;2—砂带;3—张紧轮;4—接触轮;5—承载轮;6—导轮;7—成形导向板

图 4-28　砂带磨削的几种形式

知识链接二　精密与光整加工

精密加工是指在一定发展时期,加工精度和表面质量达到较高程度的加工工艺,当前是指零件的加工精度为 1 ~ 0.1 μm,表面粗糙度轮廓值为 *Ra* 0.1 ~ 0.008 μm 的加工技术,主要指研磨、珩磨、超级光磨、抛光和金刚石精密切削等。从广义的角度看,它还包括刮削、宽刀细刨等。

1. 刮削

刮削是用刮刀刮除工件表面薄层的加工方法，它一般在普通精刨和精铣的基础上，由钳工手工操作进行，如图 4-29 所示。刮削余量为 0.05 ~0.4 mm。

2. 宽刀细刨

宽刀细刨是在普通精刨的基础上，通过改善切削条件，使工件获得较高的形状精度和较小的表面粗糙度轮廓值的一种平面精密加工方法，如图 4-30 所示。

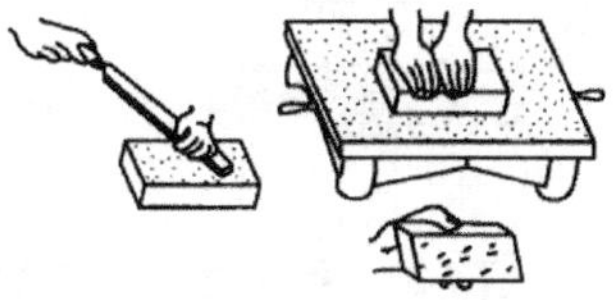

图 4-29　刮削

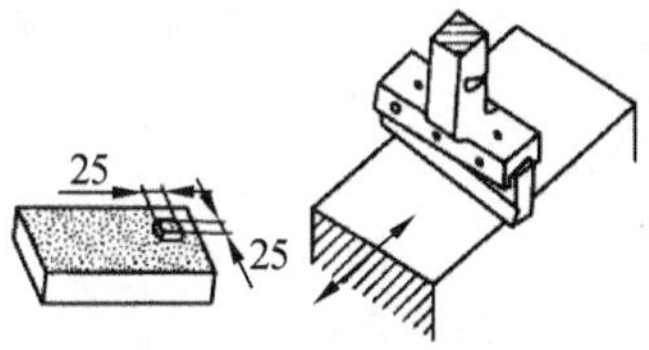

图 4-30　宽刀细刨

3. 金刚石精密切削

金刚石精密切削是指用金刚石车刀加工工件表面，获得尺寸精度为 0.1 μm 数量级和表面粗糙度轮廓值为 Ra0.01 μm 数量级的超精加工表面的一种精密切削方法。

一般来讲，超精密车削加工余量只有几微米，切屑非常薄，常在 0.1 μm 以下。能否切除如此微薄的金属层，主要取决于刀具的锋利程度。一般当车刀切削刃的刃口圆角半径 $\rho < a_p$ 时，能完成精密切削；当 $\rho > a_p$ 时，刀具就在工件表面上产生“耕犁”，不能进行切削。单晶体金刚石车刀的刃口圆角半径 ρ 可达 0.02 μm，且金刚石与有色金属的亲和力极低，摩擦系数小，在车削有色金属时不产生积屑瘤。因此，单晶体金刚石精密切削是加工铜、铝或其他有色金属材料，获得超精加工表面的一种精密切削方法。

4. 研磨

研磨是用研具与研磨剂对工件表面进行精密加工的方法。研磨时，研磨剂置于研具与工件之间，在一定压力的作用下，研具与工件做复杂的相对运动，通过研磨剂的机械及化学作用，研去工件表面极薄的一层材料，从而达到很高的精度和很小的表面粗糙度轮廓值。

5. 珩磨

珩磨是利用珩磨工具对工件表面施加一定压力，珩磨工具同时做相对旋转和直线往复运动，切除工件极小余量的一种精密加工方法，珩磨多在精镗后进行，多用于加工圆柱孔，如图 4-31 所示。

6. 抛光

抛光是用涂有抛光膏的软轮（即抛光轮）高速旋转对工件表面进行光整加工，从而减小工件表面粗糙度轮廓值,提高光亮度的一种精密加工方法,如图 4-32 所示。

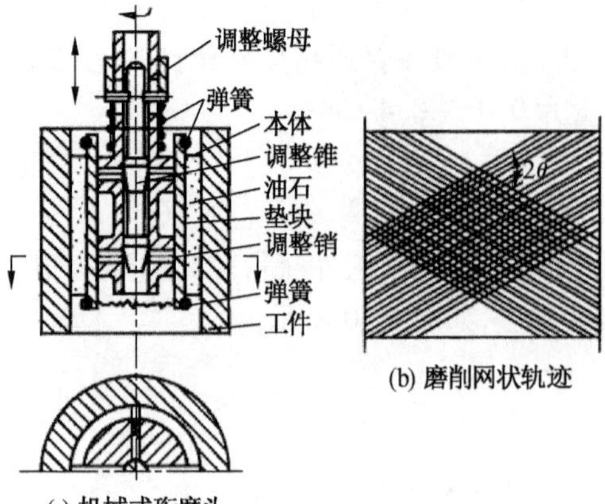

(a) 机械式珩磨头

(b) 磨削网状轨迹

图 4-31 珩磨

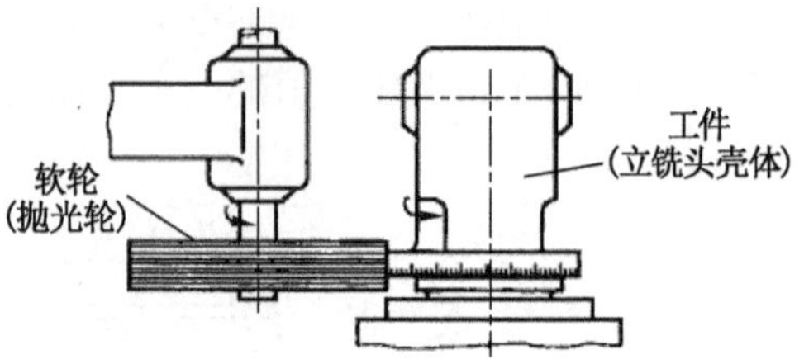

图 4-32 抛光立铣头壳体刻度盘

思考题

1. 砂轮的特性受哪些因素的影响?砂轮的硬度与磨粒的硬度有何不同?

2. 磨料的粒度说明什么?应如何选择?

3. 为什么软砂轮适合磨削硬材料?

4. 磨削外圆的方法有哪几种?具体过程有何不同?磨削内圆比磨削外圆困难的原因有哪些?

5. 如何修整砂轮,才能使工件表面粗糙度轮廓值较小,为什么?

6. 在万能外圆磨床上磨削圆锥面有哪几种方法?各适用于何种情况?机床应如何调整?

7. 无心外圆磨床为什么能把工件磨圆?与普通外圆磨床相比有何区别?适用于磨削哪些零件?不适用于磨削哪些零件,为什么?

8. 在 M1432A 型万能外圆磨床上,用顶尖固定工件和用卡盘安装工件时,哪一种磨削精度较高,为什么?

9. 为什么砂轮主轴短三瓦动压轴承有较高的定心精度?形成轴承动压油膜需要哪些条件?

10. 砂带磨削有什么特点?砂带与砂轮在结构上有何异同处?

11. 试叙述提高磨削效率的途径。进行高速和超高速磨削,必须具备哪些基本条件?

项目五

齿轮加工

任务一 齿轮加工实例

一、任务书

根据表 5-1 所列参数和要求拟定如图 5-1 所示直齿圆柱齿轮的加工工艺。

表 5-1 齿轮基本参数及技术要求

名称	符号	数值
模数	m	3.5 mm
齿数	z	66
齿形角	α	20°
变位系数	x	0
精度等级	7 GB 10095.1－2008	7 GB 10095.1－2008
齿距累积总偏差允许值	F_P	0.036 mm
径向综合偏差允许值	F''_i	0.08 mm
一齿径向综合偏差允许值	f'_i	0.016 mm
螺旋线总偏差允许值	F_β	0.009 mm
公法线平均长度 跨齿数	k	8
公法线平均长度 公称值及极限偏差	$W^{+E_{ws}}_{-E_{wi}}$	$80.72^{-0.14}_{-0.19}$
材料	45 钢	45 钢
生产类型	小批量	小批量
技术要求	① 1∶12 锥度塞规检查，接触面不少于 75%；② 热处理：齿部 HRC 54	① 1∶12 锥度塞规检查，接触面不少于 75%；② 热处理：齿部 HRC 54

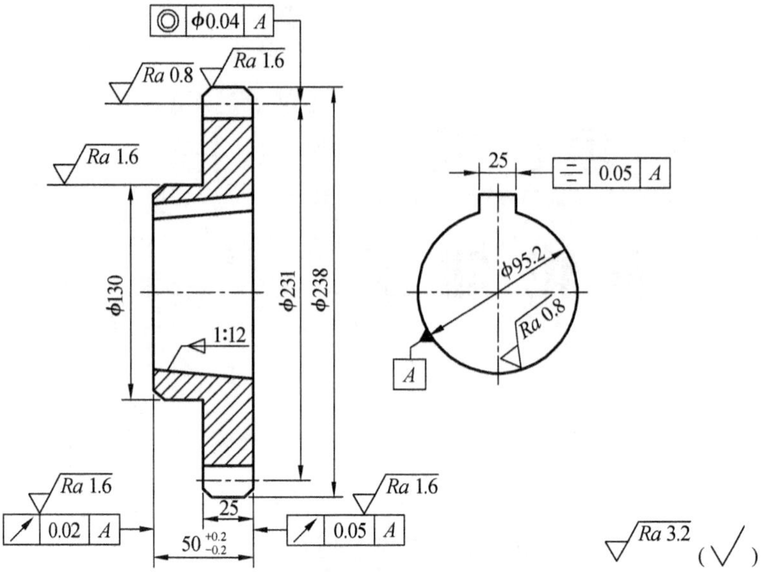

图 5-1 直齿圆柱齿轮

二、任务实施

1. 分析齿轮的结构和技术要求

圆柱齿轮分轮体和齿圈两部分,在机器中,常见的齿轮根据结构形状可分为盘类齿轮、套类齿轮、轴类齿轮、扇形齿轮、齿条等,其中盘类齿轮应用最广。

GB/T 10095.1—2008 和 GB/T 10095.2—2008 中规定了齿轮传动有 13 个精度等级,精度由高到低依次为 0,1…,12 级。5 级精度是基础级。如图 5-1 所示的齿轮,精度为 7 级。端面与轴线有垂直度要求。表面粗糙度轮廓值为 *Ra*1.6 μm。齿轮表面需淬火,齿部硬度达 54 HRC。

2. 明确毛坯状况

齿轮的毛坯形式主要有棒料、锻件和铸件。棒料用于小尺寸、结构简单、对强度要求低的齿轮;当齿轮要求强度高、耐磨和耐冲击时,多用锻件;直径大于 400 mm 的齿轮,常用铸造毛坯。为了减少机械加工量,对大尺寸、低精度的齿轮,可以直接铸出轮齿;对于小尺寸、形状复杂的齿轮,可用精密铸造、压力铸造、精密锻造、粉末冶金、热轧和冷挤等新工艺制造出具有轮齿的齿坯,以提高劳动生产率、节约原材料。

3. 拟定齿轮的加工工艺路线

齿轮加工的工艺路线是根据齿轮材质和热处理要求、齿轮结构及尺寸大小、精度要求、生产批量和车间设备条件而定。一般的工艺路线:毛坯制造→毛坯热处理→齿坯加工→齿形加工→齿圈热处理→齿轮定位表面精加工→齿圈的精整加工。齿形加工一般为滚、插齿加工,对于8级以下齿轮,可以直接加工;对于6~7级齿轮,齿形精加工采用剃-珩加工;对于5级以上齿轮,采用磨齿方法。

根据本例所列参数和精度要求,该齿轮的加工工艺路线:毛坯制造→毛坯热处理→齿坯加工→滚齿加工→剃齿加工→齿圈热处理→珩齿加工。

4. 选择加工装备

齿轮加工分两部分:轮体部分加工和齿圈部分加工。轮体采用普通车床加工,一般根据尺寸选择C6132,CA6140或其他车床;齿圈部分,尺寸大或模数大的齿轮采用滚齿机,尺寸小或结构紧凑的齿轮用插齿机;根据精度要求有的还需要进行剃齿、珩齿或磨齿等精加工。根据本例拟定的工艺路线,车床可以选用C6132或CA6140,滚齿可以选用Y3150E,剃齿可以选用Y5714,珩齿可以选用Y4632A;另外插键槽可以选用普通插床,磨内锥孔可以选用M2120。

5. 确定齿轮的热处理方法

常见的毛坯热处理方法:正火、调质。(注意:调质硬度不要大于230 HBW)

常见的齿圈热处理方法:渗碳淬火、高频淬火、碳氮共渗、渗氮。

可根据零件图的要求,选择相应的热处理方法。

知识链接一　齿形加工

1. 齿形加工方法

齿轮的加工可分为齿坯加工和齿形加工两个阶段。该齿轮的齿坯属盘类零件,通常经车削和磨削加工完成。

齿形加工指的是具有各种齿形形状的零件的加工。按照有无切屑的产生,齿形加工方法可分为无切削加工和切削加工两类。

1) 无切削加工

齿形的无切削加工方法有铸造、热轧、冷挤、注塑等。无切削加工具有生产效率高、材料消耗小和成本低等优点。

2) 切削加工

对于有较高传动精度要求的齿轮来说,切削加工仍是目前主要的加工方法。通常要通过切削和磨削加工来获得所需的齿轮精度。根据所用的加工装备不同,齿形的切削加工有铣齿、滚齿、插齿、刨齿、剃齿、磨齿、珩齿等多种方法。

按齿轮齿形(齿廓)的成形原理不同,切削加工方法又可分为成形法和展成法两种。

(1) 成形法

① 成形原理

成形法是利用刃形与被加工齿轮齿槽法面截形相一致的刀具,在齿坯上加工出齿形。成形法加工齿轮的方法有铣齿、拉齿、插齿及成形法磨齿等,其中最常用的方法是在普通铣床上用成形铣刀铣削齿形(铣齿)。如图 5-2 所示,铣削时工件安装在万能分度头上,盘形铣刀安装在卧式铣床的主轴上,指状铣刀安装在立铣的主轴上。铣刀对工件进行切削加工时,工作台带动齿坯做直线进给运动,加工完一个齿槽后将工件分度转过一个齿,再加工另一个齿槽,依次加工出所有齿形。

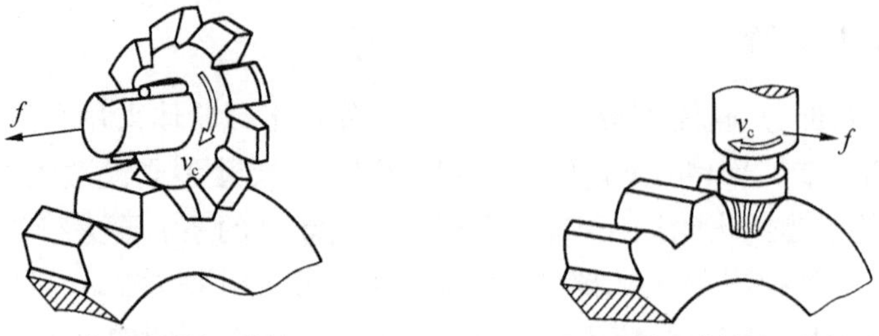

(a) 盘形齿轮铣刀铣削　　(b) 指形齿轮铣刀铣削

图 5-2　圆柱齿轮的成形铣削

② 成形刀具

成形法铣削齿轮所用的刀具有盘形齿轮铣刀和指状齿轮铣刀。前者适于加工小模数(m <8 mm)的直齿、斜齿圆柱齿轮,后者适于加工大模数(m≥8 mm)的直齿、斜齿齿轮,特别是人字齿轮。由于同一模数的齿轮只要齿数不同,齿形曲线也不相同,为了加工出准确的齿形,就需要备有数量很大的齿形不同的齿轮铣刀,这是不经济的。为减少刀具的数量,同一模数的齿轮铣刀按其所加工的齿数通常制成 8 把或 15 把一套,每种铣刀用于加工一定齿数范围的一组齿轮。表 5-2 为 8 把一套的盘形齿轮铣刀刀号及加工齿数范围。

表 5-2　模数铣刀刀号及其加工齿数范围

模数铣刀刀号	1	2	3	4	5	6	7	8
加工齿数范围	12 ~ 13	14 ~ 16	17 ~ 20	21 ~ 25	26 ~ 34	35 ~ 54	55 ~ 134	135 以上

每种刀号的齿轮铣刀刀齿形状均按加工齿数范围中最少齿数的齿形设计。所以,在加工该范围内其他齿数的齿轮时,会有一定的齿形误差产生。

当加工斜齿圆柱齿轮且精度要求不高时,可以借用加工直齿圆柱齿轮的铣刀,但此时铣刀的号数应按照法向截面内的当量齿数 z_v 来选择。斜齿圆柱齿轮的当量齿数 z_v 可按下式求出:

$$z_v = \frac{z}{\cos^3 \beta} \tag{5-1}$$

式中,z——斜齿圆柱齿轮的齿数;

β——斜齿圆柱齿轮的螺旋角。

③ 成形法铣齿的加工特点及其应用

a. 加工精度低。由于成形铣刀存在原理性齿形误差(指采用近似的刀具刃廓或近似的成形运动轨迹加工工件所产生的误差,正是此误差使铣齿的精度较低),刀具、工件安装误差和分度误差,一般为 9 ~ 10 级精度。

b. 生产成本低。由于模数铣刀结构简单,制造容易,所以成本低。

c. 生产效率低。由于每铣一个齿槽均需重复进行切入、切出、退刀和分度，辅助时间长，所以效率低。

d. 主要用于单件小批生产及精度要求不高的齿轮加工。

(2) 展成法

展成法又称滚切法，是利用工件和刀具做展成切削运动进行加工的方法。

① 展成原理

展成法加工齿形的原理是利用齿轮副的啮合运动实现齿廓的切削。原理的实现是将齿轮副中的一个齿轮制成具有切削能力的齿轮刀具，另一个齿轮换成待加工的齿坯，由专用的齿轮加工机床提供和实现齿轮副的啮合运动。这样，在齿轮刀具与齿坯的啮合运动中进行切削，齿坯将逐渐展成渐开线齿廓，如图 5-3 所示。

图 5-3 a 所示为齿廓的展成过程，齿条刀具与齿坯的啮合运动，即齿条刀具沿着齿坯滚动(在分度圆上做无相对滑移的纯滚动)，随着齿条刀具的刀刃不断变更位置而逐层切除齿坯金属，在齿坯上生成齿廓。图 5-3 b 所示为生成的齿廓，可以看出，刀刃的切削线与生成线相切并逐点接触，齿廓的生成线是切削线的包络线。

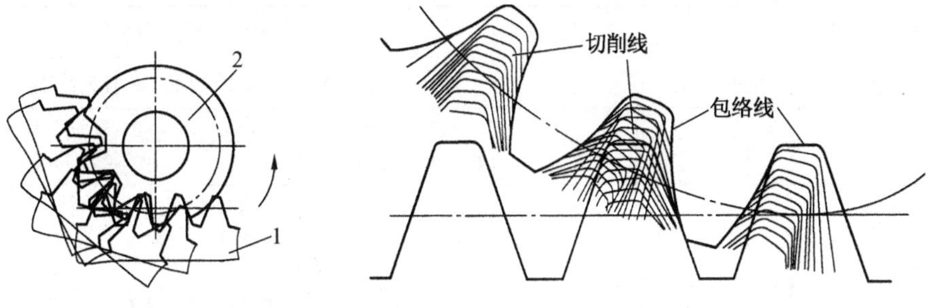

(a) 展成过程　　(b) 生成齿廓

1—齿轮刀具；2—齿坯

图 5-3 齿廓展成原理

② 齿形的展成加工方法

齿形的展成加工方法有滚齿、插齿、剃齿、珩齿、磨齿等。滚齿和插齿是展成法加工齿形最常见的两种方法。各种方法所用的齿轮刀具和切削运动均不相同，如图 5-4 所示。

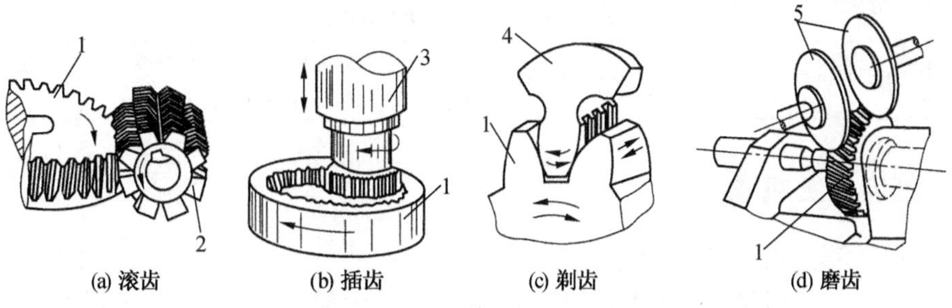

(a) 滚齿　　(b) 插齿　　(c) 剃齿　　(d) 磨齿

1—工件；2—齿廓滚刀；3—插齿刀；4—剃齿刀；5—砂轮

图 5-4 常用的齿面展成加工方法

滚齿和插齿的经济加工精度等级为 7 级，对于精度高于 7 级的或齿面需要淬火处理的齿轮，在滚齿和插齿后，还须进行齿面的精加工。对于不淬硬的齿面，可用剃齿做精加工；对于已淬火的齿面，可用珩齿（替代剃齿）或磨齿做精加工。

③ 展成法加工齿面的特点

a. 展成法是按照齿轮副啮合原理加工齿面的，不存在原理性的齿形误差，因此加工精度较高。

b. 一把齿轮刀具可以加工与它模数相同、齿形角相等的不同齿数的齿轮。

c. 需要专用的齿轮加工机床。

按照被加工齿轮种类不同，齿轮加工机床可分为圆柱齿轮加工机床和锥齿轮加工机床两大类。圆柱齿轮加工机床主要有滚齿机、插齿机等；锥齿轮加工机床有加工直齿锥齿轮的刨齿机、铣齿机、拉齿机和加工弧齿锥齿轮的铣齿机等。另外，用来精加工齿轮齿面的机床有珩齿机、剃齿机和磨齿机等。滚齿机上除可以加工直齿、斜齿外圆柱齿轮外，也可以加工蜗轮、链轮；插齿机适于加工内外啮合的圆柱直齿轮、多联齿轮、齿条、扇形齿轮等。常见的齿形切削加工方法的加工精度和适用范围见表 5-3。

表 5-3 常见的齿形切削加工方法的加工精度和适用范围

齿形加工方法		刀具	机床	加工精度及适用范围
成形法	成形铣齿	模数铣刀	铣床	加工精度及生产效率均较低，一般精度为 9 级以下
	拉齿	齿轮拉刀	拉床	精度和生产效率均较高，但拉刀多为专用，制造困难，价格高，故只在大量生产时用，适宜于拉内齿轮
展成法	滚齿	齿轮滚刀	滚齿机	通常加工 7 ~ 10 级精度齿轮，最高能达 4 级，生产效率较高，通用性强，通常用以加工直齿、斜齿外啮合圆柱齿轮和蜗轮
	插齿	插齿刀	插齿机	通常加工 6 ~ 9 级精度齿轮，最高能达 6 级，生产效率较高，通用性强，适于加工内外啮合齿轮、扇形齿轮、齿条及多联齿轮等
	剃齿	剃齿刀	剃齿机	能加工 5 ~ 7 级精度齿轮，生产效率高，主要用于齿轮滚插预加工后、淬火前的精加工
	冷挤齿轮	挤齿	挤齿机	能加工 6 ~ 8 级精度齿轮，生产效率比剃齿高，成本低，多用于齿形淬硬前的精加工，以代替剃齿，属于无切削加工
	珩齿	珩磨轮	珩齿机或剃齿机	能加工 6 ~ 7 级精度齿轮，多用于经过剃齿和高频淬火后齿形的精加工
	磨齿	砂轮	磨齿机	能加工 3 ~ 7 级精度齿轮，生产效率较低，加工成本较高，多用于齿形淬硬后的精密加工

2. 滚齿加工机床

（1）Y3150E 滚齿机机床组成

Y3150E 型滚齿机是一种中型通用滚齿机，主要用于加工直齿和斜齿圆柱齿轮渐开线花键，也可以采用径向切入法加工蜗轮。该机床可以加工工件的最大直径为 500 mm，最大模数为 8 mm，图 5-5 为该机床的外形图。立柱 2 固定在床身 1 上，刀架溜板 3 可沿立柱导轨上下移动。刀架体 5 安装在刀架溜板 3 上，可绕自身的水平轴线转位。滚刀安装在刀杆 4

上,做旋转运动。工件安装在工作台 9 的心轴 7 上,随同工作台一起转动。后立柱 8 装在床鞍 10 上,可沿机床水平导轨移动,用于调整工件的径向位置或径向进给运动。

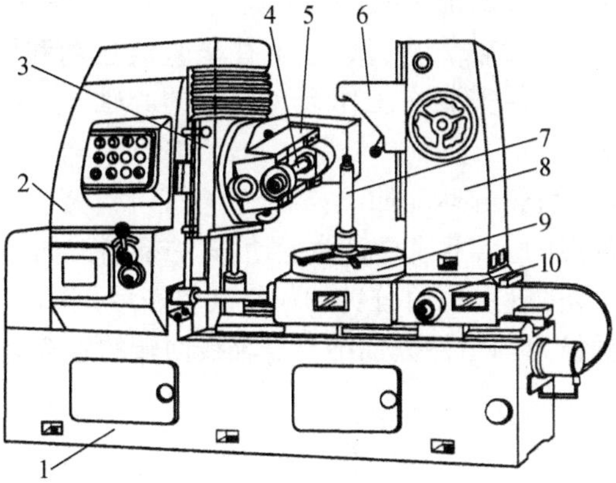

1—床身;2—立柱;3—刀架溜板;4—刀杆;5—刀架体;
6—支架;7—心轴;8—后立柱;9—工作台;10—床鞍

图 5-5 Y3150E 型滚齿机

(2) 传动系统分析

从前面的分析可知,滚齿机的主要运动是由主运动传动链、展成运动传动链、垂直进给运动传动链和附加运动传动链组成的。此外,还有用于快速调整机床的空行程快速传动链。图 5-6 是 Y3150E 型滚齿机的传动系统图。

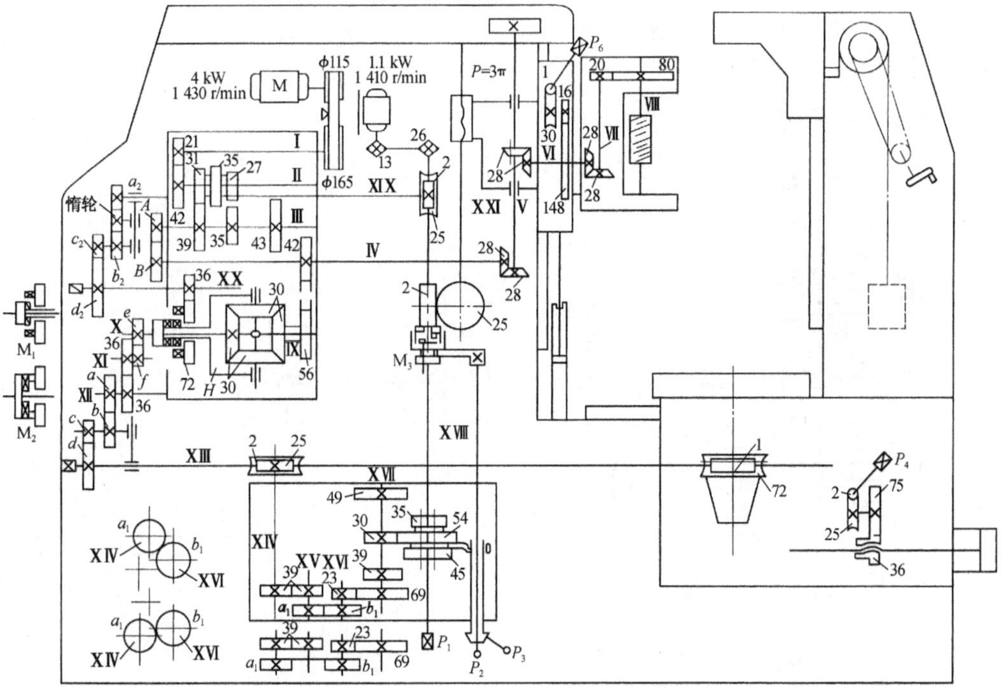

图 5-6 Y3150E 型滚齿机的传动系统图

3. 插齿加工机床

展成法插齿需在专用的齿轮加工机床即插齿机上进行。图 5-7 为插齿机的简图。

插齿刀安装在刀架 3 的刀轴 2 上,做上、下往复直线运动和回转运动。刀架可带动插齿刀向工件径向切入。工件安装在工作台 7 中央的心轴 6 上,在做回转运动的同时,随工作台水平摆动让刀。

插齿机插削直齿圆柱齿轮的运动如下:

① 主运动。即插齿刀的上、下往复直线运动,其中插齿刀向下运动为工作行程,向上运动为返回行程。主运动的速度以每分钟的往复次数表示,单位为 str/min。

② 展成运动。即插齿刀与工件分别绕自身轴线回转的啮合运动,该运动严格保持下列啮合运动关系:

$$\frac{n_{工}}{n_{刀}}=\frac{z_{刀}}{z_{工}} \tag{5-2}$$

式中,$n_{工}$,$n_{刀}$——工件、插齿刀的转速,r/min;

$z_{刀}$,$z_{工}$——工件、插齿刀的齿数。

在展成运动中,插齿刀往复一次,工件在分度圆上所转过的弧长称为圆周进给量 $f_{周}$(mm/str)。圆周进给量的大小会影响切削效率和齿面的表面粗糙度轮廓值。

③ 径向切入运动。插齿刀每往复一次,刀架带动插齿刀向工件中心径向切入一次,直到插齿刀切至齿的全深后径向切入停止,工件再回转一周,完成全部轮齿的插制。有时为了得到较高精度,径向切入进给可分为两三次。

④ 让刀运动。为了避免插齿刀返回行程中后刀面与工件已加工表面产生摩擦,工件应做离开刀具的让刀运动,而返回行程终了、工作行程开始时,工件应恢复原位。让刀运动由工作台的摆动实现(大型插齿机的让刀运动由刀轴完成)。

插齿的运动简图如图 5-8 所示。

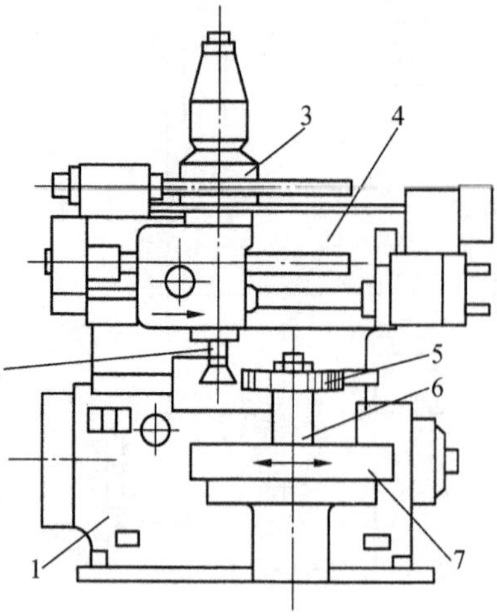

1—床身;2—刀轴;3—刀架;4—横梁;
5—齿坯;6—心轴;7—工作台

图 5-7 插齿机

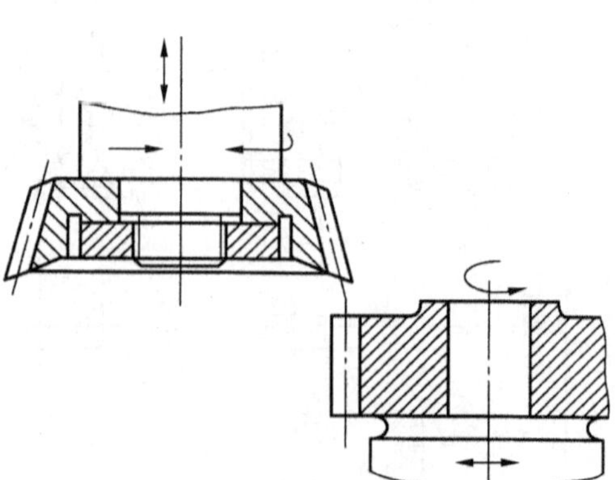

图 5-8 插齿运动

知识链接二　齿轮加工

1. 滚齿加工

（1）齿轮滚刀的工作原理

把齿轮滚刀安装在滚齿机的刀架上，并将齿轮滚刀扳转一个螺旋升角 ω（该角等于容屑槽斜角），使齿轮滚刀的齿向与被切齿轮的齿向相同。调整好背吃刀量 a_p，齿轮滚刀旋转并下移进给。被切齿轮按一定的传动比做圆周进给。这样就形成了展成运动。图 5-9 为齿轮滚刀的工作原理和展成法加工齿轮示意图。

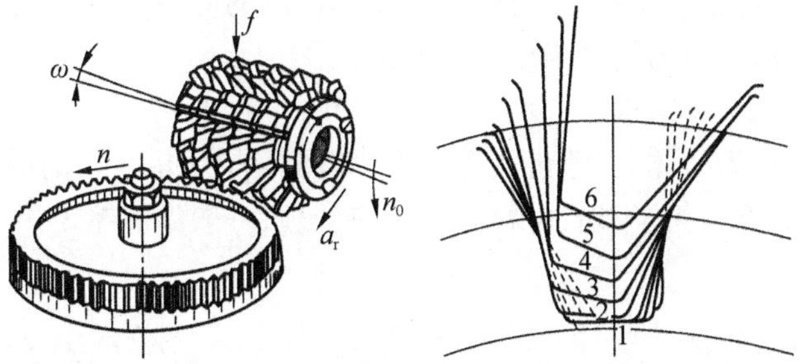

图 5-9　齿轮滚刀的工作原理和展成法加工齿轮

齿轮滚刀第 1 个齿的位置是由第 6 个齿的位置（假设该齿轮滚刀开 6 个容屑槽）逐渐切入的，使被切齿轮的两侧齿形是包络曲线，近似等于渐开线。

（2）齿轮滚刀的基本蜗杆

齿轮滚刀是一个头的螺纹升角很小的蜗杆（见图 5-10）。滚刀的切削部分由较多的刀齿组成，用以切除齿坯上多余的材料，从而得到要求的齿形。刀齿两侧的后刀面是用铲齿加工得到的螺旋面。它的导程不等于基本蜗杆的导程，这样使得两个侧后刀面都包容在基本蜗杆的表面之内，只有切削刃正好在基本蜗杆的表面上。这样既能使刀齿具有正确的刃形，又能使刀齿获得必需的侧后角。同样，滚刀刀齿的顶刃后刀面也要经过铲背加工，以得到顶刃后角。

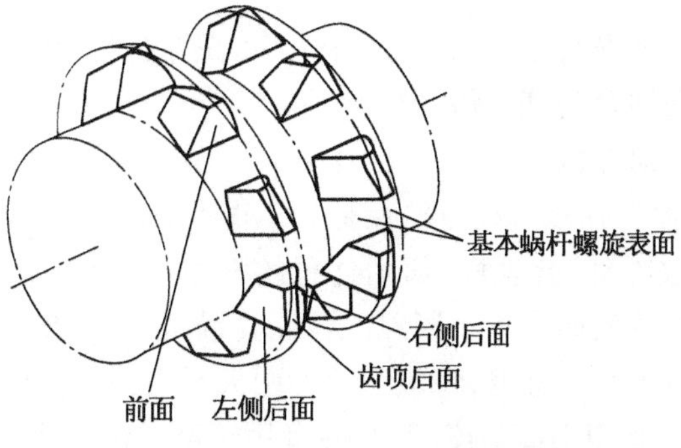

图 5-10　齿轮滚刀的基本蜗杆及各面

滚刀沿轴向开有容屑槽，槽的一个侧面就是滚刀的前刀面，此面在滚刀端剖面中的截线是直线。如果此直线通过滚刀轴线,那么刀齿的顶刃前角为0°,这种滚刀称为零前角滚刀;当顶刃前角大于0°时,就称之为正前角滚刀。齿轮滚刀的基本蜗杆主要有以下两种类型:

① 渐开线基本蜗杆。渐开线基本蜗杆的端截面齿形是渐开线,轴向截面齿形是凸起的曲线。所以,渐开线齿轮滚刀没有齿形设计误差,加工精度较高,但制造比较困难,目前应用很少。

② 阿基米德基本蜗杆。阿基米德基本蜗杆的轴向截面齿形是直线,端截面齿形是阿基米德螺旋线。设计阿基米德齿轮滚刀时,若对阿基米德基本蜗杆的齿形角进行修正,可以得到很近似于渐开线基本蜗杆的齿轮滚刀。由于阿基米德齿轮滚刀的制造和测量比较容易,刃磨时齿形精度比较容易控制,已得到广泛的应用。目前,模数在10 mm以下的精加工齿轮滚刀均规定为阿基米德齿轮滚刀。

(3) 齿轮滚刀的基本结构

齿轮滚刀结构分为整体式、镶齿式等类型,如图5-11所示。目前中、小模数滚刀都做成整体结构,大模数滚刀为了节省材料和便于热处理,一般做成镶齿式结构。

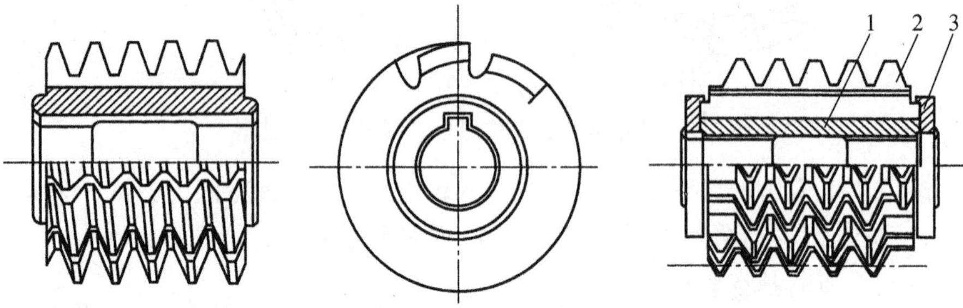

(a) 整体式滚刀结构　　(b) 镶齿式滚刀结构

1—刀体;2—刀片;3—端盖

图5-11　滚刀结构

切削齿轮时,滚刀装在滚齿机的刀杆上,以内孔定位,并用螺母压紧滚刀的两端面。在制造滚刀时,应保证滚刀的两端面与滚刀轴线相垂直。滚刀孔径有平行于轴线的键槽,工作时用键传递扭矩。

滚刀在滚齿机刀杆上安装是否正确,是利用滚刀两端轴台的径向跳动来检验的,所以滚刀制造时应保证两轴台与基本蜗杆同轴。

(4) 齿轮滚刀的几何参数

① 齿轮滚刀的外径与孔径。滚刀外径是一个很重要的几何参数,它直接影响其他结构参数(孔径、圆周齿数等)的合理性、切削过程的平稳性、滚刀精度和使用寿命、滚刀的制造工艺性和加工齿轮的表面质量。滚刀的孔径要根据外径和使用情况而定。

我国制定的刀具基本尺寸标准,将滚刀分为两大系列:一为大外径系列(Ⅰ型),一为小外径系列(Ⅱ型)。前者用于高精度滚刀,后者用于普通精度滚刀。

增大滚刀外径可以增多圆周齿数,减少齿面包络误差,减小刀齿负荷,提高加工精度。但增大外径会降低加工生产效率,加大刀具材料的浪费。

② 齿轮滚刀的长度。齿轮滚刀的最小长度应满足两个要求:一是能完整地包络出齿轮的齿廓;二是滚刀两端边缘的刀齿不应负荷过重。

由以上两个要求可以确定滚刀的最小长度,同时还应考虑下列因素对长度值进行修正:

a. 由于滚刀的刀齿是按螺旋线分布的,在滚刀两端靠近边缘的几个刀刃是不完整的刀齿,为了使它们不参加切削,应加长滚刀。

b. 为使滚刀磨损均匀,在使用中进行轴向窜刀,应考虑轴向窜刀所必需的长度增加量。

c. 轴台是检验滚刀安装是否正确的基准,其长度通常不小于 5 mm。

③ 齿轮滚刀的头数。滚刀的螺纹头数对滚齿生产效率和加工精度都有重要影响。采用多头滚刀时,由于参与切削的齿数增加,其生产效率比单头滚刀高。但由于多头滚刀螺旋升角大,设计制造误差增加,铲磨时很难保证精度,加之多头滚刀各螺纹之间存在分度误差,所以多头滚刀的加工精度较低,一般适用于粗加工。近年来,随着刀具制造精度的提高及滚齿机刚度的提高,为多头滚刀的使用创造了良好的条件,使一些多头滚刀不仅可以用于粗加工,也广泛应用于半精加工。

④ 齿轮滚刀的圆周齿数。齿轮滚刀的圆周齿数影响切削过程的平稳性、加工表面的质量和滚刀的使用寿命。圆周齿数增加时,可使每一个刀齿的负荷减少,使切削过程平稳,有利于提高滚刀的使用寿命。同时也使参加包络齿轮齿廓的切削刃数增多,被切齿面的加工质量变高。但随着圆周齿数的增多,将使齿背的宽度减小,减少了滚刀的可刃磨次数,使滚刀的寿命缩短。通常,对于大直径(Ⅰ型)滚刀,其圆周齿数取 12 ~ 16 个;对于小直径(Ⅱ型)滚刀,其圆周齿数取 9 ~ 12 个。

(5) 齿轮滚刀的精度

齿轮滚刀按精密程度分为 AAA 级、AA 级、A 级、B 级、C 级,表 5-4 列出了滚刀精度等级与被加工齿轮精度等级的关系。

表 5-4 滚刀精度等级与被加工齿轮精度等级的关系

滚刀精度等级	AAA 级	AA 级	A 级	B 级	C 级
可加工齿轮精度等级	IT6	IT7 ~ IT8	IT8 ~ IT9	IT9	IT10

2. 滚齿加工的应用

(1) 直齿圆柱齿轮加工

由滚齿原理分析可知,滚切直齿圆柱齿轮时所需的加工运动包括形成渐开线的复合展成运动,形成全齿长所需的垂直进给运动和切出全齿深所需的径向进给运动。如图 5-12所示,展成运动由滚刀的旋转运动 B_{11} 和工件的旋转运动 B_{12} 组成;垂直进给运动是由机床带动滚刀沿工件轴向的运动 A_2;径向切入运动是工作台带动工件沿工件径向的运动。

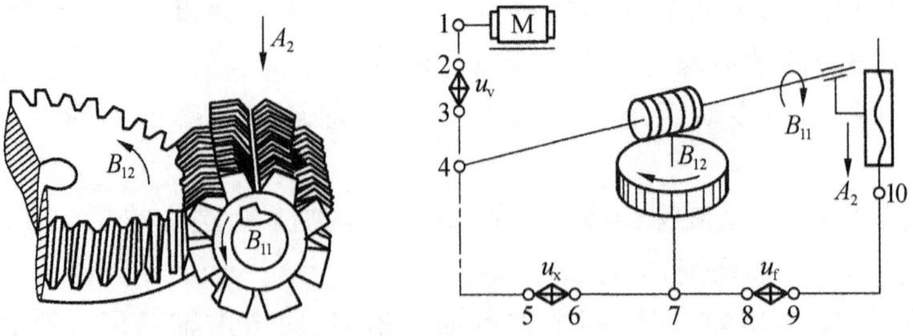

图 5-12 滚切直齿圆柱齿轮的传动原理图

① 展成运动传动链。联系滚刀主轴旋转和工作台旋转的传动链(刀具—4—5—u_x—6—7—工作台)为展成运动传动链,由它保证工件和刀具之间严格的运动关系。其中,换置机构 u_x 用来适应工件齿数和滚刀线数的变化。这是一条内联系传动链,它不仅要求传动比准确,而且要求滚刀和工件两者的旋转方向必须符合一对交错轴螺旋齿轮啮合时相对运动方向。当滚刀的旋转方向一定时,工件的旋转方向由滚刀的螺旋方向确定。

② 主运动传动链。主运动传动链是联系动力源和滚刀主轴的传动链,它是外联系传动链。在图 5-12 中,主运动传动链:电动机—1—2—u_v—3—4—滚刀。这条传动链产生切削运动,其传动链中的换置机构 u_v 用于调整渐开线齿廓的成形速度,应当根据工艺条件确定滚刀转速来调整其传动比。

③ 垂直进给运动传动链。为了使刀架执行该运动,用垂直进给传动链“7—8—u_f—9—10”将工作台和刀架联系起来。传动链中的换置机构 u_f 用于调整垂直进给量的大小和进给方向,以适应不同加工表面粗糙度轮廓的要求。由于刀架的垂直进给运动是简单运动,所以这条传动链是外联系传动链。通常以工作台(工件)每转 1 转,刀架的位移量来表示垂直进给量的大小。

(2) 斜齿圆柱齿轮加工

滚切斜齿圆柱齿轮需要两个成形运动,即形成渐开线齿廓的展成运动和形成齿长螺旋线的运动。除形成渐开线需要复合成形运动外,螺旋线的实现也需要一个复合成形运动。因此,滚刀沿工件轴线移动(垂直进给)与工作台的旋转运动之间也必须建立一条内联系传动链。要求工件在展成活动 B_{12} 的基础上再产生一个附加运动 B_{22},以形成螺旋齿形线。图 5-13 b 是滚切斜齿圆柱齿轮的传动原理图,其中展成运动传动链、垂直进给运动传动链、主运动传动链与直齿圆柱齿轮的传动原理相同,只是在刀架与工件之间增加了一条附加运动传动链(刀架—12—13—u_y—14—15—合成机构—6—7—u_x—8—9—工作台),以保证形成螺旋齿形线,其中换置机构 u_y 用于适应工件螺旋线导程 P 和螺旋方向的变化。图 5-13 a 形象地说明了这个问题。设工件的螺旋线为右旋,当滚刀沿工件轴向进给 f,滚刀由 a 点移动到 b 点,这时工件除了做展成运动 B_{12} 以外,还要再附加转动 $b'b$,才能形成螺旋齿形线。同理,当滚刀移动至 c 点时,工件应附加转动 $c'c$。以此类推,当滚刀移动至 P 点(经过了一个工件螺旋线导程 P),工件附加转动为 $P'P$,正好转 1 转。附加运动 B_{22} 的旋转方向与工件展成运动 B_{12} 旋转方向是否相同,取决于工件的螺旋方向及滚刀的进给方向。如果 B_{12} 和 B_{22} 同向,计算时附加运动取 +1 转,反之取 -1 转。在滚切斜齿圆柱齿轮时,要保证 B_{12} 和 B_{22} 这两个旋转运动同时传给工件又不发生干涉,需要在传动系统中配置运动合成机构,将这两个运动合成之后,再传给工件。工件的实际旋转运动是由展成运动 B_{12} 和形成螺旋线的附加运动 B_{22} 合成的。

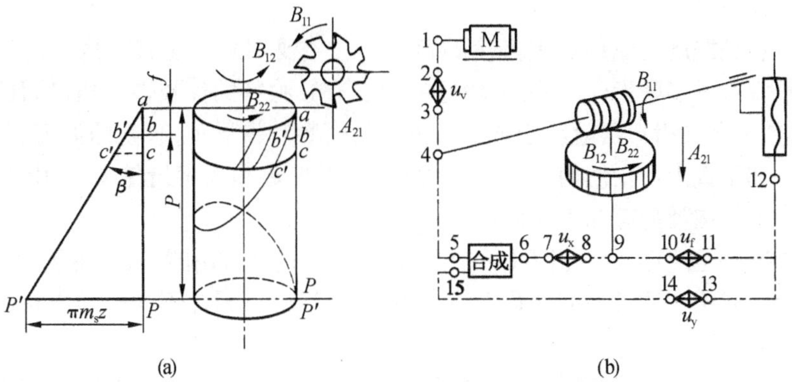

图 5-13 滚切斜齿圆柱齿轮的传动原理图

图 5-14 是加工直齿圆柱齿轮时滚刀安装角的调整示意图。滚刀螺旋升角为 γ,加工直齿时,滚刀轴线与齿坯端面倾斜 δ 角,称之为安装角。这时安装角等于滚刀的螺旋升角,即 $\delta=\gamma$。滚刀的旋向不同,转角的方向也不同。右旋滚刀安装如图 5-14 a 所示,左旋滚刀安装如图 5-14 b 所示。

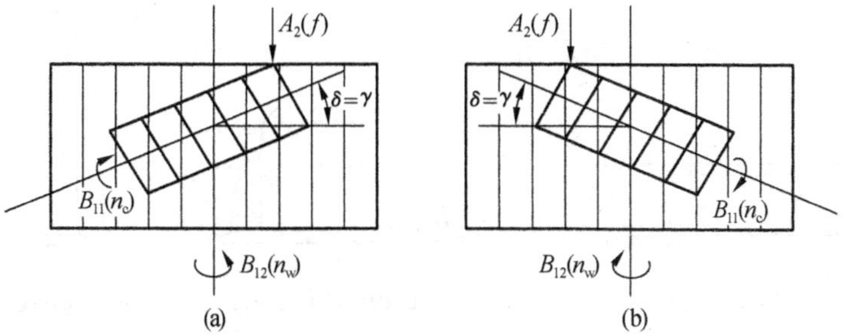

图 5-14 加工直齿圆柱齿轮时滚刀的安装角

图 5-15 是加工斜齿圆柱齿轮时安装角的调整示意图。这时安装角 δ 由滚刀螺旋升角 γ、旋向及工件(齿轮)螺旋角 β、旋向来决定。当两者旋向相同时,安装角为工件(齿轮)螺旋角与滚刀螺旋升角之差;反之为二者之和,即 $\delta=\beta\pm\gamma$。

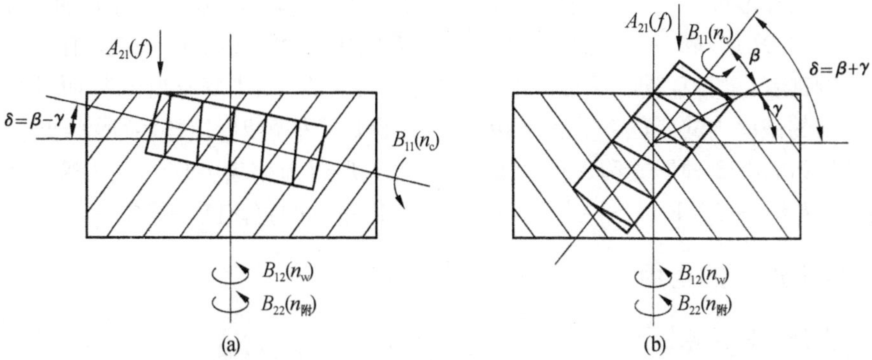

图 5-15 加工斜齿圆柱齿轮时滚刀的安装角

3. 插齿加工

（1）插齿刀

插齿刀也是按展成原理加工齿轮的刀具。它主要用来加工直齿内、外齿轮和齿条，尤其是对于双联或多联齿轮、扇形齿轮等的加工有其独特的优越性。插齿刀的形状很像齿轮，其模数和名义齿形角就等于被加工齿轮的模数和齿形角，只是插齿刀有切削刃、前角和后角。加工直齿齿轮使用直齿插齿刀；加工斜齿轮和人字齿轮要使用斜齿插齿刀。常用的插齿刀结构类型有如下 3 种：

① Ⅰ型——盘形直齿插齿刀(见图 5-16 a)。这是最常用的一种，用于加工直齿外齿轮和大直径内齿轮。插齿刀的内孔直径由国家标准规定，因此不同的插齿机应选用不同的插齿刀。

② Ⅱ型——碗形直齿插齿刀(见图 5-16 b)。它和Ⅰ型插齿刀的区别在于其刀体凹孔较深，以便容纳紧固螺母，避免在加工双联齿轮时，螺母碰到工件。

③ Ⅲ型——锥形直齿插齿刀(见图 5-16 c)。这种插齿刀的直径较小，只能做成整体式，它主要用于加工较小的内齿轮。

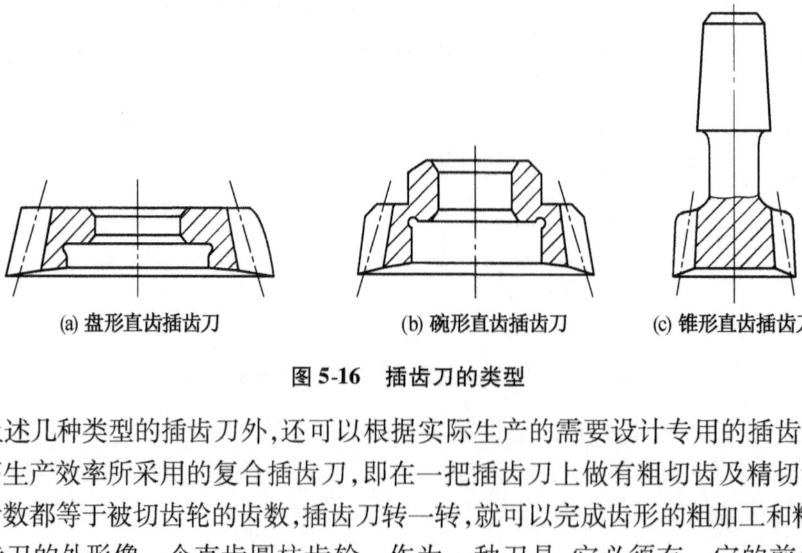

(a) 盘形直齿插齿刀　(b) 碗形直齿插齿刀　(c) 锥形直齿插齿刀

图 5-16　插齿刀的类型

除上述几种类型的插齿刀外，还可以根据实际生产的需要设计专用的插齿刀。例如，为了提高生产效率所采用的复合插齿刀，即在一把插齿刀上做有粗切齿及精切齿，这两种刀齿的齿数都等于被切齿轮的齿数，插齿刀转一转，就可以完成齿形的粗加工和精加工。

插齿刀的外形像一个直齿圆柱齿轮。作为一种刀具，它必须有一定的前角和后角，将插齿刀的前刀面磨成一个锥面，锥顶在插齿刀的中心线上，从而形成正前角。为了使齿顶和齿侧都有后角，且重磨后仍可使用，将插齿刀制成一个“变位齿轮”，而且在垂直于插齿刀轴线的截面内的变位系数各不相同，从而保证了插齿刀刃磨后齿形不变。

标准插齿刀有 3 种形式和 3 种精度等级，以盘形直齿插齿刀应用最为普遍。3 种精度等级为 AA 级、A 级、B 级，分别用于加工 6 ~ 8 级精度的直齿圆柱齿轮。

4. 插齿加工的应用

（1）直齿圆柱齿轮加工

由插齿的加工原理可知，插齿的展成运动是插齿刀与被加工齿轮之间的啮合传动，这是一条内联系传动链，二者的转速应严格符合下式的关系：

$$n_{工} = n_{刀}(z_{刀}/z_{工}) \tag{5-3}$$

式中，$z_{刀}$，$z_{工}$——分别为插齿刀和被加工齿轮的齿数；

$n_{刀}$，$n_{工}$——分别为插齿刀和被加工齿轮的转速。

在插齿加工中，主运动是插齿刀的轴向往复运动。因此，齿轮的齿长是由主运动的轨迹形成的。显然，通过调整插齿刀的轴向往复行程，就可以加工不同齿长的齿轮。为切出全齿高，还有一个径向切入运动。为避免空行程时刀具与工件的摩擦，还有一个让刀运动。

图 5-17 为插齿机的传动原理图。插齿机需要两个成形运动：形成渐开线齿面的展成运动和形成齿长的轴向切削运动。有 3 条运动传动链：主运动传动链、展成运动传动链和圆周进给运动传动链。

"电动机—1—2—u_v—3—4—5—曲柄偏心盘 A—插齿刀"为主运动传动链，在电动机的驱动下插齿刀做往复切削运动。改变换置机构的传动比 u_v，就可以改变插齿刀的切削速度。

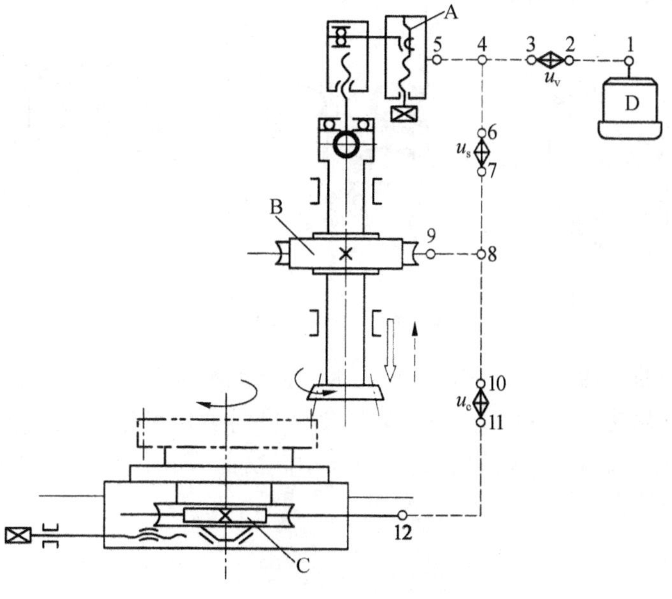

图 5-17 插齿机的传动原理图

"曲柄偏心盘 A—5—4—6—u_s—7—8—9—主轴套上的蜗轮副 B—插齿刀主轴"为圆周进给运动传动链，改变换置机构的传动比 u_s，就可以改变插齿刀的旋转速度。插齿刀转速较低时，被加工齿轮的齿面包络线多，加工齿面质量高。

"插齿刀轴—蜗杆蜗轮副 B—9—8—10—u_c—11—12—工件工作台"为展成运动传动链。展成运动传动链是插齿机的主要传动链，传动链中的换置机构传动比 u_c 要根据被加工齿轮的齿数和插齿刀的齿数来调整。

插齿机一般设有换向机构，可以改变插齿刀和工件的旋转方向，使插齿刀的两个刀刃能被充分利用。

(2) 斜齿圆柱齿轮加工

加工斜齿圆柱齿轮时的展成运动和主运动与加工直齿轮时相同，其特殊之处在于必须使插齿刀附加一个转动，以形成斜齿轮的齿向螺旋线。这一附加转动与插齿刀的轴向运动之间也必须保持严格的相对运动关系，以得到齿向螺旋角。所以，这也是一条内联系传动链。一般不采用此方法加工斜齿圆柱齿轮。

知识链接三　齿形加工原理及特点

1. 滚齿的加工原理及特点

滚齿加工过程实质上是一对交错轴螺旋齿轮的啮合传动过程。如图5-18所示，其中一个斜齿圆柱齿轮齿数较少(通常只有一个)，螺旋角很大(近似90°)，齿很长，因而变成一个蜗杆(称为滚刀的基本蜗杆)状齿轮。该齿轮经过开容屑槽、磨前后刀面，做出切削刃，就形成了滚齿用的刀具，称为齿轮滚刀。用该刀具与被加工齿轮按啮合传动关系做相对运动就实现了齿轮滚齿加工。

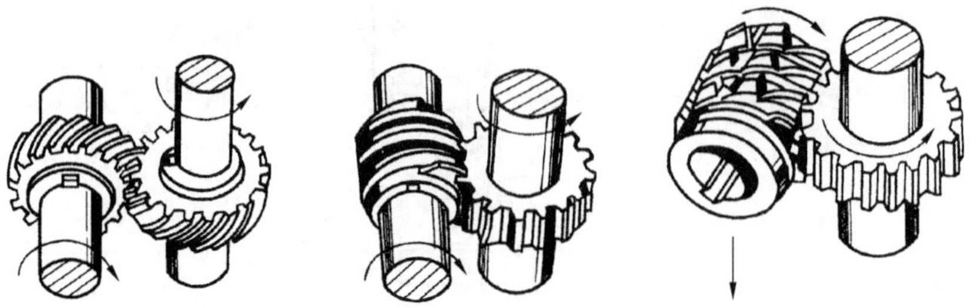

图5-18　滚齿加工原理

滚齿过程如图5-19所示。当滚刀旋转时，在其螺旋线的法向剖面内的刀齿，相当于一个齿条做连续移动。根据啮合原理，其移动速度与被切齿轮在啮合点的线速度相等，即被切齿轮的分度圆与该齿条的节线做纯滚动。由此可知，滚齿时，滚刀的转速与齿坯的转速必须严格符合以下关系：

$$\frac{n_{刀}}{n_{工}}=\frac{z_{工}}{K} \tag{5-4}$$

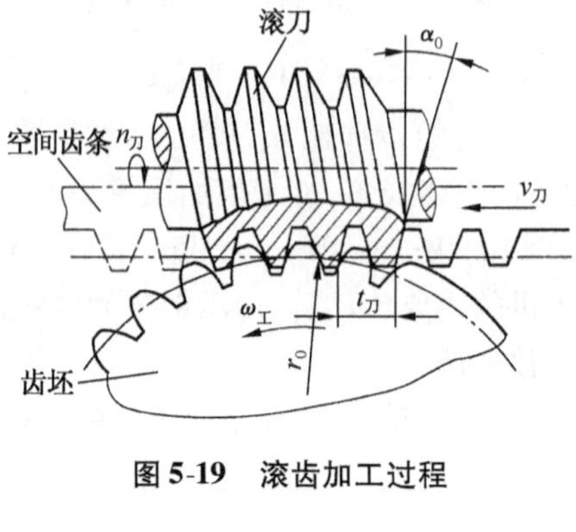

图5-19　滚齿加工过程

式中，$n_{刀}$，$n_{工}$——分别为滚刀和工件的转速，r/min；

$z_{工}$——工件的齿数；

K——滚刀的头数。

显然，在滚齿加工时，滚刀的旋转与工件的旋转运动之间是一个具有严格传动关系的内联系传动链。这一传动链是形成渐开线齿形的传动链，称为展成运动传动链。其中，滚刀的旋转运动是滚齿加工的主运动。工件的旋转运动是圆周进给运动。除此之外，还有切出全齿高所需的径向进刀运动和切出全齿长所需的垂直进给运动。

滚齿加工采用展成原理，适应性好，解决了成形法铣齿时齿轮铣刀数量多的问题，并解决了由于刀号分组而产生的加工齿形误差和间断分度造成的齿距误差，精度比铣齿加工高；滚齿加工是连续分度，连续切削，无空行程损失，加工生产率高。由于滚刀结构的限制，容屑槽数量有限，滚刀每转切削的刀齿数有限，加工齿面的表面粗糙度轮廓值大于插齿加工。滚齿加工主要用于直齿、斜齿圆柱齿轮和蜗轮的加工，不能加工多联齿轮和内齿轮。

滚齿加工一般具有以下特点：

① 滚齿是齿形加工中生产效率较高、应用最广的一种加工方法。滚齿的通用性较好，用一把滚刀可加工模数相同而齿数和螺旋角不同的直齿和斜齿齿轮。滚齿法还可用于加工蜗轮。滚齿的加工尺寸范围也较大，从仪器仪表中的小模数齿轮到矿山和化工机械中的大型齿轮都广泛采用滚齿加工。

② 滚齿既可用于齿形的粗加工，也可用于精加工。滚齿加工精度一般为 7 ~ 9 级，对于 8,9 级精度齿轮，滚齿后可以直接得到，对于 7 级精度以上的齿轮，通常滚齿可作为齿形的粗加工或半精加工。当采用 AA 级齿轮滚刀和高精度滚齿机时，可直接加工出 7 级精度以上(最高可达 4 级)的齿轮。

③ 滚齿加工时，齿面是由滚刀的刀线包络而成，由于同时参加切削的刀齿数有限，工件齿面的表面质量不高。为提高加工精度和表面质量，宜将粗、精滚齿分开。精滚的加工余量一般为 0.5 ~ 1 mm，且应取较高的切削速度和较小的进给量。

2. 插齿的加工原理及特点

用插齿刀按展成法或成形法加工内、外齿轮或齿条等的齿面称为插齿。以下介绍常用的展成法插齿。

展成法插齿是利用一对圆柱齿轮相啮合的原理来加工齿面的，如图 5-20 所示，齿轮副中的一个齿轮制成插齿刀，另一个齿轮换成齿坯。插齿刀是在轮齿上磨出前角、后角，使其具有切削刃的特殊齿轮。插齿时，插齿刀回转，齿坯按齿轮副啮合关系相应回转，另外，插齿刀亦做上、下往复直线运动，刀具每往复一次，切出齿坯齿槽的一小部分，齿廓曲线是在插齿刀切削刃多次相继切削中，由切削刃各瞬时位置的包络线所形成的，最终在齿坯上生成渐开线齿廓，即完成切齿。

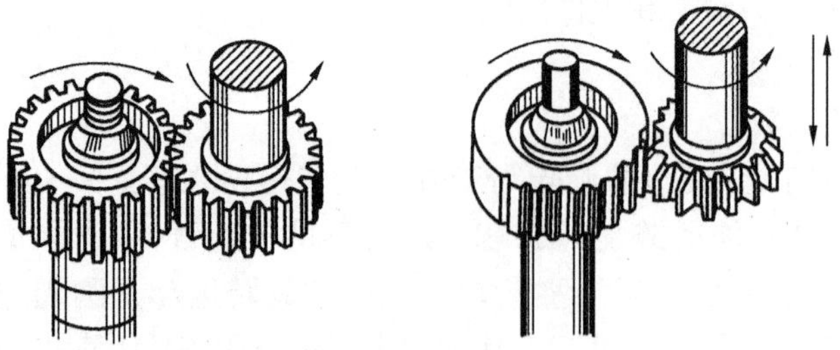

图 5-20 插齿加工原理

插齿加工一般具有以下特点：

① 由于插齿刀在设计时没有滚刀的近似齿形误差，在制造时可通过高精度磨齿机获得精确的渐开线齿形，所以插齿加工的齿形精度比滚齿高。

② 齿面的表面粗糙度轮廓值小。这主要是由于插齿过程中参与包络的刀刃数远比滚齿时多。

③ 运动精度低于滚齿。由于插齿时，插齿刀上各个刀齿顺序切削工件的各个齿槽，所以刀具制造时产生的齿距累积误差将直接传递给被加工齿轮，从而影响被切齿轮的运动精度。

④ 螺旋线偏差比滚齿大。插齿的螺旋线偏差取决于插齿机主轴回转轴线与工作台回转轴线的平行度误差。由于插齿刀往复运动频繁，主轴与套筒容易磨损，所以螺旋线偏差常比滚齿加工时要大。

⑤ 插齿的生产效率比滚齿低。这是因为插齿刀的切削速度受往复运动惯性限制难以提高，目前插齿刀每分钟往复行程次数一般只有几百次。此外，插齿有空行程损失。

⑥ 插齿可以加工内齿轮、双联或多联齿轮、齿条、扇形齿轮等滚齿无法完成的加工。

知识链接四　其他齿轮加工方法

1. 剃齿

(1) 剃齿原理

剃齿加工是根据一对螺旋角不等的螺旋齿轮啮合的原理，剃齿刀与被切齿轮的轴线空间交叉一个角度，如图 5-21 所示，剃齿刀 1 为主动轮，被切齿轮 2 为从动轮，它们的啮合为无侧隙双面啮合的自由展成运动。在啮合传动中，由于轴线交叉角 φ 的存在，齿面间沿齿向产生相对滑移，此滑移速度（$v_{切} = v_{t2} - v_{t1}$）即为剃齿加工的切削速度。剃齿刀的齿面开槽而形成刀刃，通过滑移速度将齿轮齿面上的加工余量切除。由于是双面啮合，剃齿刀的两侧面都能进行切削加工，但由于两侧面的切削角度不同，一侧为锐角，切削能力强；另一侧为钝角，切削能力弱，以挤压擦光为主，故对剃齿质量有较大影响。为使齿轮两侧获得同样的剃削条件，在剃削过程中，剃齿刀做交替正反转运动。

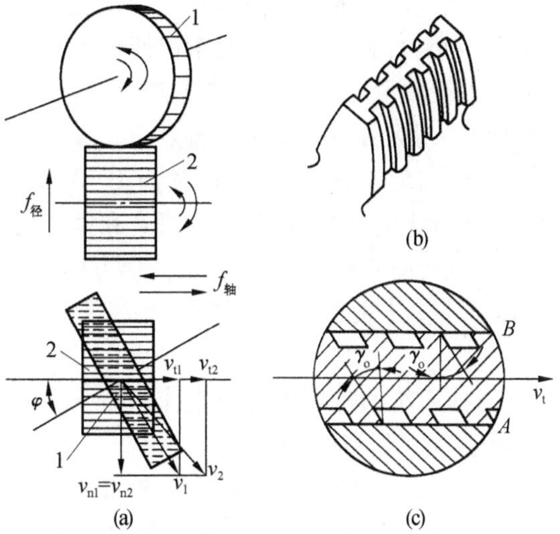

1—剃齿刀；2—被切齿轮

图 5-21 剃齿原理

剃齿加工需要有以下几种运动：

① 剃齿刀带动工件的高速正、反转运动——基本运动。

② 工件沿轴向往复运动——使齿轮全齿宽均能剃出。

③ 工件每往复一次做径向进给运动——以切除全部余量。

综上所述，剃齿加工的过程是剃齿刀与被切齿轮在轮齿双面紧密啮合的自由展成运动中，实现微细切削的过程，而实现剃齿的基本条件是轴线存在一个交叉角，当交叉角为零时，切削速度为零，剃齿刀对工件没有切削作用。

（2）剃齿加工的特点

① 剃齿加工效率高，一般只要 2 ~ 4 min 便可完成一个齿轮的加工。剃齿加工的成本也很低，平均要比磨齿低 90%，剃齿刀一次刃磨可加工 1 500 多个齿轮，一把剃齿刀约可加工 10 000 个齿轮。

② 剃齿加工对齿轮的切向误差的修正能力差。因此，在工序安排上应采用滚齿作为剃齿的前道工序，因为滚齿运动精度比插齿好，滚齿后的齿廓偏差虽然比插齿大，但这在剃齿工序中却不难纠正。

③ 剃齿加工对齿轮的齿廓偏差和基节误差有较强的修正能力，因而有利于提高齿轮的齿形精度。剃齿加工精度主要取决于刀具，只要剃齿刀本身精度高，刃磨质量好，就能够剃出表面粗糙度轮廓值为 *Ra*0. 32 ~ 1. 25 μm、精度为 IT6 ~ IT7 级的齿轮。

④ 剃齿刀通常用高速钢制造，可剃制齿面硬度低于 35 HRC 的齿轮。

2. 珩齿

珩齿原理与剃齿相似，珩轮与工件类似于一对螺旋齿轮呈无侧隙啮合，利用啮合处的相对滑动，并在齿面间施加一定的压力来进行珩齿。

珩齿时的运动和剃齿相同。即珩轮带动工件高速正、反向转动，工件沿轴向往复运动及工件径向进给运动。与剃齿不同的是珩齿开车后一次径向进给到预定位置,故开始时齿面压力较大,随后逐渐减小,直到压力消失时珩齿便结束。

珩轮由磨料和环氧树脂等原料混合后在铁芯浇铸而成。珩齿是齿轮热处理后的一种精加工方法,与剃齿相比较,珩齿具有以下工艺特点:

① 珩轮结构和磨轮相似,但珩齿速度甚低(通常为 1 ~ 3 m/s),加之磨粒粒度较细,珩轮弹性较大,故珩齿过程实际上是一种低速磨削、研磨和抛光的综合过程。

② 珩齿时,齿面间隙除沿齿向有相对滑动外,沿齿形方向也存在滑动,因而齿面形成复杂的网纹,提高了齿面质量,其表面粗糙度轮廓值可从 *Ra*1.6 μm 降到 *Ra*0.8 ~ 0.4 μm。

③ 珩轮弹性较大,对珩前齿轮的各项误差修正作用不强。因此,对珩轮本身的精度要求不高,珩轮误差一般不会反映到被珩齿轮上。

④ 珩轮主要用于去除热处理后齿面上的氧化皮和毛刺。珩齿余量一般不超过 0.025 mm,珩轮转速达到 1 000 r/min 以上,纵向进给量为 0.05 ~ 0.065 mm/r。

⑤ 珩轮生产效率甚高,一般 1 min 珩 1 个,通过 3 ~ 5 次往复即可完成。

3. 磨齿

磨齿是目前齿形加工中精度最高的一种方法。根据齿面渐开线的形成原理,磨齿方法分为仿形法和展成法两类。仿形法磨齿是用成形砂轮直接磨出渐开线齿形,目前应用甚少;展成法磨齿是将砂轮工作面制成假想齿条的两侧面,通过与工件的啮合运动包络出齿轮的渐开线齿面。

磨齿加工是适用于淬硬齿轮的精加工方法,其加工精度可达到 IT4 ~ IT6 级,表面粗糙度轮廓值为 *Ra*0.2 ~ 0.8 μm。磨齿采取强制啮合方式,不仅修正误差的能力强,而且可以加工表面硬度很高的齿轮。但磨齿加工效率较低、机床结构复杂、调整困难、加工成本高,故适用于单件小批量生产。

磨齿加工常用的方法是展成法。常见的磨齿机有大平面砂轮磨齿机、碟形砂轮磨齿机、锥面砂轮磨齿机和蜗杆形砂轮磨齿机。其中,大平面砂轮磨齿机加工精度最高,但效率较低;蜗杆形砂轮磨齿机效率较高,加工精度可达 IT6 级。

图 5-22 是大平面砂轮磨齿原理图,齿轮的齿面渐开线由靠模来保证。图 5-22 a 中,靠模绕轴线转动,在挡块的作用下,轴线沿导轨移动,因而相当于靠模的基圆在 *CPC* 线上纯滚动。齿坯与靠模轴线同轴安装即可磨出渐开线齿形。图 5-22 b 通过转动一定角度可以用同一个靠模磨削不同基圆直径的齿轮。大平面砂轮磨齿精度较高,一般用于刀具或标准齿轮的磨削。

图 5-23 是碟形砂轮磨齿的工作原理图。两个碟形砂轮分别模拟与被加工齿轮相啮合的齿条的两个齿面。砂轮只做高速旋转运动和沿齿向往复运动,被加工齿轮的往复移动和转动实现渐开线展成运动。

图 5-24 是蜗杆形砂轮磨齿的工作原理图,与滚齿加工相似,利用一对螺旋齿轮的啮合原理进行加工。把砂轮做成蜗杆形状,两者按严格的啮合传动关系运动,实现渐开线齿轮的加工。

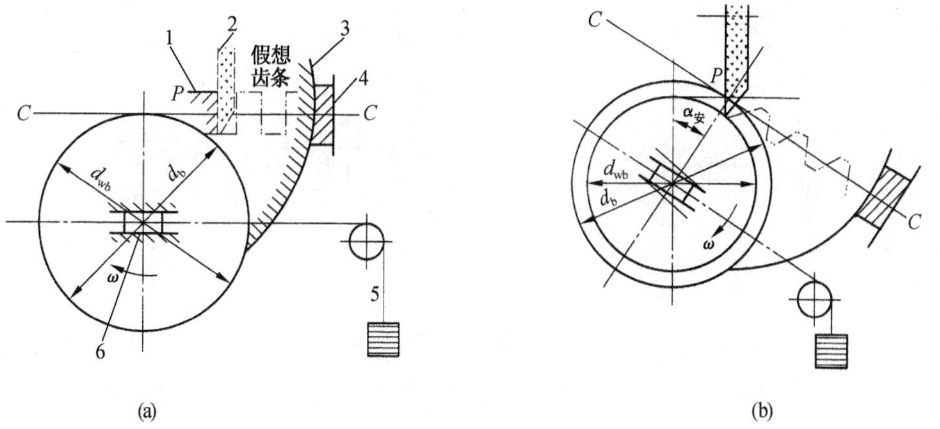

1—工件浮；2—砂轮口；3—渐开线靠模；4—挡块；5—配重泊；6—头架导轨

图 5-22 大平面砂轮磨齿原理

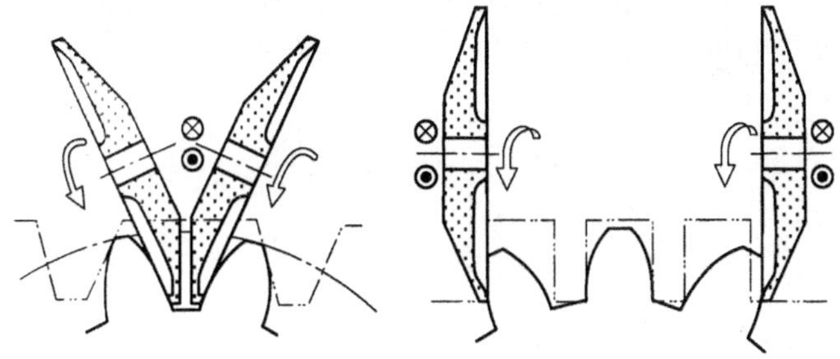

图 5-23 碟形砂轮磨齿的工作原理

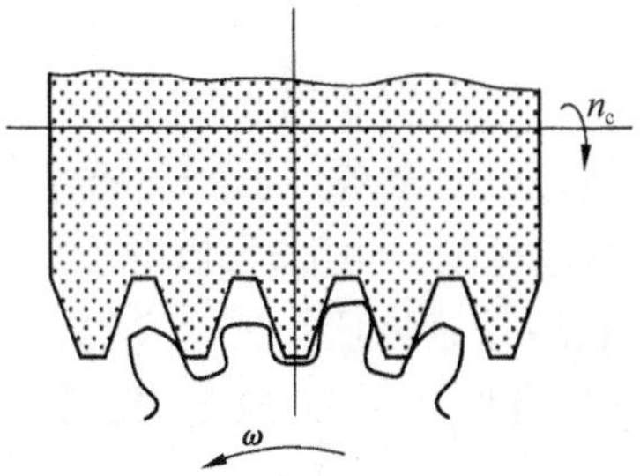

图 5-24 蜗杆形砂轮磨齿的工作原理

知识链接五 齿形精度检测

1. 公法线千分尺

渐开线齿轮的公法线长度是指与相隔若干个齿的两异侧齿面相切的两平行平面间的距离，如图 5-25 a 所示。公法线千分尺用于测量齿轮公法线长度，是一种通用的齿轮测量工具，如图 5-25 b 所示。当检验直齿轮时，公法线千分尺的两卡脚跨过 k 个齿，两卡脚与两异侧齿廓相切，两切点间的距离称为公法线（即基圆切线）长度，用 W 表示。

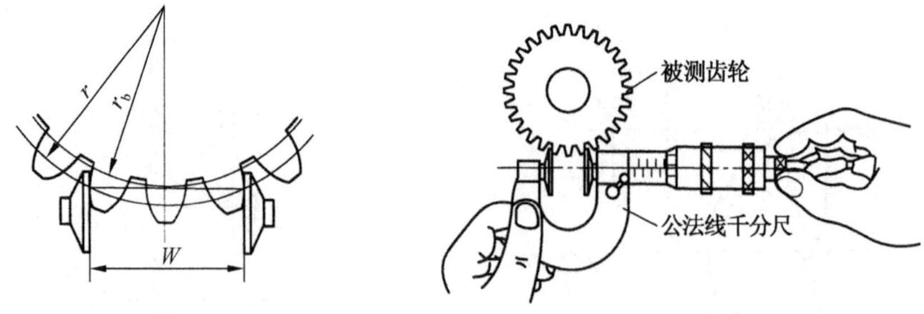

(a) (b)

图 5-25 齿轮公法线长度及检测

测量时,要求测头的测量平面在齿轮分度圆附近与左、右齿廓相切,因此跨齿数 k 不是任取的。当齿形角 $\alpha=20°$、齿数为 z 时,取 $k=\frac{z}{9}+0.5$ 的整数(四舍五入)。

对于直齿圆柱齿轮,公法线长度的公称值 W 可按下式计算:

$$W=m\cos\alpha[\pi(k-0.5)+z\cdot \mathrm{inv}\,\alpha]+2xm\sin\alpha \tag{5-5}$$

式中,m——被测齿轮模数;

α——齿形角;

z——齿数;

k——跨齿数;

x——变位系数。

当 $\alpha=20°$,变位系数 $x=0$ 时,

$$W=m[1.476(2k-1)+0.014z] \tag{5-6}$$

W 和 k 值可从相关表中查出。

2. 齿厚游标尺

齿厚游标尺用于测齿轮齿厚,形状像 90°的角尺,有平行和垂直两种,垂直尺杆专为测量齿顶的高度,平行齿杆则测量齿厚。测量时,以分度圆齿高 h_a 为基准来测量分度圆弦齿厚 S。由于测量分度圆弦齿厚是以齿顶圆为基准的,其测量结果必然受到齿顶圆误差的影响。而公法线长度测量与齿顶圆无关,故公法线长度测量在实际应用中较广泛。在齿轮检验中,对较大模数($m>10$ mm)的齿轮,一般检验分度圆弦齿厚;对成批生产的中、小模数齿轮,一般检验公法线长度 W。

3. 齿轮径向跳动检查仪

齿轮径向跳动检查仪用于检测圆柱、圆锥齿轮及蜗轮蜗杆的径向跳动或端面跳动。齿轮径向跳动是指当检查仪测头与被测齿轮齿面接触时,被测齿轮在转动一转范围内,测头相对于齿轮轴心线的最大变动量。它主要反映齿轮运动误差中因基圆的几何偏心所引起的径向误差分量。测量齿轮径向跳动的工作原理与测量径向跳动相似,通常在通用的跳动仪上测量。

思考题

1. 齿形加工有哪两种加工方法？分别说明之。

2. 展成法加工齿形有什么优点？

3. 蜗轮滚刀与齿轮滚刀有何异同之处？

4. 齿轮滚刀安装时,其对工件的相对位置取决于哪些因素？

5. 插削直齿圆柱齿轮时有哪些基本运动？比较滚齿、插齿的工艺特点,说明各自的应用范围。

6. 为何剃齿的加工精度高于滚齿和插齿？

7. 为何珩齿前齿廓的粗加工最好采用滚齿,而尽量不用插齿？

8. 为何剃齿和珩齿时,没有像滚、插、磨齿那样严格要求刀具与工件间的传动比必须是恒定的？

9. 磨齿之所以有很高的加工精度,除了磨削加工固有的特点外,还有哪些原因？

10. 何谓平面齿轮？何谓平顶齿轮？它们与锥齿轮的啮合关系有何不同？

项目六 特种加工

6

任务一 数控电火花线切割加工实例

1. 手工编程加工实习

(1) 实习目的

① 掌握简单零件的线切割加工程序的手工编制技能。

② 熟悉 ISO 代码编程及 3B 格式编程。

③ 熟悉线切割机床的基本操作。

(2) 实习要求

通过实习,学生能够根据零件的尺寸、精度、工艺等要求,应用 ISO 代码或 3B 格式手工编制出线切割加工程序,并且使用线切割机床加工出符合图纸要求的合格零件。

(3) 实习设备

DK7725E 型线切割机床。

(4) 常用 ISO 编程代码

G92 X_Y_:以相对坐标方式设定加工坐标起点。

G27:设定 *XY/UV* 平面联动方式。

G01 X_Y_(U_V_):直线插补。

XY:表示在 *XY* 平面中以直线起点为坐标原点的终点坐标。

U V:表示在 *UV* 平面中以直线起点为坐标原点的终点坐标。

G02 U_V_I_J_:顺圆插补指令。

G03 X_Y_I_J_:逆圆插补指令。

以上的 G02,G03 中是以圆弧起点为坐标原点,X,Y(U,V)表示终点坐标,I,J 表示圆弧圆心坐标。

M00:暂停。

M02:程序结束。

(5) 3B 程序格式

B X B Y B J G Z

B:分隔符号。

X:*X* 坐标值。

Y:*Y* 坐标值。

J:计数长度。

G:计数方向。

Z:加工指令。

(6) 加工实例

① 工艺分析

加工如图 6-1 所示零件外形,毛坯尺寸为 60 mm×60 mm,对刀位置必须设在毛坯之外,以图中 *G* 点坐标(-20,-10)作为起刀点,*A* 点坐标(-10,-10)作为起割点。为了便于计算,编程时不考虑铜丝半径补偿值;逆时针方向走刀。

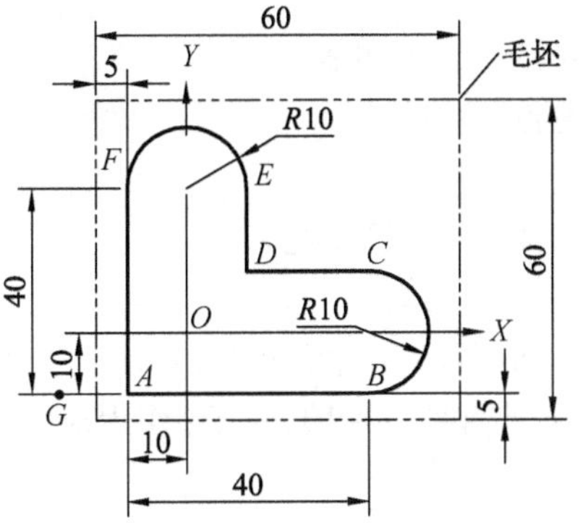

图 6-1 零件图 1

② ISO 程序

程序	注解
G92 X-20000 Y-10000	以 *O* 点为原点建立工件坐标系,起刀点坐标为(-20,-10)
G01 X10000 Y0	从 *G* 点走到 *A* 点
G01 X40000 Y0	从 *A* 点到 *B* 点
G03 X0 Y20000 I0 J10000	从 *B* 点到 *C* 点
G01 X-20000 Y0	从 *C* 点到 *D* 点
G01 X0 Y20000	从 *D* 点到 *E* 点
G03 X-20000 Y0 I-10000 J0	从 *E* 点到 *F* 点
G01 X0 Y-40000	从 *F* 点到 *A* 点
G01 X-10000 Y0	从 *A* 点回到起刀点 *G*
M02	程序结束

③ 3B 格式程序

程序	注解
B10000 B0 B10000 GX L1	从 G 点走到 A 点
B40000 B0 B10000 GX L1	从 A 点到 B 点
B0 B10000 B20000 GX NR4	从 B 点到 C 点
B20000 B0 B20000 GX L3	从 C 点到 D 点
B0 B20000 B20000 GY L2	从 D 点到 E 点
B10000 B0 B20000 GY NR4	从 E 点到 F 点
B0 B40000 B40000 GY L4	从 F 点到 A 点
B10000 B0 B10000 GX L3	从 A 点回到起刀点 G
D	程序结束

④ 加工

2. 自动编程加工实习

(1) 实习目的及要求

① 熟悉 HF 编程系统的自动编程功能。

② 掌握 HF 控制系统的各种功能。

(2) 实习设备

DK7725E 型线切割机床及 CNC(数控机床)。

(3) 加工实例

① 工艺分析:加工如图 6-2 所示五角星外形,毛坯尺寸为 60 mm×60 mm,对刀位置必须设在毛坯之外,以图中 E 点坐标(-10,-10)作为对刀点,O 点为起割点,逆时针方向走刀。

② 利用 HF 编程系统的绘画功能绘制如图 6-2 所示的零件图。

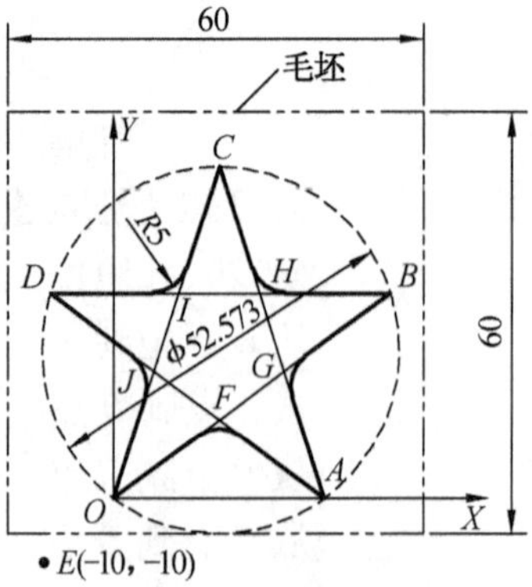

图 6-2 零件图 2

③ 利用 HF 编程系统的自动编程功能编制相应的程序。

④ 加工。

知识链接一 电火花加工

1. 电火花成型机床的组成及作用

电火花成型机床基本上由脉冲电源、机体和工作液循环系统三大部分组成，如图6-3所示。为了确保电火花放电能持续稳定地进行，工具电极和工件应始终保持一定的放电间隙，因此必须具备自动调整工具电极伺服进给的控制系统。

(1) 脉冲电源

脉冲电源的作用是将工频交流电转变成频率较高的直流脉冲电，以供给工具电极与工件之间的间隙在电火花加工时所需要的能量。脉冲电源对电火花加工的生产效率、表面质量、加工过程的稳定性及工具电极的损耗等技术经济指标有很大的影响，应予以足够重视。

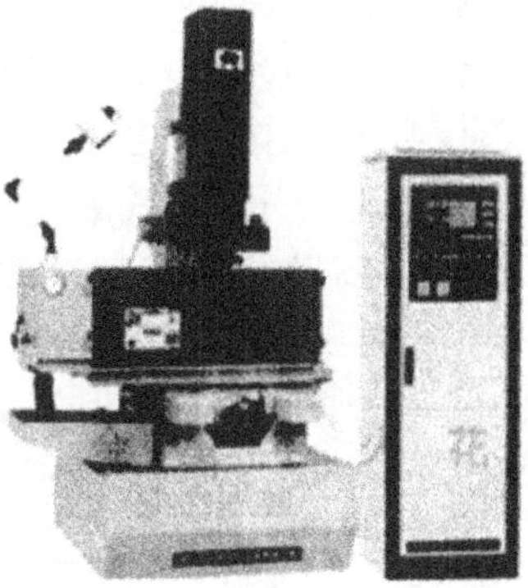

图6-3 台式电火花成型机床

电火花成型机床所使用的脉冲电源种类较多。按工作原理分，可分为独立式脉冲电源和非独立式脉冲电源。其中，独立式脉冲电源能独立形成和发生脉冲，不受放电间隙大小和两极间物理状态的影响，其又可分为电子管式、闸流管式、晶闸管式和晶体管式等。非独立式脉冲电源又称弛张式脉冲电源，它应用最早，结构也简单，频率高。在小功率时脉冲宽度小，成本低，适合于精加工。但其加工欠稳定，能量利用率较低，电极损耗大，现在多为独立式脉冲电源所取代。

(2) 机体

机体的作用是保证工具电极与工件之间的相互位置尺寸要求。其主要包括主轴头、工作台、床身和立柱4部分。

(3) 工作液循环系统

工作液循环系统是电火花成型机床中不可缺少的一部分，其主要作用如下：

① 形成电火花击穿放电通道，在放电结束后可迅速恢复间隙的绝缘状态。

② 对放电通道起到压缩作用，使放电能量集中，强化加工过程。

③ 在加工过程中，对电极和工件表面起到冷却和散热作用，确保放电间隙的热量。

④ 及时冲走放电加工时产生的电蚀物，保持工具电极及工件间的清洁、稳定的间隙。

常用的工作液主要是煤油和变压器油的混合物。目前，国内外电火花加工用的工作液成分主要是煤油，加工过程中产生的电蚀产物（包括蚀除的工具电极与工件的材料微粒及工作液的裂解产物）颗粒很小，若不及时消除，工作液浑浊将会导致加工不稳定。

2. 电火花加工的特点

电火花加工具有以下优点：

① 脉冲放电的能量密度很高，可以加工用普通机械加工方法难以加工或无法加工的特殊材料，完成复杂形状工件的加工。

② 加工时工具电极与工件不直接接触，两者之间的宏观作用力小，不受工具和工件刚度的限制，有利于实现微细加工。

③ 工具电极材料不需要比工件材料硬，可以用如紫铜、石墨等材质较软、加工工艺性较好的材料制造。

④ 操作容易，便于自动加工，只需要将电极和工件安装好后，开动机床便可实现自动控制和自动加工。

⑤ 容易选择和变更加工条件，电加工过程中可任意选择和变更加工条件，如任意选择粗加工和精加工等。

电火花加工也不可避免地存在以下缺点：

① 必须制作工具电极。电火花加工的最大问题就是电极制作问题。

② 加工部分形成残留变质层。工件上进行电加工的部位虽然很微细，但由于要经受上万度的高温加热后急速冷却，表面受到强烈的热影响，而生成电加工表面变质层。这种变质层容易造成加工部位的碎裂与崩刃。

③ 放电间隙使加工误差增大。电极和工件之间需有一定的间隙，这使得电极的尺寸形状与工件不能完全相同，产生一定的加工误差，误差的大小与间隙的大小有密切的关系。

④ 加工精度受电极损耗的影响。电极在加工过程中同样会受到电腐蚀而损耗，如果电极损耗不均匀，就会影响加工精度。

尽管如此，由于电火花加工具有许多其他加工方法无可替代的特点，它已成为模具制造中较为先进的一种加工方法。

3. 电火花加工的基本原理

在日常生活中，经常见到电器开关的触点闭合或断开时出现电火花，使接触部位烧成坑状或焦糊状，这种因放电而引起的烧损称为电腐蚀现象。电火花加工就是利用两电极间脉冲放电时产生的这种电腐蚀作用，对工件进行加工的一种方法。

电火花加工是在一定的介质中通过工具电极和工件电极之间的脉冲放电的电蚀作用，对工件进行加工的方法，国外称为放电加工。

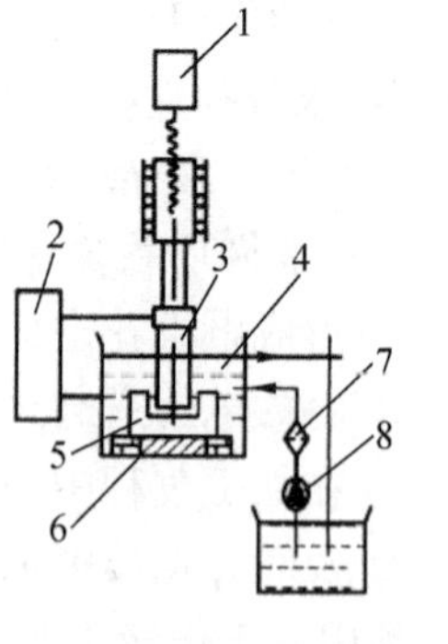

1—自动进给调节装置；
2—脉冲电源；3—工具电极；
4—工作液；5—工件；
6—工作台；7—过滤器；
8—工作液泵

图 6-4 电火花成型加工原理

电火花成型加工是一种与机械加工完全不同的新工艺，其基本原理如图 6-4 所示，将被加工的工件做成工件电极，石墨或者紫铜做成工具电极。脉冲电源发出一连串的脉冲电压，加到工件电极和工具电极上，此时工具电极和工件均被淹没于具有一定绝缘性能的工作液中。在自动进给调节装置的控制下，当工具电极与工件的距离小到一定程度时，在脉冲电压的作用下，两电极间最近处的工作液被击穿，工具电极与工件之间形成瞬时放电通道，产生瞬时高温，使金属局部熔化甚至气化而被蚀除下来，形成局部的电蚀凹坑。这样随着相当高的频率连续不断地重复放电，工具电极不断地向工件进给，就可以将工具电极的形状复制到工件上，加工出所需要的和工具电极形状阴阳相反的零件。

知识链接二　数控电火花线切割加工

电火花线切割加工是电火花加工的一个分支，是一种直接利用电能和热能进行加工的工艺方法，它用一根移动着的导线（电极丝）作为工具电极对工件进行切割，故称线切割加工。线切割加工中，工件和电极丝的相对运动是由数字控制实现的，故又称为数控电火花线切割加工，简称线切割加工。

1. 数控电火花线切割加工机床的分类与组成

（1）数控电火花线切割加工机床的分类

① 按走丝速度分：慢速走丝方式和高速走丝方式线切割机床。

② 按加工特点分：大、中、小型及普通直壁切割型与锥度切割型线切割机床。

③ 按脉冲电源形式分：RC 电源、晶体管电源、分组脉冲电源及自适应控制电源线切割机床。

数控电火花线切割加工机床的型号示例：

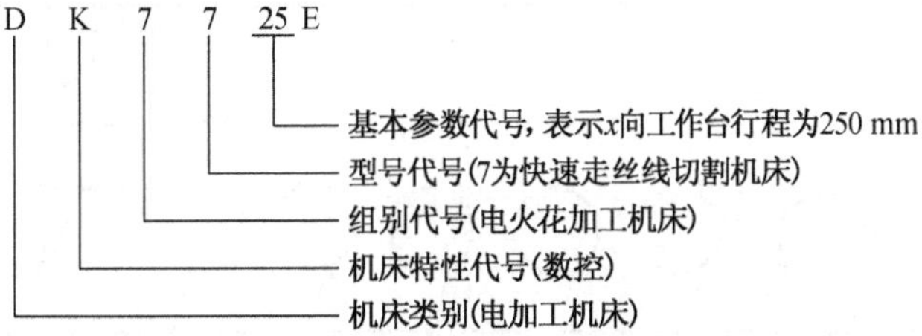

（2）数控电火花线切割加工机床的基本组成

数控电火花线切割加工机床可分为机床主机和控制台两大部分。

① 控制台

控制台中装有控制系统和自动编程系统，能在控制台中进行自动编程和对机床坐标工作台的运动进行数字控制。

② 机床主机

机床主机主要包括坐标工作台、运丝机构、丝架、冷却系统和床身 5 个部分。图 6-5 为快走丝线切割机床主机示意图。

a. 坐标工作台。它用来装夹被加工的工件，其运动分别由两个步进电机控制。

b. 运丝机构。它用来控制电极丝与工件之间产生相对运动。

c. 丝架。它与运丝机构一起构成电极丝的运动系统。它的功能主要是对电极丝起支撑作用，并使电极丝工作部分与工作台平面保持一定的几何角度，以满足各种工件（如带锥工件）加工的需要。

d. 冷却系统。它用来提供有一定绝缘性能的工作介质——工作液，同时可对工件和电极丝进行冷却。

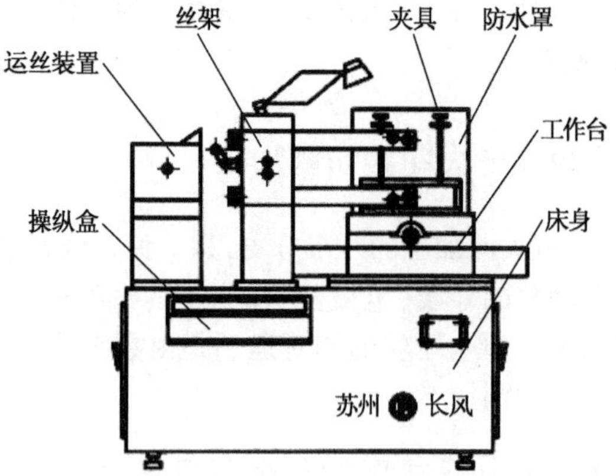

图 6-5 快走丝线切割机床主机

2. 数控电火花线切割机床的操作

1）数控快走丝电火花线切割机床的操作

本节以苏州长风 DK7725E 型线切割机床为例，介绍线切割机床的操作。图 6-6 为 DK7725E 型线切割机床的操作面板。

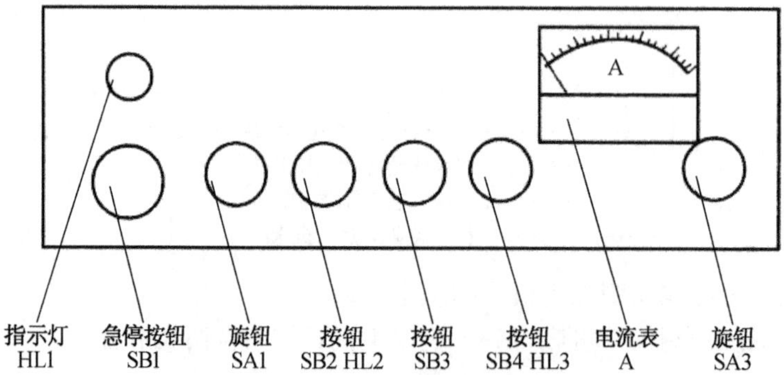

图 6-6 DK7725E 型线切割机床操作面板

（1）开机与关机程序

① 开机程序

a. 合上机床主机上电源总开关。

b. 松开机床电气面板上急停按钮 SB1。

c. 合上控制柜上电源开关，进入线切割机床控制系统。

d. 按要求装上电极丝。

e. 逆时针旋转 SA1。

f. 按 SB2，启动运丝电机。

g. 按 SB4，启动冷却泵。

h. 顺时针旋转 SA3，接通脉冲电源。

② 关机程序

a. 逆时针旋转 SA3,切断脉冲电源。

b. 按下急停按钮 SB1,运丝电机和冷却泵将同时停止工作。

c. 关闭控制柜电源。

d. 关闭机床主机电源。

2）脉冲电源

（1）DK7725E 型线切割机床脉冲电源简介

① 机床电气柜脉冲电源操作面板简介

DK7725E 型线切割机床脉冲电源操作面板如图 6-7 所示。

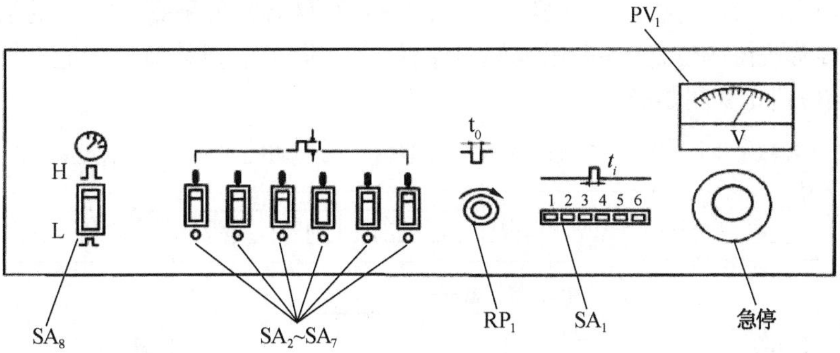

SA_1—脉冲宽度选择;SA_2 ~ SA_7—功率管选择;SA_8—电压幅值选择;RP_1—脉冲间隔调节;PV_1—电压幅值指示;急停按钮—按下此键,机床运丝、水泵电机全停,脉冲电源输出切断

图 6-7 DK7725E 型线切割机床脉冲电源操作面板

② 电源参数简介

a. 脉冲宽度

脉冲宽度 t_i 选择开关 SA_1,共分六挡,从左边开始往右边分别为:

第一挡:5 μs;第二挡:15 μs;第三挡:30 μs

第四挡:50 μs;第五挡:80 μs;第六挡:120 μs

b. 功率管

功率管个数选择开关 SA_2 ~ SA_7 可控制参加工作的功率管个数,如 6 个开关均接通,则 6 个功率管同时工作,这时峰值电流最大。如 5 个开关全部关闭,只有 1 个功率管工作,则此时峰值电流最小。每个开关控制 1 个功率管。

c. 幅值电压

幅值电压选择开关 SA_8 用于选择空载脉冲电压幅值,开关按至“L”位置,电压为75 V 左右;按至“H”位置,电压为 100 V 左右。

d. 脉冲间隙

改变脉冲间隔 t_0 调节电位器 RP_1 的阻值,可改变输出矩形脉冲波形的脉冲间隔 t_0,即能改变加工电流的平均值。电位器旋置最左,脉冲间隔最小,加工电流的平均值最大。

e. 电压表

电压表 PV_1,由 0 ~ 150 V 直流表指示空载脉冲电压幅值。

3）线切割机床控制系统

DK7725E 型线切割机床配有 CNC－10A 自动编程和控制系统。

（1）系统的启动与退出

在计算机桌面上双击 YH 图标，即可进入 CNC－10A 控制系统。按“Ctrl＋Q”退出控制系统。

（2）CNC－10A 控制系统界面示意图

图 6-8 为 CNC－10A 控制系统界面。

（3）CNC－10A 控制系统功能及操作详解

本系统所有的操作按钮、状态、图形显示全部在屏幕上实现。各种操作命令均可用轨迹球或相应的按键完成。鼠标器操作时，可移动鼠标器，使屏幕上显示的箭状光标指向选定的屏幕按钮或位置，然后用鼠标器左键点击，即可选择相应的功能。现将各种控制功能介绍如下（见图 6-8）：

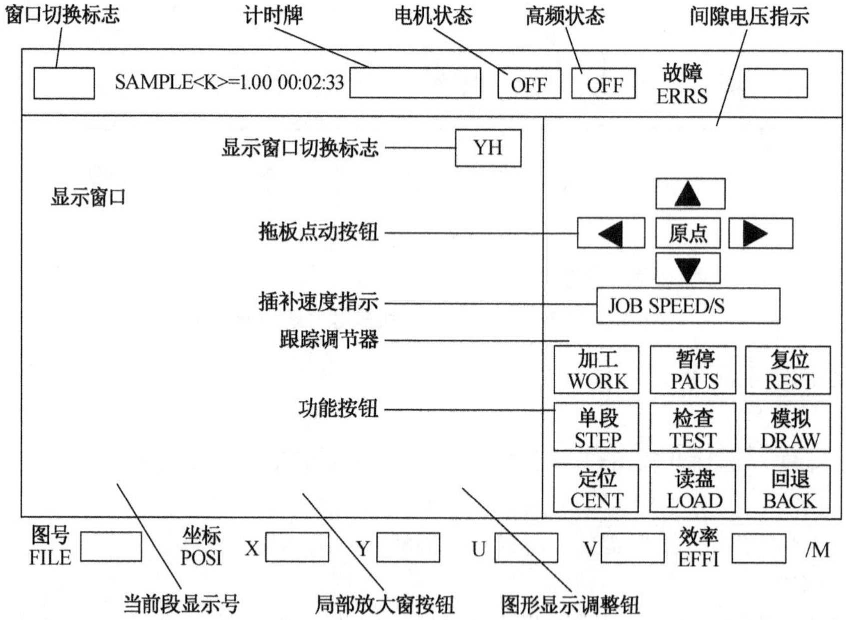

图 6-8 CNC－10A 控制系统主界面

［显示窗口］：该窗口下用来显示加工工件的图形轮廓、加工轨迹或相对坐标、加工代码。

［显示窗口切换标志］：用轨迹球点取该标志（或按“F10”键），可改变显示窗口的内容。系统进入时，首先显示图形，以后每点取一次该标志，依次显示“相对坐标”“加工代码”“图形”……其中，相对坐标方式以大号字体显示当前加工代码的相对坐标。

［间隙电压指示］：显示放电间隙的平均电压波形（也可以设定为指针式电压表方式）。在波形显示方式下，指示器两边各有一条 10 等分线段，空载间隙电压定为 100%（即满幅值），等分线段下端的黄色线段指示间隙短路电压的位置。波形显示的上方有两个指示标志：短路回退标志“BACK”，该标志变红色，表示短路；短路率指示，表示间隙电

压在设定短路值以下的百分比。

[电机开关状态]:在电机标志右边有状态指示标志"ON"(红色)或"OFF"(黄色)。"ON"状态表示电机上电锁定(进给);"OFF"状态为电机释放。用光标点取该标志可改变电机状态(或用数字小键盘区的"Home"键)。

[高频开关状态]:在脉冲波形图符右侧有高频电压指示标志。"ON"(红色)、"OFF"(黄色)表示高频的开启与关闭;用光标点取该标志可改变高频状态(或用数字小键盘区的"PgUp"键)。在高频开启状态下,间隙电压指示将显示电压波形。

[拖板点动按钮]:屏幕右中部有上下左右向4个箭标按钮,可用来控制机床点动运行。若电机为"ON"状态,光标点取这4个按钮可以控制机床按设定参数做X,Y或U,V方向点动或定长走步。在电机失电状态"OFF"下,点取移动按钮,仅用作坐标计数。

[原点]:用光标点取该按钮(或按"I"键)进入回原点功能。若电机为"ON"状态,系统将控制拖板和丝架回到加工起点(包括"$U-V$"坐标),返回时取最短路径;若电机为"OFF"状态,光标返回坐标系原点。

[加工]:工件安装完毕,程序准备就绪后(已模拟无误),可进入加工。用光标点取该按钮(或按"W"键),系统进入自动加工方式。首先自动打开电机和高频,然后进行插补加工。此时应注意屏幕上间隙电压指示器的间隙电压波形(平均波形)和加工电流。若加工电流过小且不稳定,可用光标点取跟踪调节器的"+"按钮(或"End"键),加强跟踪效果。反之,若频繁出现短路等跟踪过快现象,可点取跟踪调节器"-"按钮(或"PgDn"键),至加工电流、间隙电压波形、加工速度平稳。加工状态下,屏幕下方显示当前插补的$X-Y$,$U-V$绝对坐标值,显示窗口绘出加工工件的插补轨迹。显示窗下方的显示器调节按钮可调整插补图形的大小和位置,或者开启/关闭局部观察窗。点取显示切换标志,可选择图形/相对坐标显示方式。

[暂停]:用光标点取该按钮(或按"P"键或数字小键盘的"Del"键),系统将终止当前的功能(如加工、单段、控制、定位、回退)。

[复位]:用光标点取该按钮(或按"R"键)将终止当前一切工作,消除数据和图形,关闭高频和电机。

[单段]:用光标点取该按钮(或按"S"键),系统自动打开电机、高频,进入插补工作状态,加工至当前代码段结束时,系统自动关闭高频,停止运行。再按[单段],继续进行下段加工。

[检查]:用光标点取该按钮(或按"T"键),系统以插补方式运行一步,若电机处于"ON"状态,机床拖板将做相应的一步动作,在此方式下可检查系统插补及机床的功能是否正常。

[模拟]:模拟检查功能可检验代码及插补的正确性。在电机失电状态("OFF"状态)下,系统以每秒2 500步的速度快速插补,并在屏幕上显示其轨迹及坐标。若在电机锁定状态("ON"状态)下,机床空走插补,拖板将随之动作,可检查机床控制联动的精度及正确性。"模拟"操作方法如下:

① 读入加工程序。

② 根据需要选择电机状态后,按[模拟]钮(或"D"键),即进入模拟检查状态。

屏幕下方显示当前插补的 $X-Y$,$U-V$ 坐标值(绝对坐标),若需要观察相对坐标,可用光标点取显示窗右上角的[显示切换标志](或“F10”键),系统将以大号字体显示,再点取[显示切换标志],将交替地处于图形/相对坐标显示方式,点取显示调节按钮最左边的局部观察钮(或“F1”键),可在显示窗口的左上角打开一局部观察窗,在观察窗内显示放大 10 倍的插补轨迹。若需中止模拟过程,可按[暂停]钮。

[定位]:系统可依据机床参数设定,自动定中心及 $\pm X$, $\pm Y$ 四个端面。

① 定位方式选择

a. 用光标点取屏幕右中处的参数窗标志[OPEN](或按“O”键),屏幕上将弹出参数设定窗,可见其中有[定位 LOCATION XOY]一项。

b. 将光标移至“XOY”处轻点左键,将依次显示 XOY,XMAX,XMIN,YMAX,YMIN。

c. 选定合适的定位方式后,用光标点取参数设定窗左下角的 CLOSE 标志。

② 定位

光标点取电机状态标志,使其成为“ON”(原为“ON”可省略)。按[定位]钮(或“C”键),系统将根据选定的方式自动进行对中心、定端面的操作。在钼丝遇到工件某一端面时,屏幕会在相应位置显示一条亮线。按[暂停]钮可中止定位操作。

[读盘]:将存有加工代码文件的软盘插入软驱中,用光标点取该按钮(或按“L”键),屏幕将出现磁盘上存贮全部代码文件名的数据窗。用光标指向需读取的文件名,轻点左键,该文件名背景变成黄色;然后用光标点取该数据窗左上角的“□”(撤销)钮,系统自动读入选定的代码文件,并快速绘出图形。该数据窗的右边有上下两个三角标志“△”按钮,可用来向前或向后翻页,当代码文件不在第一页中显示时,可用翻页来选择。

[回退]:系统具有自动/手动回退功能。在[加工]或[单段]加工中,一旦出现高频短路现象,系统即自动停止插补,若在设定的控制时间内(由机床参数设置),短路达到设定的次数,系统将自动回退。若在设定的控制时间内,短路仍不能消除,系统将自动切断高频,停机。

在系统静止状态(非[加工]或[单段]),按下[回退]钮(或按“B”键),系统做回退运行,回退至当前段结束时,自动停止;若再按该按钮,继续前一段的回退。

[跟踪调节器]:该调节器用来调节跟踪的速度和稳定性,调节器中间红色指针表示调节量的大小。表针向左移动,位跟踪加强(加速);向右移动,位跟踪减弱(减速)。指针表两侧有两个按钮,按“+”按钮(或“End”键)加速,按“-”按钮(或“PgDn”键)减速;调节器上方英文字母 JOB SPEED/S 后面的数字量表示加工的瞬时速度,单位为步/秒。

[段号显示]:此处显示当前加工的代码段号,也可用光标点取该处,在弹出屏幕小键盘后,键入需要起割的段号(注:锥度切割时,不能任意设置段号)。

[局部观察窗]:点击该按钮(或“F1”键),可在显示窗口的左上方打开一局部窗口,其中将显示放大 10 倍的当前插补轨迹;再按该按钮时,局部窗关闭。

[图形显示调整按钮]:这 6 个按钮有双重功能,在图形显示状态时,其功能依次为:

“+”或“F2”键:图形放大 1.2 倍。

“-”或“F3”键:图形缩小 0.8 倍。

“←”或“F4”键:图形向左移动 20 个单位。

“→”或“F5”键:图形向右移动20个单位。

“↑”或“F6”键:图形向上移动20个单位。

“↓”或“F7”键:图形向下移动20个单位。

[坐标显示]:屏幕下方“坐标”部分显示X,Y,U,V的绝对坐标值。

[效率]:此处显示加工的效率,单位为mm/min;系统每加工完一条代码,即自动统计所用的时间,并求出效率。

[YH窗口切换]:光标点取该标志或按“Esc”键,系统转换到绘图式编程屏幕。

[图形显示的缩放及移动]:在图形显示窗下有小按钮,从最左边算起分别为对称加工、平移加工、旋转加工和局部放大窗开启/关闭(仅在模拟或加工态下有效),其余依次为放大、缩小、左移、右移、上移、下移,可根据需要选用这些功能,调整在显示窗口中图形的大小及位置。

具体操作可用轨迹球点取相应的按钮,或从局部放大起直接按F1,F2,F3,F4,F5,F6,F7键。

[代码的显示、编辑、存盘和倒置]:用光标点取显示窗右上角的[显示切换标志](或“F10”键),显示窗依次为图形显示、相对坐标显示、代码显示([模拟]、[加工]、[单段]工作时不能进入代码显示方式)。

在代码显示状态下用光标点取任一有效代码行,该行即点亮,系统进入编辑状态,显示调节功能钮上的标记符号变成S,I,D,Q,↑,↑,各键的功能变换成:

S:代码存盘。

I:代码倒置(倒走代码变换)。

D:删除当前行(点亮行)。

Q:退出编辑态。

↑:向上翻页。

↓:向下翻页。

在编辑状态下可对当前点亮行进行输入、删除操作(键盘输入数据)。编辑结束后,按“Q”键退出,返回图形显示状态。

[计时牌功能]:系统在[加工]、[模拟]、[单段]工作时,自动打开计时牌。终止插补运行,记时自动停止。用光标点取计时牌,或按“O”键可将计时牌清零。

[倒切割处理]:读入代码后,点取[显示窗口切换标志]或按“F10”键,直至显示加工代码。用光标在任一行代码处轻点一下,该行点亮。窗口下面的图形显示调整按钮标志转成S,I,D,Q等,按“I”钮,系统自动将代码倒置(上下异形件代码无此功能);按“Q”键退出,窗口返回图形显示。在右上角出现倒走标志“V”,表示代码已例置,[加工]、[单段]、[模拟]以倒置方式工作。

[断丝处理];加工遇到断丝时,可按[原点](或按“I”键),拖板将自动返回原点,锥度丝架也将自动回直(注:断丝后切不可关闭电机,否则将无法正确返回原点)。若工件加工已将近结束,可将代码倒置后,再行切割(反向切割)。

4）线切割机床绘图式自动编程系统

（1）CNC－10A 绘图式自动编程系统界面示意图

在控制屏幕中用光标点取左上角的［YH］窗口切换标志（或按“Esc”键），系统将转入 CNC－10A 编程屏幕。图 6-9 为绘图式自动编程系统主界面。

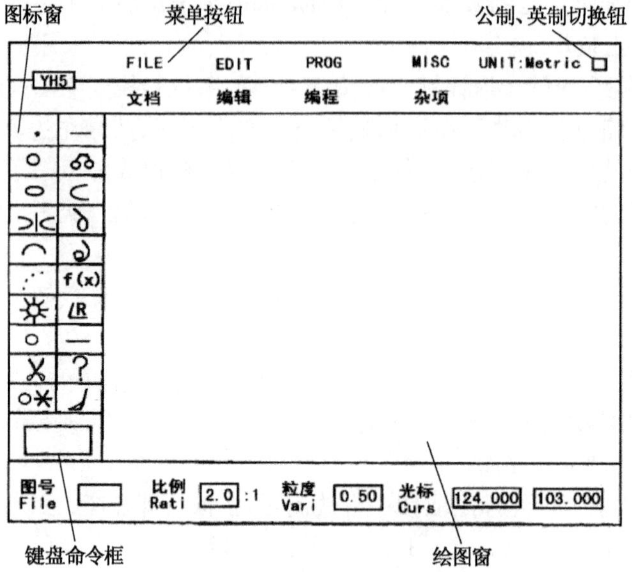

图 6-9　绘图式自动编程系统主界面

（2）CNC－10A 绘图式自动编程系统图标命令和菜单命令简介

CNC－10A 绘图式自动编程系统的操作集中在 20 个命令图标和 4 个弹出式菜单内。它们构成了系统的基本工作平台。在此平台上，可进行绘图和自动编程。表 6-1 为 20 个命令图标功能简介，图 6-10 为菜单功能。

表 6-1　绘图命令图标功能简介

序号	功能简介	图标	序号	功能简介	图标
1	点输入	·	11	列表点输入	∴
2	直线输入	—	12	任意函数方程输入	f(x)
3	圆输入	○	13	齿轮输入	⚙
4	公切线、公切圆输入	ꝏ	14	过渡圆输入	∠R
5	椭圆输入	⬭	15	辅助圆输入	○
6	抛物线输入	⊂	16	辅助线输入	—
7	双曲线输入	⋊	17	删除线段	✂
8	渐开线输入	∂	18	询问	?
9	摆线输入	⌒	19	清理	○✱
10	螺旋线输入	꩜	20	重画	⌀

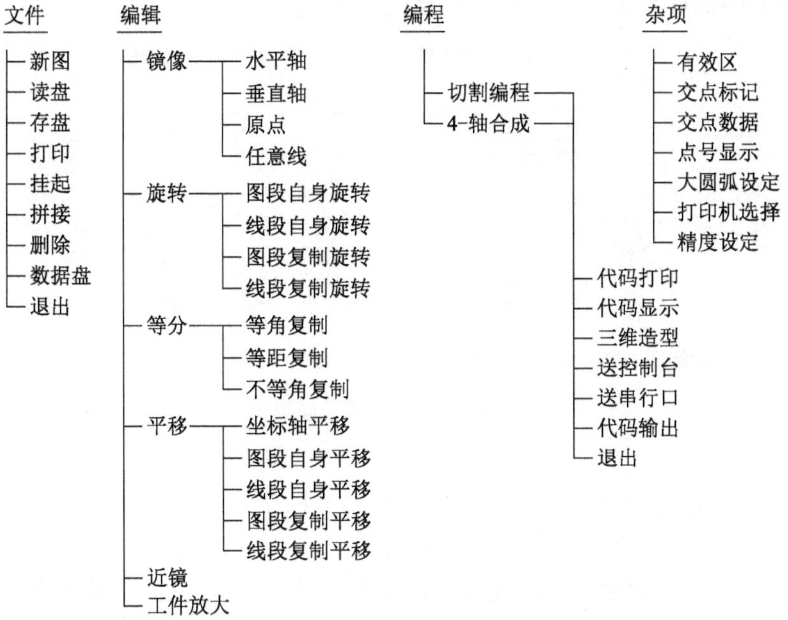

图 6-10　CNC－10A 自动编程系统的菜单功能

5）电极丝的绕装

具体绕装过程如下：

① 机床操作面板 SA1 旋钮左旋。

② 上丝起始位置在贮丝筒右侧，用摇手手动将贮丝筒右侧停在线架中心位置。

③ 将右边撞块压住换向行程开关触点，左边撞块尽量拉远。

④ 松开上丝器上螺母 5，装上钼丝盘 6 后拧上螺母 5。

⑤ 调节螺母 5，将钼丝盘压力调节适中。

⑥ 将钼丝一端通过图 6-11 中件 3 上丝轮后固定在贮丝筒 1 右侧的螺钉上。

⑦ 空手逆时针转动贮丝筒几圈，转动时撞块不能脱开换向行程开关触点。

⑧ 按操作面板上 SB2 旋钮（运丝开关），贮丝筒转动，钼丝自动缠绕在贮丝筒上，达到要求后，按操作面板上的 SB1 急停旋钮，即可将电极丝装至贮丝筒上（见图 6-11）。

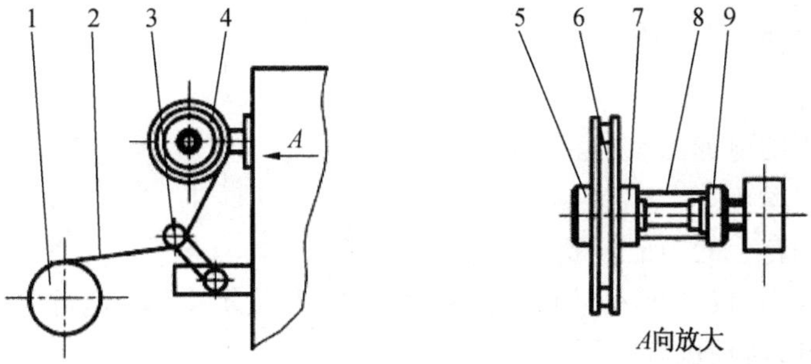

1—贮丝筒；2—钼丝；3—上丝轮；4—上丝架；5—螺母；6—钼丝盘；7—挡圈；8—弹簧；9—调节螺母

图 6-11　电极丝绕至贮丝筒上

⑨ 按图 6-12 所示方式，将电极丝绕至丝架上。

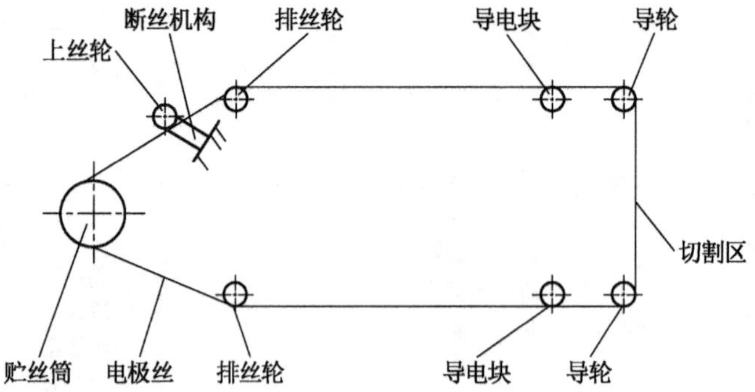

图 6-12　电极丝绕至丝架上

6）工件的装夹与找正

① 装夹工件前先校正电极丝与工作台的垂直度。

② 选择合适的夹具将工件固定在工作台上。

③ 按工件图纸要求用百分表或其他量具找正基准面，使之与工作台的 X 向或 Y 向平行。

④ 工件装夹位置应使工件切割区在机床行程范围之内。

⑤ 调整好机床线架高度，切割时，保证工件和夹具不会碰到线架的任何部分。

7）机床操作步骤

① 合上机床主机上电源开关。

② 合上机床控制柜上电源开关，启动计算机，双击计算机桌面上的 YH 图标，进入线切割控制系统。

③ 解除机床主机上的急停按钮。

④ 按机床润滑要求加注润滑油。

⑤ 开启机床空载运行 2 min，检查其工作状态是否正常。

⑥ 按所加工零件的尺寸、精度、工艺等要求，在线切割机床自动编程系统中编制线切割加工程序，并送控制台；或手工编制加工程序，并通过软驱读入控制系统。

⑦ 在控制台上对程序进行模拟加工，以确认程序准确无误。

⑧ 工件装夹。

⑨ 开启运丝筒。

⑩ 开启冷却液。

⑪ 选择合理的电加工参数。

⑫ 手动或自动对刀。

⑬ 点击控制台上的“加工”键，开始自动加工。

⑭ 加工完毕后，按“Ctrl + Q”键退出控制系统，并关闭控制柜电源。

⑮ 拆下工件，清理机床。

⑯ 关闭机床主机电源。

8）机床安全操作规程

根据 DK7725E 型线切割机床的操作特点，特制定以下操作规程：

① 学生初次操作机床，须仔细阅读线切割机床《实训指导书》或机床操作说明书，并在实训教师指导下操作。

② 手动或自动移动工作台时，必须注意钼丝位置，避免钼丝与工件或工装产生干涉而造成断丝。

③ 用机床控制系统的自动定位功能进行自动找正时，必须关闭高频，否则会烧丝。

④ 关闭运丝筒时，必须停在两个极限位置（左或右）。

⑤ 装夹工件时，必须考虑本机床的工作行程，加工区域必须在机床行程范围之内。

⑥ 工件及装夹工件的夹具高度必须低于机床线架高度，否则，加工过程中会发生工件或夹具撞上线架而损坏机床。

⑦ 支撑工件的工装位置必须在工件加工区域之外，否则，加工时会连同工件一起割掉。

⑧ 工件加工完毕，必须随时关闭高频。

⑨ 经常检查导轮、排丝轮、轴承、钼丝、切割液等易损、易耗件（品），发现损坏，及时更换。

知识链接三　电解加工

1. 电解加工的基本原理

电解加工是利用金属在电解液中发生电化学阳极溶解的原理，将工件加工成形的一种特种加工方法。加工时，工件接直流电源的正极，工具接负极，两极之间保持较小的间隙。电解液从极间间隙中流过，使两极之间形成导电通路，并在电源电压下产生电流，从而形成电化学阳极溶解。随着工具相对工件不断进给，工件金属不断被电解，电解产物不断被电解液冲走，最终两极间各处的间隙趋于一致，工件表面形成与工具工作面基本相似的形状。图 6-13 所示为电解加工示意图。

电解加工对于难加工材料、形状复杂或薄壁零件的加工具有显著优势。目前，电解加工已获得广泛应用；并且在许多零件的加工中，电解加工工艺已占有重要甚至不可替代的地位。

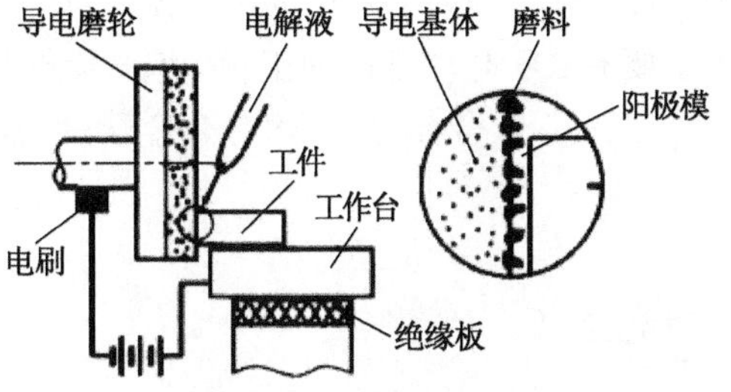

图 6-13　电解加工

2. 电解加工的特点

与其他加工方法相比,电解加工具有以下特点:

(1) 加工范围广

电解加工几乎可以加工所有的导电材料,并且不受材料的强度、硬度、韧性等机械、物理性能的限制,加工后材料的金相组织基本上不发生变化。它常用于加工硬质合金、高温合金、淬火钢、不锈钢等难加工材料。

(2) 生产效率高,且加工生产效率不直接受加工精度和表面粗糙度轮廓的限制

电解加工能以简单的直线进给运动一次加工出复杂的型腔、型面和型孔,而且加工速度可以和电流密度成比例地增加。电解加工的生产效率约为电火花加工的 5 ~ 10 倍,甚至可以超过机械切削加工。

(3) 加工质量好,可获得较理想的加工精度和表面粗糙度轮廓

加工精度:型面和型腔为 ±0.05 ~ 0.20 mm;型孔和套料为 ±0.03 ~ 0.05 mm。表面粗糙度轮廓:对于一般中、高碳钢和合金钢,表面粗糙度轮廓值可稳定地达到 *Ra*1.6 ~ 0.4 μm,有些合金钢还可达到 *Ra*0.1 μm。

(4) 可用于加工薄壁和易变形零件

电解加工过程中工具和工件不接触,不存在机械切削力,不产生残余应力和变形,没有飞边毛刺。

(5) 工具阴极无损耗

在电解加工过程中工具阴极上仅仅析出氢气,而不发生溶解反应,故没有损耗,只有在产生火花、短路等异常现象时才会导致阴极损伤。

3. 电解加工的应用

电解加工具有以下技术优势:加工过程中没有电极损耗,仅用单个电极就可以重复生产无限量的产品;加工后工件上没有热应力,不影响工件现有属性;不会产生微观裂缝,可延长工件寿命;不产生氧化层,工件无需后序加工;工件没有机械应力,可以加工壁较薄的结构件;电极的表面质量是可以复制的,表面粗糙度轮廓值最高可达到 *Ra*0.02 μm,加工精度可达到 1 ~ 10 μm。

由于电解加工的技术优势,其在现代加工制造行业中的应用范围越来越广。依功能分类如下:电解开孔,如轮机翼冷却孔;电解圆切割加工,如曲孔;电解切穿,如深孔或盲孔加工;电解成型,如曲面加工;电解除屑加工,如去毛边导角等。自 20 世纪 80 年代以来,电解加工的具体应用主要有:① 叶片型面加工;② 炮管膛线加工;③ 模具加工;④ 特殊孔类加工;⑤ 整体叶盘加工;⑥ 钛合金、高温耐热合金薄壁机匣加工;⑦ 电解去毛刺;⑧ 电解研磨复合抛光。

知识链接四　激光加工

自然界存在着自发辐射和受激辐射两种不同的发光方式,前者发出的光是随处可见

的普光，后者发出的光便是激光。由于激光发散角小和单色性好，通过光学系统把激光束聚集成一个极小的光斑（直径仅几微米或几十微米），使光斑处获得极高的能量密度（$10^7 \sim 10^{11}$ W/cm²）。当激光照射在工件表面时，光能被工件吸收并迅速转化为热能，光斑区的温度可达到 10 000 ℃以上，从而能在千分之几秒甚至更短的时间内使被加工物质熔化和气化，这就是激光加工。

实现激光加工的设备主要由激光器、电源、光学系统和机械系统等组成，如图 6-14 所示。

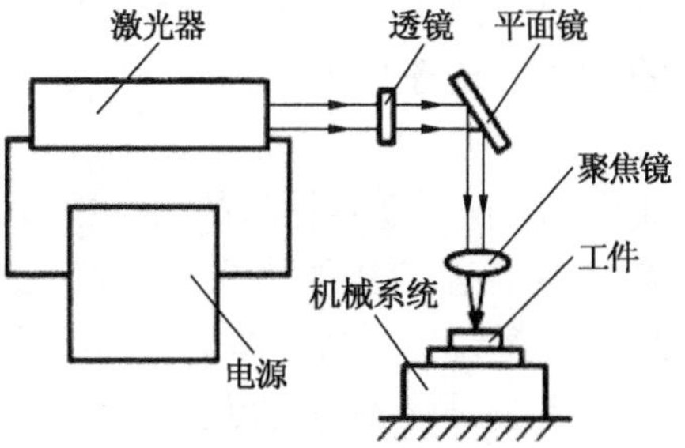

图 6-14　激光加工原理

1. 激光加工的特点

由于激光具有高亮度、高方向性、高单色性和高相干性四大综合性能，激光加工是工件在光热效应下产生高温熔融和受冲击波抛出的综合作用过程。因此激光加工具有其加工特点：

① 激光加工适用范围广，几乎对所有的金属材料和非金属材料都可以进行激光加工（不像电火花与电解加工那样要求被加工材料具有导电性）。

② 激光能聚集成微米级的光斑，输出功率的大小又可以调节，因此可用于精密微细加工。

③ 加工所用的工具是激光束，属于非接触加工，所以无明显的机械力，不存在工具损耗，易实现加工过程自动化。

④ 激光加工可以达到 0.01 mm 的平均加工精度和 0.001 mm 的最高加工精度，表面粗糙度轮廓值可达 $Ra0.4 \sim 0.1$ μm。

⑤ 与电子束加工相比，激光装置较简单，不需要真空系统。

⑥ 激光可通过玻璃等透明材料进行加工，如对真空管内部的器件进行焊接等。

2. 激光加工的应用

激光加工作为先进制造技术已广泛应用于鞋业、皮具、电子、纸品、电器、塑胶、航空、冶金、包装、机械制造等国民经济重要部门，对提高产品质量、劳动生产率、自动化、无污染、减少材料消耗等起到愈来愈重要的作用。

钻孔、切割、焊接及淬火是加工金属材料时最常用的操作。自从引进了激光后，在加工的强度、质量及范围等方面开创了全新的局面。除了金属材料外，激光还能加工许多非金属材料。

(1) 激光钻孔

激光钻孔是利用激光束聚集使金属表面焦点温度迅速上升,温升可达每秒1 000 000 ℃。当热量尚未发散之前,光束就烧熔金属,直至气化,留下一个个小孔。激光钻孔不受加工材料的硬度和脆性的限制,而且钻孔速度异常快,快到可以在几千分之一秒,乃至几百万分之一秒内钻出小孔。

例如,如果需要在金属薄板上钻出几百个连人眼都难以察觉出的微孔,用电动钻孔机显然是不行的,但用激光钻孔机却能在1~2 s内全部完成。如果用放大镜对这些微孔做一番细查的话,可发现微孔面十分整齐光洁。

(2) 激光切割

激光切割技术广泛应用于金属和非金属材料的加工中,可大大减少加工时间,降低加工成本,提高工件质量。激光切割是应用激光聚焦后产生的高功率密度能量来实现的。与传统的板材加工方法相比,激光切割具有高的切割质量、高的切割速度、高的柔性(可随意切割任意形状)、广泛的材料适应性等优点。

(3) 激光焊接

激光焊接是激光材料加工技术应用的重要方面之一,焊接过程属热传导型,即激光辐射加热工件表面,表面热量通过热传导向内部扩散,通过控制激光脉冲的宽度、能量、峰功率和重复频率等参数,使工件熔化,形成特定的熔池。

例如,工厂里通常用于焊接的乙炔火焰能将两块钢板焊接在一起,这种火焰的功率密度可以达到1 000 W/cm^2;氩弧焊设备的功率密度还要高,可以达到10 000 W/cm^2。但这两种焊接火焰根本无法与激光相比,因为激光的功率密度要比它们高出千万倍。这样高的功率密度不仅可以焊接一般的金属材料,还可以焊接又硬又脆的陶瓷。

(4) 激光淬火

激光淬火是用激光扫描刀具或零件上需要淬火的部位,使被扫描区域的温度升高,而未被扫描到的部位仍维持常温。由于金属散热快,激光束刚扫过,加工部位的温度就急骤下降,降温越快,硬度也就越高。如果再对扫描过的部位喷速冷剂,就能获得远比普通淬火要理想得多的硬度。

知识链接五 超声波加工

1. 超声波加工的基本原理

超声波是频率高于20 000 Hz的声波,其方向性好,穿透能力强,易于获得较集中的声能。超声波换能器能产生16 kHz以上的超声频进行轴向振动,并借助变幅杆把振幅放大到0.02~0.08 mm,迫使工作液中悬浮的磨粒以很大的速度不断撞击,抛磨被加工表面,把加工区的材料粉碎成非常小的微粒,并从工件上去除下来。虽然每次撞击去除的材料很少,但由于每秒钟撞击的次数多达16 000次以上,所以仍然有一定的加工速度。在这一过程中,工作液受工具端面的超声频率振动而产生高频交变的液压冲击,使磨料悬浮液在加工间隙中强迫循环，不但带走了从工件上去除下来的微粒，而且使钝化了的磨料及时更新。由于工具的轴向不断进给，工具端面的形状被复制在工件上，当加工到一定的深度即成为和工具形状相同的型孔或型腔。

2．超声波加工的特点

根据超声波具有的相关特性，如超声波可在气体、液体、固体、固熔体等介质中有效传播，并可传递很强的能量等，因此超声波加工具有以下特点：

① 适用于加工脆硬材料（特别是不导电的硬脆材料），如玻璃、石英、陶瓷、宝石、金刚石、各种半导体材料、淬火钢、硬质合金等。

② 可采用比工件软的材料做成形状复杂的工具。

③ 去除加工余量是靠磨料瞬时局部的撞击作用，工具对工件加工表面宏观作用力小，热影响小，不会引起变形和烧伤，因此适合于薄壁零件及工件的窄槽与小孔加工。

3．超声波加工的应用

（1）超声波切割

采用超声波技术进行切割加工时，通过超声波振动部组（振子）所产生的振动（让电能转换成机械能），经过 HORN（焊头）传递热量，通过花轮（刀具）旋转挤压，就能够获取超声波加工所需要的效果。

通过超声波的作用使磨轮刀片在半径方向上产生瞬间的伸缩式振动，就能在极短的时间内，使磨粒与加工物之间在高加速度状态下反复进行碰撞。其结果是一边使加工物表面产生微小的破碎层，一边对其进行加工，因此能大幅度地降低磨轮刀片的加工负荷。另外，由于超声波的振动，致使磨轮刀片与加工物之间产生间隙，从而大大改善了磨粒的冷却效果，并且通过防止磨粒钝化及气孔堵塞等现象的发生，就能够提高加工物的加工质量，并延长磨轮刀片的使用寿命。超声波切割具有切口光滑、牢靠，切边准确，不会变形，不翘边、起毛，不起皱等优点。

（2）超声波清洗

机电行业中，从机械零件到机械部件，从电器零件到电器部件都有清洗的要求，如齿轮、曲轴乃至齿轮箱，又如电器零件上机械和电器的组合件，还有一些精密机械零件和电器零件都需要清洗。大多数企业采用传统清洗方法，比如浸润清洗、喷淋清洗。但是这种清洗方法劳动强度大，而且易造成环境污染和水资源浪费。目前，不少企业开始进行技术改造，采用超声波清洗以消除传统清洗的弊端，特别是一些形状复杂的机械零件，是传统清洗所无能为力的。

超声波清洗的原理是由超声波发生器发出的高频振荡信号，通过换能器转换成高频机械振荡而传播到介质-清洗溶剂中，超声波在清洗液中疏密相间地向前辐射，使液体流动而产生数以万计的直径为 50～500 μm 的微小气泡，存在于液体中的微小气泡在声场的作用下振动。这些气泡在超声波纵向传播的负压区形成、生长；而在正压区，当声压达到一定值时，气泡迅速增大，然后突然闭合，并在气泡闭合时产生冲击波，在其周围产生上千个大气压，破坏不溶性污物而使它们分散于清洗液中，当团体粒子被油污裹着而黏附在清洗件表面时,油污被乳化,固体粒子及时脱离,从而达到清洗件净化的目的。在这种被称为“空化”效应的过程中,气泡闭合可形成几百摄氏度的高温和超过 1 000 个大气压的瞬间高压,连续不断地产生瞬间高压就像一连串小“爆炸”不断地冲击物件表面,使物件的表面及缝隙中的污垢迅速剥落,从而达到物件表面清洗净化的目的。

(3) 超声波抛光

超声波抛光是超声波加工的一种形式。它是用振动工具推动磨粒冲击工件表面,降低被加工表面的粗糙度轮廓值,提高加工精度的有效方法。其特别适用于硬度高,形状复杂,带有窄缝、深槽的型腔表面抛光。抛光时阻力小,获得的精度高。它是一种缩短模具制造用期、提高质量、减轻工人劳动强度的模具型腔加工工艺。抛光工序分为粗抛光和精抛光,一般粗抛光时为了提高速度,选择较高的频率和振幅、较大的静压力、硬质的磨料和较粗的颗粒。精抛光时则相反,应选择较低的频率和振幅、较小的静压力、软质的磨料及较细的颗粒来进行抛光。

知识链接六 快速成型

3D System 公司的 Alan Herbert 在 20 世纪 70 年代提出快速成型(Rapid Prototyping, RP)的思想,这是基于材料堆积法的一种高新制造技术,被认为是近 20 年来制造领域的一个重大成果。它集机械工程、CAD、逆向工程技术、分层制造技术、数控技术、材料科学、激光技术于一身,可以自动、直接、快速、精确地将设计思想转变为具有一定功能的原型或直接制造零件,从而为零件原型制作、新设计思想的校验等方面提供了一种高效、低成本的实现手段。快速成型技术就是利用三维 CAD 的数据,通过快速成型机,将一层层的材料堆积成实体原型。

Rudgley M 将快速制造定义为“用加成制造方法制造最终实用产品的制造技术”,即利用快速成型技术制造所需的适合生产要求的产品。快速制造是目前快速成型技术的一个发展方向,但其本身现在还有很多尚待改进之处。

RP 技术的优越性显而易见:它可以在无须准备任何模具、刀具和工装卡具的情况下,直接接受产品设计(CAD)数据,快速制造出新产品的样件、模具或模型。因此,RP 技术的推广应用可以大大缩短新产品开发周期、降低开发成本、提高开发质量。由传统的“去除法”到今天的“增长法”,由有模制造到无模制造,这就是 RP 技术对制造业产生的革命性意义。

1. 快速模具制造流程图

图 6-15 为快速模具制造流程图。

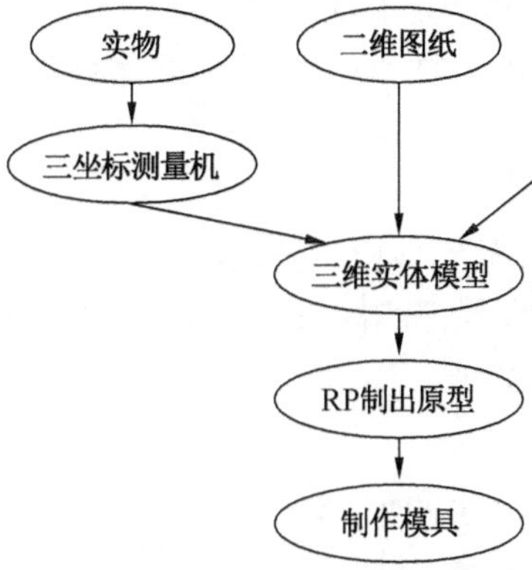

图 6-15 快速模具制造流程图

直接成型法:制造出零件,主要是单件或极少批量的零件。

间接成型法:直接制造出用于制作样件或零件的模具(如样件或零件材质为铸铁或铸钢等铸件)。

2. 快速成型技术及其分类

快速成型技术是用离散分层的原理制作产品原型的总称,其原理如下:产品三维 CAD 模型→分层离散→按离散后的平面几何信息逐层加工堆积原材料→生成实体模型,如图 6-16 所示。

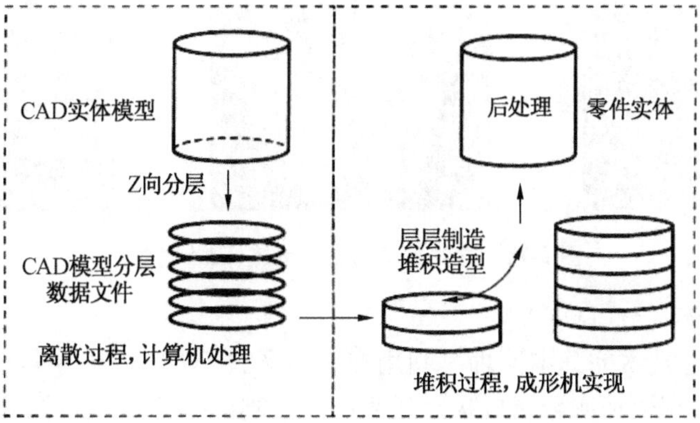

图 6-16 分层资料生成

该技术集计算机技术、激光加工技术、新型材料技术于一体,依靠 CAD 软件,在计算机中建立三维实体模型,并将其切分成一系列平面几何信息,以此控制激光束(或工作头)的扫描方向和速度,采用粘结、熔结、聚合或化学反应等手段逐层有选择地加工原材料,从而快速堆积制作出产品实体模型。

快速成型技术突破了“毛坯→切削加工→成品”的传统的零件加工模式,开创了不用刀具制作零件的先河,是一种前所未有的薄层叠加的加工方法。与传统的切削加工方法相比,快速成型加工具有以下优点:

① 可迅速制造出自由曲面和形态更为复杂的零件,如零件中的凹槽、凸肩和空心部

分等,大大降低了新产品的开发成本和开发周期。

② 不需要机床切削加工所必需的刀具和夹具,无刀具磨损和切削力影响。

③ 无振动、噪声和切削废料。

④ 可实现夜间完全自动化生产。

⑤ 加工效率高,能快速制作出产品实体模型及模具。

尽管各种快速成型技术的一般步骤都相同,但不同的工艺过程,其生产制品的方法有所不同,以下列出 RP 工艺的几种类型。

(1) 立体光固化成型系统(SLA)

立体光固化成型(Stereolithography Apparatus,SLA)是最早发展的快速成型技术。自从 1988 年 3D System 公司最早推出 SLA 商品化快速成型机以来,SLA 已成为最为成熟而广泛应用的 RP 典型技术之一。

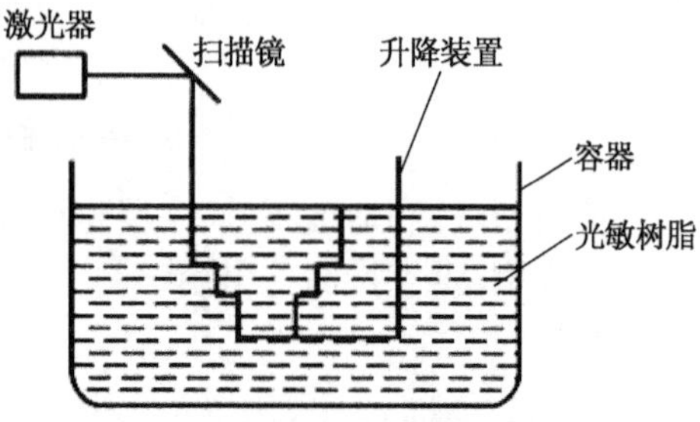

图 6-17 立体光固化成型系统(SLA)

如图 6-17 所示,SLA 快速成型技术是根据某些材料在特定波长的激光照射下具有可固化性的特点,采用紫外(UV)激光为光源,计算机按分层信息精密控制扫描振镜组,精确定位、扫描,在光敏树脂液面聚合、固化形成一个固化层面,顺序逐层扫描固化,直至完成整个零件的成型。图 6-18 所示为立体光固化成型系统(SLA)样件。

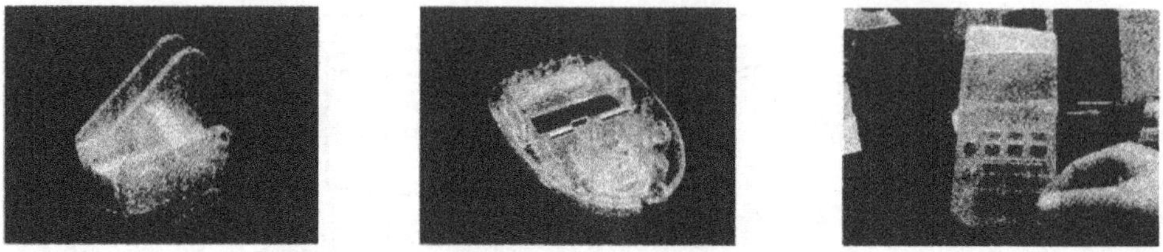

图 6-18 立体光固化成型系统(SLA)样件

(2) 分层实体制造(LOM)

分层实体制造技术的基本原理是利用在一定条件下(如加热等)可以粘结的带状材料(通常使用纸或陶瓷基或金属材料),运用激光切割出按照 RP 软件离散出的各层形状,随后再使各层粘合为一个整体。图 6-19 所示为该项技术的原理示意图。

在图 6-19 中,设备工作时热压辊滚过料带,使之与上一层已加工料带或升降台粘合。然后激光器在料带的工作平面上切割出工作外框,并在该外框内切出制品在该层的形状。切割完成后,升降台下降,同时供料以完成下一次切割。如此重复多次,取出多余物料即可得到所需形状的制品。

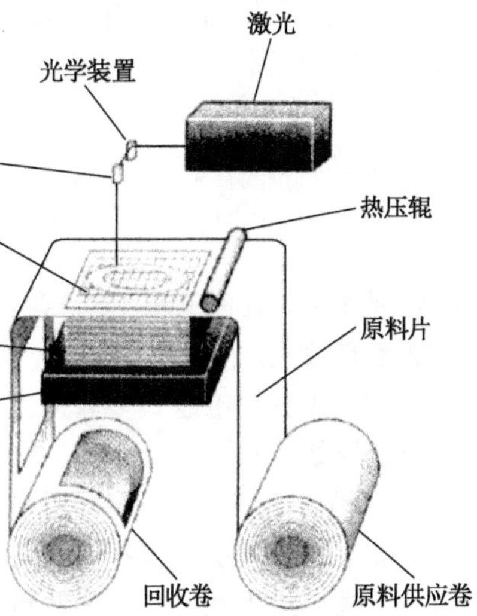

图 6-19 LOM 工作原理

(3) 熔融沉积成型制造(FDM)

研究 FDM 的主要有 Stratasys 公司和 MedModeler 公司,其制造工艺原理如图 6-20 所示。Stratasys 公司于 1993 年开发出第一台 FDM-1650 机型后,先后推出了 FDM-2000,FDM-3000 和 FDM-8000 机型。其中,FDM-8000 的台面达 457 mm×457 mm×610 mm。清华大学推出了 MEM 机型。引人注目的是 1998 年 Stratasys 公司推出的 FDM-Quantum 机型,最大造型体积为 600 mm×500 mm×600 mm。由于采用了挤出头磁浮定位(Magna Drive)系统,可在同一时间独立控制 2 个挤出头,因此其造型速度为过去的 5 倍。Stratasys 公司 1998 年与 MedModeler 公司合作开发了专用于一些医院和医学研究单位的 MedModeler 机型,使用 ABS 材料,并于 1999 年推出可使用聚酯热塑性塑料的 Genisys 型改进机型——Genisys-Xs,造型体积达 305 mm×203 mm×203 mm。图 6-21 所示为熔融沉积成型制造(FDM)样件。

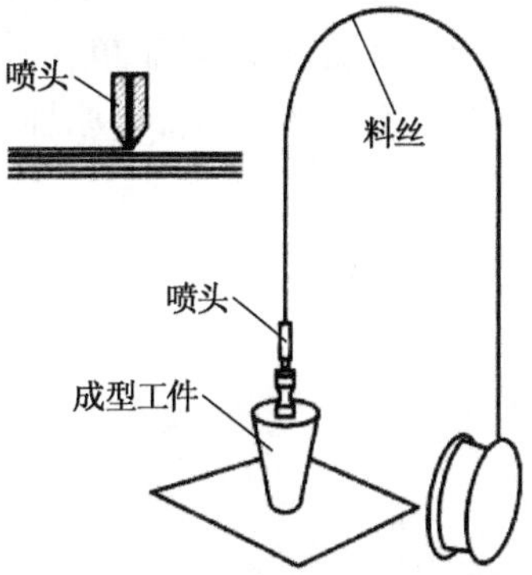

图 6-20 熔丝沉积制造工艺原理

图 6-21 熔融沉积成型制造(FDM)样件

熔丝线材料主要是 ABS、人造橡胶、铸蜡和聚酯热塑性塑料。1998 年澳大利亚的

Swinburn 工业大学研究了一种金属-塑料复合材料丝。1999 年 Stratasys 公司开发出水溶性支撑材料,有效地解决了复杂、小型孔洞中的支撑材料难去除或无法去除的难题。

思考题

1. 特种加工与传统切削加工相比具有哪些特点?
2. 为什么说电火花加工是放电加工的一种?
3. 放电加工、电火花加工、火花放电这 3 个名词含义如何?
4. 电火花加工的工作原理如何?
5. 在电火花成型加工中,影响加工精度、表面质量的因素有哪些?
6. 成型加工与线切割加工的表面层的金相组织与显微硬度各有哪些不同?
7. 线切割加工与电火花成型加工相比具有哪些特点?
8. 在线切割加工中影响工艺指标的主要因素有哪些?
9. 为什么电火花加工工序不应作为最终工序?
10. 电解加工的工作原理是什么? 其特点如何?
11. 重复精度、复制精度对电解加工的加工精度有哪些影响?
12. 激光加工的工作原理是什么? 其特点是什么?

参考文献

[1] 周泽华.金属切削原理[M].第2版.上海:上海科学技术出版社,1993.
[2] 乔世民.机械制造基础[M].北京:高等教育出版社,2002.
[3] 陈海魁.机械制造工艺基础[M].第5版.北京:中国劳动社会保障出版社,2007.
[4] 王德泉.砂轮特性与磨削加工[M].北京:中国标准出版社,2001.
[5] 李伟光.现代制造技术[M].北京:机械工业出版社,2001.
[6] 胡林岚,周益军.机械加工方法与设备选用[M].北京:高等教育出版社,2012.
[7] 周宏甫.机械制造技术基础[M].北京:高等教育出版社,2003.
[8] 栾敏.机械制造技术基础[M].北京:北京大学出版社,2009.
[9] 张世昌,李旦,高航.机械制造技术基础[M].第2版.北京:高等教育出版社,2007.
[10] 李华.机械制造技术[M].第2版.北京:高等教育出版社,2000.
[11] 朱淑萍.机械加工工艺及装备[M].北京:机械工业出版社,2007.
[12] 吉卫喜.现代制造技术与装备[M].北京:高等教育出版社,2007.
[13] 肖继德,陈宁平.机床夹具设计[M].北京:机械工业出版社,2000.
[14] 王先逵.机械加工工艺规程制定[M].北京:机械工业出版社,2008.
[15] 李益明.机械制造工艺设计简明手册[M].北京:机械工业出版社,1994.
[16] 崇凯.机械制造技术基础课程设计指南[M].北京:化学工业出版社,2007.
[17] 郑修本.机械制造工艺学[M].第2版.北京:机械工业出版社,1999.
[18] 刘坚.机械加工设备[M].北京:机械工业出版社,2001.
[19] 倪小丹,杨继荣.机械制造技术基础[M].北京:清华大学出版社,2007.
[20] 王茂元.机械制造技术[M].北京:机械工业出版社,2001.
[21] 黄鹤汀.机械制造装备[M].北京:机械工业出版社,2001.
[22] 陆剑中,孙家宁.金属切削原理与刀具[M].北京:机械工业出版社,1998.
[23] 杜君文.机械制造技术装备及设计[M].天津:天津大学出版社,1998.
[24] 《实用车工手册》编写组.实用车工手册[M].第2版.北京:机械工业出版社,2009.
[25] 吴国良.铣工实用技术手册[M].南京:江苏科学技术出版社,2009.
[26] 魏康民.机械制造技术基础[M].重庆:重庆大学出版社,2001.
[27] 徐鸿本.磨削工艺技术[M].沈阳:辽宁科学技术出版社,2009.
[28] 袁绩乾,李文贵.机械制造技术基础[M].北京:机械工业出版社,2001.
[29] 孙庆群.机械工程综合实训[M].北京:机械工业出版社,2005.